생태학 야외조사법 시리즈 3

식물군집의 구조와 다양성의 해석

Data Analysis of Plant Community Structure and Diversity

생태학 야외조사법 시리즈 3

식물군집의 구조와 다양성의 해석

Data Analysis of Plant Community Structure and Diversity

사사키 타케히로 · 고야마 아스카 · 고야나기 토모요
후루카와 타쿠야 · 우치다 케이 著

옮긴이 박석곤 · 최송현

넥서스환경디자인연구원 출판부

이 시리즈의 간행에 즈음하여

뒤섞여 있는 자연현상을 해명하기 위해선 말없는 생물의 소리에 귀를 기울여 거기에 사는 생물의 수많은 정보를 정확하게 추출해야 한다. 21세기에 들어서 화학분석, 유전정보, 통계분석 등 생태학에서 활용할 수 있는 최첨단 도구가 급속도로 발전하고 있다. 이런 도구의 발전에 따라 야외 조사법도 함께 발전하여 지금까지 볼 수 없었던 정보와 정확한 데이터를 얻을 수 있게 된다. 그러나 특별한 지식과 기술을 독점한 연구자가 보는 세계는 단편적이라서 아직 그 너머는 미지의 세계이다. 한편 다양한 생물과 공유해 살아가는 우리의 세계에 대한 지식과 이해를 더 넓혀 가기 위해선 누군가는 적절한 현장조사가 필수적이다.

생태학 야외조사법 시리즈는 이런 사회적 요구에 발맞춰 야외과학, 특히 생태학이 대상으로 하는 개체에서 생태계까지의 다양한 자연현상을 정확하게 파악하고 올바르게 이해할 수 있는 최신방법을 널리 알리는데 있다. 양질의 데이터를 얻기 위한 조사법은 연구분야별 최전선에서 활약하는 연구자들이 잘 활용하고 있다. 그래서 실제 최신기술을 써서 현장조사를 실시하고 국제적으로 활약하는 전문가에게 집필을 부탁하였다.

지구환경 변화 대응과 자연보전을 위한 생태학에 대한 기대와 가치는 사회적으로 커지고 있다. 이제는 특정 연구자만이 현장조사를 하는 것이 아니라 사회 여러 분야에서 널리 이루어져야 한다. 따라서 앞으로 이 연구분야를 시작하려는 학생과 연구자뿐만 아니라 컨설턴트 및 업무상 현장조사가 필요한 기술자, 중고등학교에서 생태학을 기반으로 환경교육을 실천하는 교원 등을 대상으로 하여 이 책을 집필하였다. 또 최신 과학적 지식을 기반하여 실제 현장조사가 가능토록 책의 내용을 구성하려고 노력하였다.

현장조사는 생태학의 근간이자 우리 인류에게 중요하다. 40년 전에 교리츠(共立)출판사에서 발행한 '생태연구방법 강좌'의 서문 한 구절이 현재 상황과 더 잘 맞아떨어진다. '인류 생존과 깊게 관계된 기초과학인 생태학은 더 깊은 경험적, 기술적 방법론과 철학적 방법론을 적절히 조합하여 비약적으로 발전해야 할 시기를 맞이했다.'

편집위원회

우라베 조타로(占部城太郎)·히라 츠토무(日浦 勉)·즈지 카주키(辻 和希)

머릿말

군집생태학은 군집의 구조와 다양성, 즉 종수 및 개체수가 종간 상호작용(경쟁과 촉진효과 등)과 환경요인에 의해 어떻게 결정되는지를 밝히는 학문분야이다. 따라서 해석에 필요한 생물군집 데이터는 군집을 구성하는 종별 개체수, 피도, 생체량(바이오매스) 등을 기본으로 한다. 또한 환경변화에 따른 생물군집의 변화를 밝힘으로써 생태계 관리 및 보전으로 이어지는 응용연구도 활발해지고 있다.

이 책은 식물군집을 대상으로 하고 있다. 지금까지 식물군집 생태학에 대해 체계적으로 설명하는 교과서가 많이 출간되었다. 하지만 식물군집(혹은 생물군집)에 대한 분석방법을 포괄적으로 정리한 교과서는 드물었다. 특히 필자들이 아는 한 고바야시 시로(小林四郎)선생의 「생물군집의 다변량 해석」(1995)이 출간된 이후에 관련 도서가 출간되지 않았다. 최근 데이터분석 기술이 현저히 발전함에 따라 군집 다양성에 대한 새로운 정량화와 회귀분석 방법 등이 새롭게 많이 개발되었다. 이런 발전 과정 속에서 발표된 우수한 여러 논문과 방법론이 대부분 영어로 쓰여져 처음 이 분야를 연구하기 시작하는 학자부터 연구자까지 자국어로 쓰여진 최신 정보를 담은 방법론을 기술한 책이 절실하지 않을까 싶다. 이 책은 이것에 초점을 맞춰 집필되었음을 밝힌다.

먼저 제1장에서는 식물군집 데이터의 수집방법 및 그 데이터의 특성 등 분석 시작 전에 반드시 알아야 할 기본 사항을 설명했다. 서로 관련성이 깊지만, 다음 장부터의 내용은 독립적이라서 어느 장에서 읽어도 상관 없다. 제2장에서는 다차원정보인 식물군집 데이터를 정량적으로 요약하는 방법으로서 상당히 발전해 온 서열 및 분류법에 대해 설명한다. 제3장에서는 식물다양성의 유지기구 해명과 다양성 평가·보전 등의 연구에 있어 데이터 분석의 기본인 다양성 정량화 방법에 대해 기술한다. 제4장에서는 군집데이터에서 종속(응답)변수 및 독립(설명)변수를 추출하여 회귀분석을 적용하는 방법에 대해 해설한다. 선형회귀에서 일반화 선형혼합모형에 이르기까지 회귀분석법을 포괄적으로 설명한다. 제5장에서는 1~4장에서 소개한 내용을 기초로 해 저자들이 실제 연구에 적용한 분석법을 소개한다. 모든 연구가 식물군집구조, 다양성 변화와 군집의 종간 상호작용을 다루고 있으며, 생태계 관리·복원 및 생물다양성 보전에 대한 시사점까지 포함해 서술하고 있다.

이 책은 식물군집 데이터 분석에 초점을 맞추고 있지만, 그 접근방식은 다른 생물군집에도 적용 가능하다. 또한 수식은 최대한 자제하고 평이하고 간결하게 설명하려고 노력했다. 생물군집을 대상으로 한 연구와 실무를 맡고 있는 다양한 분야의 사람들이 읽어 주길 바란다. 필자 일동이 책에서 식물군집의 데이터 분석에 대한 모든 정보를 망라했다고 생각하지 않았으며, 불충분한 설명과 실수가 있을지도 모른다. 독자 여러분들의 다양한 질책과 지적을 환영하며, 이것으로 집필과 편집 업무를 끝내려고 한다.

이 책의 집필과정에서 다양한 분들의 의견과 일부 착오에 대한 지적을 받았다. 아카사카 무네(赤坂宗光, 도쿄농공대학), 우시마루 아츠시(丑丸敦史, 고베대학), 가토 카즈히로(加藤和弘, 방송대학), 기타카와 히로시(北川涼, 산림총합연구소)에게 진심으로 감사드린다. 또한 이 책을 집필하는데 기회를 주시고 정성껏 편집에 수고하신 「생태학 야외조사법 시리즈」 편집위원회의 히우라 츠토무(日浦勉, 홋카이도대학), 우라베 조타로(占部城太郎, 도후쿠대학), 즈지 카주키(辻 和希, 류큐대학) 선생에게 깊은 고마움을 전한다. 또한 이 책을 출판하게 허락해주신 교리츠출판의 야마우치 치히로(山内千尋)씨, 신자와 코이치(信沢孝一)씨에게 감사의 말씀을 드린다.

2015년 9월 저자 대표 사사키 타케히로(佐々木 雄大)

옮긴이의 말

생태학 연구는 개체에서 개체군, 군집 그리고 생태계에 이르기까지 그 범위가 폭넓다. 학문적 정의로 군집은 개체군들의 집합인 만큼 생물들의 총화(總和)이며, 더 나아가 생태계는 삼라만상이라고 해도 과언이 아니다. 이 광범위한 생태학을 연구하려는 연구자들에게는 높은 장벽일 수밖에 없다.

생태학 연구에서의 그 장벽을 더 살펴보자. 생태학의 기본은 현장에서의 관찰이다. 빈틈없는 관찰이야말로 쓸모 있는 자료를 얻을 수 있는 최상의 도구이다. 관찰보다 앞서 연구 대상에 대한 깊은 이해는 물론이고, 자료수집 방법도 알아야 한다. 군집 연구의 열쇳말은 다양성인데 생물다양성 연구에선 개체를 구분해내는 동정(同定) 능력을 갖춰야 한다. 또 토양 등과 같은 물리적 환경에 대한 자료는 실험실 분석을 통해 얻기도 한다. 이처럼 생태학 연구의 선행조건은 만만치 않다.

획득한 데이터가 유의미한가는 적절한 해석방법을 통해 알 수 있다. 생물간 혹은 생물과 환경간의 상호관계를 밝히는 해석에는 통계가 주로 쓰인다. 통계 또한 하나의 학문 분야로서 자료의 수집, 분석 그리고 해석에 이르기까지 별도의 교육이 수반돼야 하고 특히, 통계프로그램의 이해가 필수적이다. 이처럼 많은 관문을 거쳐야 비로소 생태학 연구 결과를 낼 수 있다. 이 어려움 때문에 연구 인력이 많지 않고, 기후변화와 개발행위 등으로 급변하는 자연현상을 단편적으로 이해하는 사례가 적지 않다. 이젠 자연현상을 적절하게 파악할 수 있는 생태학 연구의 저변 확대와 인력 양성이 사회적으로 필요한 시점이다. 이런 흐름에서 최근 개발된 연구 방법론을 후학에게 보급해야 하는 필요성을 생태학 연구자들은 절실하나 실행에 옮기지 못해 우리말로 쓰인 관련 도서가 빈약하다. 우리와 비슷한 이유로 일본에서도 최근에야 식물군집 해석법을 포괄적으로 다룬 이 책을 발간했다.

2015년 일본 출장 중 서점에서 이 책을 발견했을 때 국내에도 매우 필요한 책이라는 느낌을 받았다. 이 책에선 자료의 수집부터 분석 및 연구사례에 이르기까지 체계적으로 정리해 놓았다. 응당 우리나라 상황에 맞는 책의 집필을 고민하고 실행에 옮겨 써야 하는데 늘 현실이 녹록치 않다. 그래서 식물군집 연구의 저변을 확대한다는 생각에 서둘러 이 책을 우리글로 옮기기로 결심했다. 번역 과정에서 용어나 개념을 적확하게 옮기는 데 한계가 있었음을 밝히고 이점 너그럽게 양해를 구한다.

이 책 출간에는 전적으로 넥서스환경디자인연구원 조동길 대표의 공이 크다. 수요가 많지 않은 전문서라는 점을 알면서도 망설임 없이 출간을 승낙해 주었다. 조 대표 또한 생태학 연구자인 만큼 깊은 공감이 있지 않고서는 내릴 수 없는 결정이다. 이 책의 저자인 사사키 타케히로(佐々木 雄大)·고야마 아스카(小山 明日香)·고야나기 토모요(小柳 知代)·후루카와 타쿠야(古川 拓哉)·우치다 케이(内田 圭)에게도 심심한 감사의 마음을 전한다.

옮긴이 일동

목 차

생태학 야외조사법 시리즈 ③

식물군집의 구조와 다양성의 해석

Data Analysis of Plant Community Structure and Diversity

제1장 식물군집의 데이터와 그 성질

1.1 서론

생태계란 어느 지역의 모든 생물과 그것을 둘러싸는 비생물적인 환경과의 상호작용으로 만들어진 시스템이다. 어느 지역에 사는 다양한 생물종의 모임을 생물군집(biological community)이라고 부른다. 생물군집은 식물군집, 동물군집, 균류(菌類)군집처럼 분류군으로 한정할 수 있다. 또한 식물군집과 사는 장소를 조합해, 산림식물군집, 초원식물군집(그림 1.1)이라고도 한다. 이 책에서는 식물군집을 취급하며, 여기에 관련된 데이터의 해석기법에 대해 해설한다. 덧붙여 식물군집을 식물군락이라고 부르거나 또 막연히 식물종의 모임을 가리킬 때는 식생이라고 하는데 이 책에서는 서로 같이 쓰고 있다.

생태학 가운데 군집을 취급하는 분야가 군집생태학이다. 군집생태학은 군집의 구조나 다양성, 즉 종수나 종의 개체수가 종간의 상호작용(경쟁이나 촉진 효과 등)이나 환경요인에 의해 어떻게 결정되는지를 밝히는데 목적이 있다. 따라서, 해석에 있어 필요한 식물군집의 데이터는 군집을 구성하는 각 종의 개체수, 피도, 생체량(바이오매스) 등을 기본으로 한다.

이 장에서는 우선 야외에서의 식물군집 데이터의 수집방법(1.2절)에 대해 소개한다. 이어서 다변량 데이터가 중심이 되는 식물군집 데이터의 성질(1.3절), 식물군집 데이터를 취급하는데 주의해야 할 공간스케일과 시간스케일(1.4절)에 대해 해설하고, 마지막으로 실제로 데이터를 해석할 때의 도구(1.5절)에 대해 소개한다.

(a) 산림식물군집 (b) 초원식물군집

(c) 습원식물군집 (d) 수생식물군집

[그림 1. 1] 다양한 생태계에서의 식물군집

1.2 식물군집 데이터 수집

식물군집 데이터를 다루는 연구는 주로 야외에서의 관찰 혹은 실험에 바탕을 두고 있다. 관찰연구에서는 자연 그대로의 식물군집을 조사·기록하는 한편, 실험연구에서는 어떠한 인위적 처리·조작이 더해진 야외 식물군집 혹은 인공적으로 새롭게 만들어진 식물군집에서 데이터를 얻는다. 관찰 및 실험 연구 모두 자연의 패턴이나 생태학의 이론·개념으로부터 이끌어낸 가설의 검증을 목적으로 한다. 식물군집 데이터의 수집을 실시할 때 ① 연구의 의의, ② 연구의 목적과 가설, ③ 데이터 수집 및 수집한 데이터 해석에 관한 설계 등 3가지를 명확하게 해야 한다. 특히, 연구의 목적·가설과 데이터 수집·해석의 설계는 사전에 밀접하게 관련 지어 놓아야 한다. 이런 사전준비로 인해 조사노력과 연구자원(연구비용이나 조사관련 자재 등)의 낭비를 없애 효율적으로 연구를 진행시킬 수 있다.

일반적으로 데이터 수집 및 해석에 관한 설계를 할 때 우선적으로 독립변수와 종속변수(실험의 경우는 처리·조작이 대상으로 하는 요인이나 그 수준)를 미리 설정한다. 여기서 종속(응답)변수는 예측하고 싶은 변수이며, 독립(설명)변수는 사상의 원인, 즉 종속변수를 설명하는 변수이다. 예를 들어, 산림내의 빛·토양 조건과 임상 식물군집의 관계를 검증하는 경우, 종속변수를 조사지점에서의 임상 식물군집의 종조성 데이터로 하며, 설명변수를 조사지점의 빛세기·토양영양 등의 환경인자로 설정하여 데이터를 수집한다. 수집한 데이터의 해석방법은 연구 목적에 따라 바뀌지만, 환경조건과 종조성의 대응관계를 파악하고 싶은 경우에는 제2장에서 소개하는 서열분석 기법 등을 적용할 수 있다. 다음에서는 '관찰연구에서의 데이터 수집'과 '실험연구에서의 데이터 수집'을 나누어 해설하고자 한다.

1.2.1 관찰연구에서의 데이터 수집

(1) 방형구법

식물군집은 공간적으로 넓게 분포해 있어 그 모든 곳을 조사하기가 어렵다. 때문에 야외 군집데이터 수집에서는 일정면적 등을 미리 결정한 크기로 조사해, 이를 표본으로 하여 군집 전체를 파악해야 한다. 다만, 여기서 말하는 표본군집 공간스케일은 연구의 목적에 따라 달라진다. 군집 데이터 수집에서 넓게 쓰이는 방법은 방형구(quadrat)법이다. 초원이나 다습초원 등 초본식물이 주로 자라는 생태계에서는 보통 1m×1m의 방형구를 지면에 설치하고, 방형구 안에 출현하는 식물종 및 개체수나 피도를 측정한다(그림 1.2). 개체수는 피도보다 데이터의 정확도가 높지만, 벼과 초본처럼 총생하는 식물이나 클론식물(지하경 번식 식물)의 개체수를 세는(혹은 정의한다) 것이 곤란하다. 때문에 이런 종이 군집에 많은 경우에는 피도를 측정하는 것이 더 바람직할 수도 있다. 방형구법에서는 피도를 대체로 눈으로 목측(目測)한다. 목측에 의한 계측 오차를 줄이기 위해 피도의 측정은 가능한 한 동일 조사자가 실시한다. 계측은 각 식물 개체를 지면에 수직 투영해 측정하는 경우(aerial cover)와 각 식물 개체의 기부에 주목해 측정하는 경우

[그림 1.2] 방형구법에 의한 식물군집 데이터 수집

방형구(사진은 크기 1m×1m의 측정자) 안에 출현하는 종 및 그 피도와 개체수 등을 기록한다.

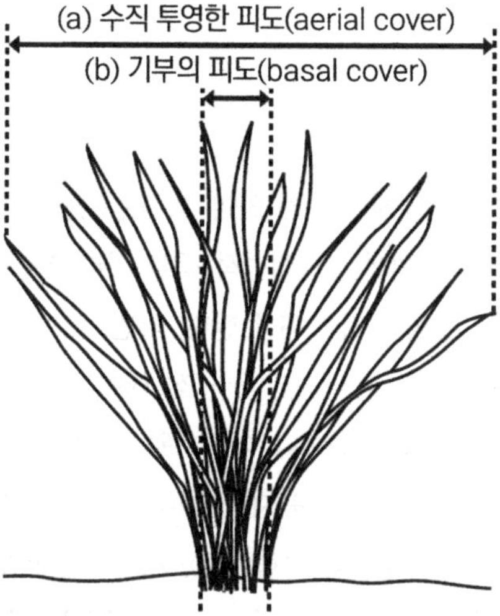

[그림 1.3] 식물 개체의 피도 측정법

(a) 식물 개체를 지표에 수직 투영하여 측정하는 경우(aerial cover)와 (b) 식물 개체의 기부에 주목해 측정하는 경우(basal cover)가 있다. 수직 투영하는 피도 측정에는 잎과 잎의 틈새는 포함하지 않는다. Elzinga *et al.*(1998) 수정 인용

[그림 1.4] 산림생태계에서의 식물군집 데이터 수집은 일정크기 면적 내에 출현하는 모든 개체의 종명 및 그 흉고직경을 기록한다(매목 조사).
http://hmf.williams.edu/researchacademics/ 인용

(basal cover)의 2가지가 있다(그림 1.3).

피도값은 절대치로 기록하는 경우와 간격척도로 기록하는 경우가 있다. 간격척도에는 1% 이하를 1, 2~5%를 2, 6~25%를 3, 26~50%를 4, 51~75%를 5, 75~95%를 6, 95%이상을 7이라고 하는 피도 계급으로 기록한다(Daubenmire, 1959). 또는 개체수나 피도를 조합한 기준[1](개체수 및 피도가 가장 적은 경우를 r, 이어서 +, 1, 2, 3, 4, 5의 총 7개 기준; Braun-Blanquet, 1964) 등이 있다.

연구목적에 따라 개체수나 피도 뿐만 아니라 식물체의 높이나 생체량 등도 기록한다. 목본식물이 우점하는 산림생태계에서는 방형구 크기가 커져, 20~50m 정도의 정사각형으로 하는 경우가 많다. 산림의 경우는 피도를 측정하는 것이 곤란하므로 방형구 안에 출현하는 모든 개체의 종명 및 그 흉고직경(사람의 가슴 높이, 지상에서 130㎝[2]정도에 있는 수목의 직경)을 기록하는데 이를 매목조사라 한다(그림 1.4). 또, 측고기 등을 이용해 각 개체의 수목 높이를 기록하기도 한다. 산림의 경우에서도 하층식물을 조사하는 경우는 작은 크기의 방형구를 설치해

1) 역주) 국내 문헌에는 통합우점도로 알려져 있다. 통합우점도는 수도(abundance)와 피도범위(cover range)를 고려한 판정 기준이다.

2) 역주) 국내에서는 보통 120㎝를 기준으로 한다.

조사한다. 방형구 크기나 형태에 대한 명확한 규정은 없으며, 연구 목적이나 조사 현장의 상황에 맞추어 유연하게 설정 가능하다. 하지만, 비교 대상이 되는 군집에서는 크기와 형태를 서로 같게 할 필요가 있다(1.4절).

(2) 라인트란섹트법과 벨트트란섹트법

다른 방법으로 라인트란섹트법(Line transect method)과 벨트트란섹트법(Belt transect method) 등이 있다. 라인트란섹트법은 지면에 줄자 등으로 라인을 늘어뜨리고, 이 라인 위에 걸리는 모든 개체의 종명과 그것들이 라인을 가로지른 길이를 기록한다(그림 1.5).

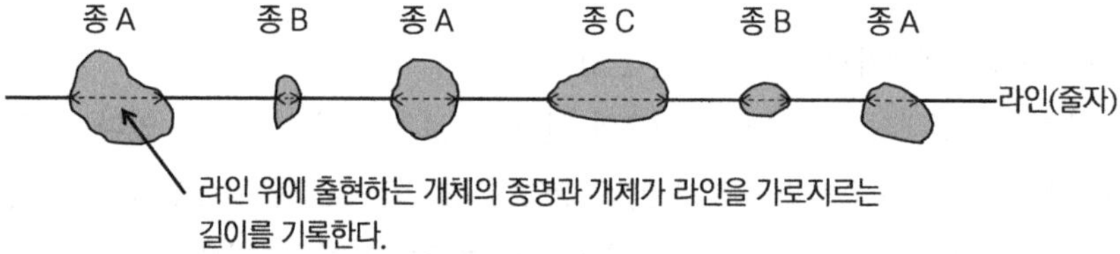

[그림 1.5] 라인트란섹트법의 예.
지면에 줄자 등으로 라인을 늘어뜨리고 라인 위에 걸린 모든 개체의 종명과 이들이 라인을 가로지르는 길이를 기록한다.

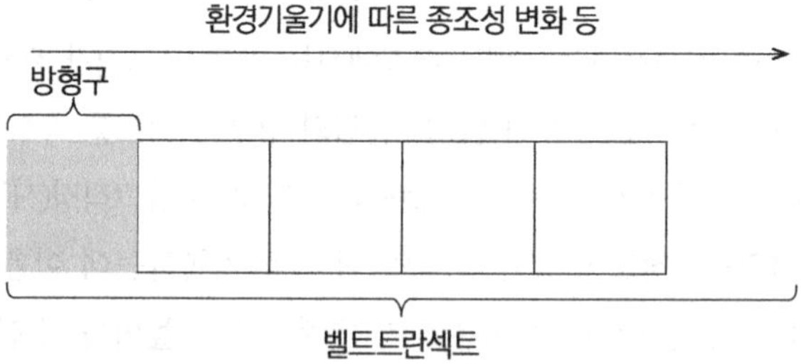

[그림 1.6] 벨트트란섹트법의 예.
벨트 위에 방형구를 연속적으로 배치해, 각 방형구내의 출현종 및 그 피도 등을 기록한다. 벨트트란섹트법은 환경기울기[3]에 따른 식물종 조성의 변화 등을 조사하고 싶은 경우에 적절하다.

3) 역주) 환경구배(句配)라고도 하며 환경요인이 한 지점에서 다른 지점까지의 정량적 값의 변화를 뜻한다.

각 개체가 가로지른 길이를 식물종마다 합산해, 그 합산치의 라인길이에 대한 비율을 각 식물종의 피도로 한다. 이 방법의 특성상 라인트란섹트법은 초본식물을 대상으로 하는 조사에 적절하다. 벨트트란섹트법은 라인트란섹트법에 방형구법을 도입한 방법으로 띠모양으로 방형구를 연속적으로 배치해, 각 방형구 내의 출현종 및 그 피도 등을 기록한다(그림 1.6). 환경기울기에 따른 식물종 조성의 변화나 띠모양에 변하는 식물군집(예를 들어, 해발고 변화에 따른 식물군집)을 조사하는데 적합하다.

(3) 조사구역의 설정

조사구는 국소적인 군집에 대해 1곳 또는 여러 곳(특히 조사구 크기가 작은 경우에는 복수)에 배치한다. 조사된 데이터의 편중(bias)을 최소화하기 위해 조사구의 배치는 가능한 무작위(random)으로 하는 것이 바람직하다(그림 1.7a).

그러나 실제 조사에서 완전 무작위로 조사구를 설정하는 것은 매우 곤란하다. 연구 목적이나 조사 현장의 상황에 따르고, 일정한 기준을 마련해 계통적(systematic)으로 배치하는 경우가 많다(그림 1.7b). 예를 들어, 다습 초원 등의 경우, 토양영양 조건이나 토양산도(pH) 등에 의해서 생육하는 국소 식물군집이 다르다. 때문에 대상으로 하는 다습초원을 대표하는 종조성 데이터를 얻고 싶은

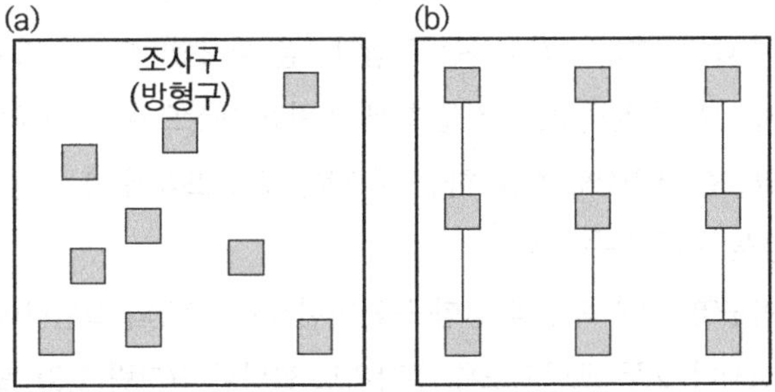

[그림 1.7] 조사구의 배치방법
(a) 무작위로 설치하는 경우, (b) 계통적으로 설치하는 경우.
방형구가 등간격이 되도록 기준을 마련해 배치한다.

경우는 계통적으로 조사구를 배치하는 편이 좋을 수 있다. 또, 특히 국소군집 조사를 공간적으로 확대하고자 하더라도 조사구를 충분히 배치할 수 없는 경우는 무작위 배치보다 계통적으로 배치하는 편이 대체로 데이터 편향이 작아진다. 단, 국소군집에 어떤 공간적인 규칙성이 있는 경우는 주의가 필요하다. 또, 다습초원처럼 희소 생태계를 조사할 때 조사자에 의한 교란(답압 등)이 생태계에 악영향을 주는 경우에는 조사구를 무작위 배치보다 계통적 배치가 영향을 줄일 수 있다. 어느 쪽의 배치 방법을 선택하더라도 자의성을 없애 재현성을 확보하는 것이 중요하다.

이와 같은 흐름으로 국소군집에서 데이터를 수집한다. 환경 데이터(기후, 토양, 광 조건 등)는 국소의 식물군집 데이터와 함께 짝지어 수집한다. 야외에서 수집하는 경우는 식물군집의 조사구 또는 조사구의 주변에서 환경 데이터를 계측한다. 기존의 지리정보에서 환경 데이터를 추출하는 경우(해발고나 경사 등의 데이터)도 대상이 되는 국소군집과 대응해서 추출한다.

1.2.2 실험연구에서의 데이터 수집

야외실험에서는 복수의 실험구역(block)을 마련하고, 각각의 구역 내에서는 다른 요인이 가능한 같도록 제어하고 대상 요인만을 인위적으로 조작한다. 조작에 의해 대상 요인 이외의 것이 변하는 경우 그 영향을 분리할 수 있는 조사를 설계해야 한다. 이를테면 식물종을 없애 군집의 종수를 조작한 후에 제거한 종수에 따른 생산량에 대한 영향을 검증하는 실험연구를 설계했다면, 이 경우 제거된 생체량(바이오매스)을 측정하고, 그것을 함께 공변량(대상으로 하는 요인의 효과를 추정하는데 필요한 배경요인)으로 하는 것으로, 제거 조작에 따른 생산량에 대한 직접적인 영향을 분리할 수 있다.

게다가 실험구역 내에 복수의 실험구를 마련하고, 각각의 실험구에 대해서 조작의 수준(level)이 모두 포함되도록 무작위로 할당한다(그림 1.8). 또, 실험조작에 의한 식물군집의 효과를 검증하기 위해서 각 실험구역 내에 대조구를 마련할 필요가 있다. 많은 조작실험은 이 방법을 기본으로 하고, 이를 난괴법(randomized

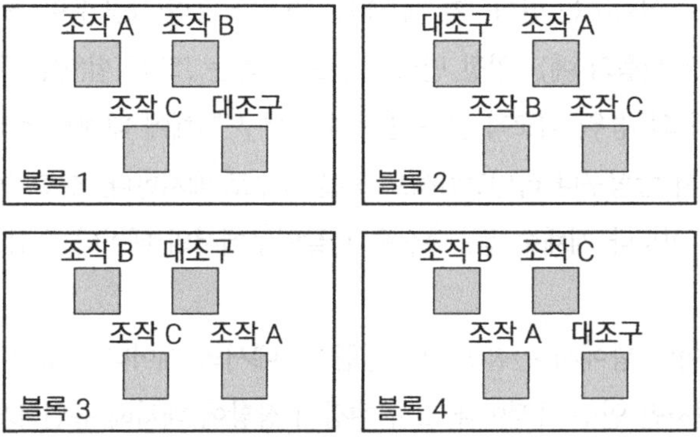

[그림 1.8] 조작실험에서의 단위 실험설계가 되는 난괴법(randomized block design)
실험구획(블록) 안에 복수의 실험구(예로서 4개의 방형구)를 설치해 각각의 실험구에서 조작 수준(level) A~C가 모두 포함되도록 무작위로 할당한다. 각 실험구획 내에 반드시 대조구를 설치해야 한다.

[그림 1.9] 미국 미네소타주 시더 크릭(Cedar Creek) 초원에서의 생물다양성 조작실험.
복수로 설치된 실험구획 안에 계통적으로 실험구(9m×9m의 방형구)가 배치되었다.
이 실험의 일부 결과를 3.2.4항에서 소개하고 있다.
http://www.cedarcreek.umn.edu/ 인용

block design)이라 한다. 이것으로 실험구역의 장소 차이로 나타나는 효과(블록 효과)와 조작에 의한 효과(실험효과)를 분리할 수 있다.

일반적으로 실험구는 방형구가 채용되는 경우가 많다(그림 1.9; 초원에서의 생물다양성 조작실험의 예). 일정 면적을 필요로 하는 조작실험(예를 들어, 비방목이나 들불 등)의 경우, 비교적 넓은 면적의 실험구 전체에 대해서 조작을 실시해, 실험구 내에서 방형구나 라인트란섹트 등을 복수로 배치한다. 실험구에서의 데이터(식물종의 피도나 개체수 등) 수집은 관찰연구에서의 데이터 수집과 기본적으로 동일하다.

앞 항과 이번 항에서 관찰연구와 실험연구에서의 데이터 수집방법의 기본을 해설했다. 하지만 연구 목적이나 조사 현장의 상황에 대처해 유연하게 방법을 설정하는 것이 더 중요하다. 조사 노력량은 조사에 소비할 수 있는 인적자원이나 시간뿐만 아니라 연구비도 제한된다. 때문에 데이터의 양과 질은 트레이드 오프(trade off)의 관계에 있다. 주어진 자원 안에서 최적의 데이터 수집방법을 결정해야 한다. 데이터 수집에서 가장 중요한 점은 동일 방법을 썼을 때의 재현성을 갖추는 것, 그리고 조사 노력을 최적으로 배분하는 것으로 데이터의 타당성(데이터의 편향이 없음)과 신뢰성(데이터의 정밀도와 정확도)을 가능한 한 높이는 것이다.

1.3 식물군집 데이터의 성질

다양한 연구목적으로 야외 혹은 실험환경 하에서 수집된 식물군집 데이터는 어떤 성질을 갖고 있을까? 데이터는 크게 '정성적(질적, qualitative)' 데이터와 '정량적(quantitative)' 데이터로 나눌 수 있다.

조사구 내(혹은 대상 지역)에 출현하는 식물종명을 나열한 '출현종 리스트(species list)'(표 1.1)는 식물군집의 구성종을 나타내는 기본적인 정성적 데이터이다. 한편, 군집데이터를 통계 해석에 이용하기 위해선 군집구조의 정보를 정량적 데이터로 나타낼 필요가 있다. 이 절에서는 종조성 데이터의 구성요소, 식물군집의 해석에 필요한 기본이 되는 데이터, 환경기울기에 따른 종의 분포 등 식물군집 데이터 성질에 대해 개설한다.

[표 1.1] 식물종 리스트 예

홋카이도 오시마고마가다케(渡島駒ケ岳)에서 화산분화 4년 후에 출현한 종자식물을 기록한 데이터이다. 露崎 등(2001)의 일부 개정 인용

종자식물 리스트		
소나무과	난과	자작나무
일본잎갈나무	제비란	까치박달
소나무	타래난초	참나무과
섬잣나무	버드나무과	물참나무
벼과	황철나무	마디풀과
검정겨이삭	유럽사시나무	왕호장근
긴겨이삭	호랑버들	싱아류(*Aconogonon weyrichii*)
향기풀	개키버들	애기수영
산조풀	버들나무류(*Salix reinii*)	석죽과
큰산새풀	사할린버들	큰점나도나물
왕김의털	자작나무과	끈끈이귀개과
억새	두메오리나무	끈끈이주걱
사초과	물오리나무	범의귀과
언덕사초	사스래나무	산수국류
골풀과	일본왕자작나무	나무수국
꿩의밥		등수국
		…

1.3.1 종조성 데이터의 구성요소

종조성(species/floristic composition)은 군집구조를 나타내는 가장 기본이 되는 정량적 데이터 형태며, 종×지점의 표 형식(종조성표)으로 나타낸다(표 1.2). 종조성표는 각 열에 조사구명, 각 행에 출현한 모든 종명을 취해, 조사지역에서의 각 종의 분포 정보를 나타낸 것이다. 각 종의 정보는 2진(binary) 또는 어번던스(abundance, 정량적 데이터)로 구성된다.

[표 1.2] 식물군집의 종조성표의 예
각 종의 정량적 정보를 (a) 유·무, (b) 피도(%)로 나타내고 있다.

(a)

	조사구		
종명	A	B	C
좀꿩의다리	1	1	0
양지꽃	0	0	1
억새	1	1	1
새	0	0	1
…	…	…	…
총 종수	17	25	33

(b)

	조사구		
종명	A	B	C
좀꿩의다리	5	12	0
양지꽃	0	0	3
억새	65	54	42
새	0	0	10
…	…	…	…
총 종수	17	25	33

(1) 출현 유·무 데이터(presence/absence data)

출현 유(有)·무(無)(또는 재·부재) 데이터는 각 조사구에 각각의 종이 존재하는지를 유(1) 또는 무(0)로 나타낸 것이다(표 1.2a). 데이터가 0과 1만으로 구성되기 때문에 2진 데이터(binary data)로 불린다. 각 종의 유·무 정보는 각 조사구의 종 리스트를 작성하는 것으로 얻을 수 있고, 이것을 기초로 출현종의 총수인 '종수(species richness 혹은 number of species)'를 산출할 수 있다. 2진 데이터에서는 각 종이 어느 정도 생육하고 있을까에 관계없이(즉, 정량적 정보는 반영되지 않는다), 유(有)이면 동등의 1종으로서 다루어진다. 2진 데이터는 많은 해석에서 쓰이는 어번던스[4] 데이터와 다른 데이터로 다루어진다.

(2) 종의 어번던스

어번던스 데이터는 각 종이 정량적으로 어느 정도 생육하고 있는지를 나타내는 것이며(표 1.2b), 연구 목적이나 대상으로 하는 식물군집 등에 따라 다양한 매트릭스로 이용할 수 있다. 아래에 주요한 어번던스 데이터를 소개한다.

4) 역주) 국내 문헌에는 풍부도라고 표현하기도 한다. 식물종의 피도, 개체수 등의 정략적 데이터로 나타낼 수 있다.

• 개체수

개체수 데이터는 조사구 내에 자라는 식물 개체수를 세는 것으로 0 이상의 이산치(0, 1, 2, …)로 나타낸다. 개체수는 각종의 양을 나타내는 가장 단순한 매트릭스지만, 개체 식별이 곤란한 초본식물군집 등에서는 개체수 측정이 용이하지 않은 경우가 많다(1.2절).

• 피도(cover)

피도는 조사구 내에 식물이 덮고 있는 수종별 비율을 0~100(%)의 값으로 측정한 것이며, 상한이 있는 연속치로 나타내는 매트릭스다. 피도 데이터는 눈으로 측정되는데 이 데이터는 재현성이 낮거나, 비율 데이터라서 통계 해석상 다루기 어려움 등의 문제점이 지적된다. 그러나 종의 어번던스를 비파괴적이고 용이하게 계량할 수 있기 때문에 특히 초본식물군집에서 많이 이용된다.

• 생체량(바이오매스, biomass)

생체량은 0 이상의 연속치로 나타내는 매트릭스다. 주로 초본식물군집에서 조사구(혹은 조사구내의 일정 면적) 내에 생육하는 식물의 지상부(경우에 따라서는 지하부도 포함한다)를 베어내, 건조중량을 측정하는 것으로 계측된다. 생체량은 식물의 성장이나 생산성을 가장 직접적으로 평가할 수 있는 매트릭스지만, 비파괴적인 조사가 요구되는 경우에는 적용할 수 없다. 그런 경우에는 피도×식물높이로 나타내는 식생량(vegetation volume)을 생체량 대신에 이용하기도 한다.

• 흉고직경(DBH)·흉고둘레길이(GBH)·흉고단면적(BA)

흉고직경·둘레길이·단면적은 주로 목본종을 대상으로 이용되는데 모두 0 이상의 연속치로 나타내는 매트릭스다. 이것들은 산림 식물군집에서의 우점종을 특정하거나 생체량 추정, 탄소저장량의 산출 토대가 되는 데이터이다.

1.3.2 식물군집의 해석에 필요한 기본데이터

종조성 데이터는 총 종수×총 조사구수로 구성되는 다변량 데이터(multivariate data) 혹은 다차원 데이터라 할 수 있다. 종조성 데이터와 대응하는 환경요인 데이터나 종형질 데이터도 많은 경우에 다변량 데이터가 된다. 식물군집의 해석에서는 이 다변량 데이터를 어떻게 요약해, 생태학적으로 의미가 있는 패턴이나 프로세스를 찾아내는가 하는 것을 주된 목적으로 한다. 다변량 데이터인 종조성 데이터는 정보량이 많기 때문에 해석을 거치지 않고 군집의 구조나 다양성을 파악하는 것은 매우 곤란하다. 군집 전체의 구조나 다양성을 이해하기 쉬운 형태로 나타내기 위해서 종조성 데이터를 기본으로 해서 정보를 정량적으로 요약하는 여러 가지 기법이 있다(제2, 3, 4장).

다음에서는 식물군집의 해석에 이용되는 다양한 다변량 데이터와 그 조합에 대해 개설한다.

• 종조성 데이터

종조성 데이터(표 1.3a)를 기초로 각 열에 해당하는 조사구별 종조성 정보를 조사구간 비교·서열화하여, 정보를 요약해 평가(스코어화)하는 것으로 각 조사구의 종조성을 하나의 정량적 정보로 나타내는 방법이 있다. 이런 방법은 서열·분류 분석이라고 불린다(제2장에서 자세하게 해설한다). 또, 군집 전체의 정보를 간편하게 요약하는 방법으로서 군집 전체의 정량적 정보를 종별로 구별하지 않고 하나의 값으로 하는 방법도 있다. 예를 들어, 조사구내의 종수나 총생체량(전 출현종의 생체량 합계)은 군집의 다양성이나 생산성을 나타내는 데이터로 자주 이용된다.

• 종조성 데이터와 환경요인 데이터

환경요인 데이터는 종조성 데이터와 대응해서 다루는데 종조성과 환경요인간의 관계성을 해석할 수 있다. 빛세기, 토양의 건습도, 토양 이화학성(pH, EC) 등의 환경요인을 조사구내의 복수지점, 혹은 조사구내의 환경을 대표하는 한 곳을

[표 1.3] 다차원 데이터의 활용

(a) 종×종 데이터(피도, %), (b) 종×환경요인 데이터, (c) 종×종의 형질 데이터를 이용한 해석의 이미지

(a)

	조사구		
종명	A	B	C
A	5	20	1
B	22	35	40
…	…	…	…

(b)

	조사구		
종명	A	B	C
A	5	20	1
B	22	35	40
…	…	…	…

×

	조사구		
환경	A	B	C
pH	5.7	5.8	6.1
EC(ds·m^{-1})	1.12	1.58	1.27
…	…	…	

(c)

	조사구		
종명	A	B	C
A	5	20	1
B	22	35	40
…	…	…	…

×

	조사구	
종명	생활사	잎의 높이 (㎝)
a	1년생	15.5
b	다년생	12.5
…	…	…

측정해, 환경요인×지점(조사구) 데이터를 얻는다(표 1.3b). 이처럼 함께 얻은 종조성-환경요인 데이터는 해석의 기본이 되는 데이터 형식의 하나며, 제2장에서 해설하는 서열 및 분류분석 방법으로 군집과 환경의 데이터가 직접적·간접적으로 대응시켜 해석할 수 있다. 또, 제3, 4장에서는 이런 데이터를 이용해 종조성과 환경요인간의 관계성을 해석하는 방법을 해설한다.

• 종조성 데이터와 종 형질의 데이터

종조성 데이터에 각종의 형질(종이 갖는 표현형상의 특징 또는 기능적인 특징, 혹은 그 양쪽 모두)정보를 조합해서 이용되기도 한다(표 1.3c). 이런 데이터는 제2장에서 해설하는 종 형질에 근거하는 군집의 서열화나 제3장에서 해설하는 군집의 다양성의 평가에 이용된다.

1.3.3 환경기울기에 따른 종의 분포

특정의 환경기울기(예를 들어, 해발고나 강수량)에 주목해, 기울기에 따른 식물군집의 변화를 조사하는 방법은 '환경기울기 분석(environmental gradient analysis)'이라고 불린다(Whittaker, 1979). 특정의 환경기울기에 따라 얻은 종조성 데이터에서는 환경기울기에 따른 종의 정량적 변화(그림 1.10)를 나타낼 수 있고, 이 그림에서 '종의 분포' 정보를 읽어낼 수 있다. 예를 들어, 환경기울기 좌표축상에서 어떤 종류(종 a, b, c)의 분포는 각종의 생육에 적절한 환경조건에서 증가하고, 부적절한 환경조건에서 감소한다. 환경기울기 좌표축상에서의 분포역은 각종의 생태적 지위 폭을 시사한다. 또, 정량적 데이터(어번던스)의 단면은 어느 지점에서의 종조성이라고 할 수 있다. 예를 들어, 그림 1.10에서 조사구 q_i에서는 종 a, b의 2종이 생육하고, 종 a가 우점하는 것을 알 수 있다.

환경기울기에 따른 종의 분포는 이론적으로는 하나의 산봉우리 모양(단봉형)으로 좌우 대칭인 정규분포(4.2절 참조)를 나타낸다(Whittaker, 1979). 예를 들어, 특정의 환경에서 우점하는 종(종 b)은 '단봉형'의 분포를 나타낸다. 그러나 야외에서 관찰되는 많은 종에서는 이런 정규분포를 나타내는 경우는 적고, 복수의 환경요인이나 생물 사이 상호작용의 영향을 받아 복잡하게 변화한다. 그 때문에 종조성의 경계는 불명료하게 되고 쌍봉형(종 a)이나 옷자락처럼 긴 롱 테일형(long tail, 종 c)의 분포 등 좌우비대칭 분포형을 나타내는 경우가 많다.

다음에서 자세히 설명하겠지만, 데이터의 성질에 따라 적용 가능한 해석 기법과 이것으로 검증 가능한 것은 다르다. 따라서, 데이터 수집을 실시하기 전에 이 절에서 설명한 데이터의 성질을 잘 이해해 두는 것이 중요하다.

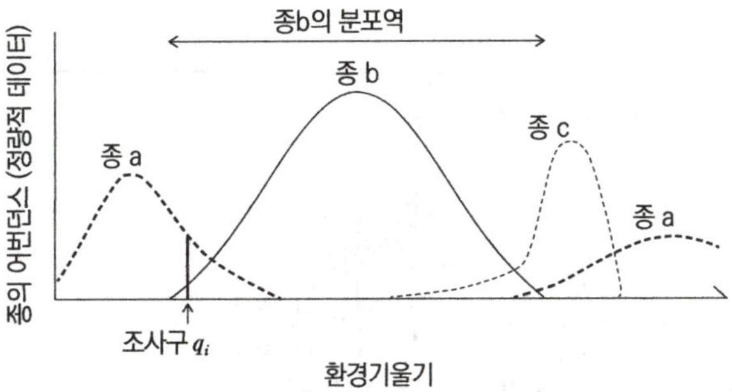

[그림 1.10] 환경기울기에 따른 종의 어번던스(정량적 데이터) 변화

1.4 식물군집 데이터의 공간스케일과 시간스케일

식물군집의 구조나 종조성은 공간적·시간적으로 변화한다. 식물군집 데이터를 취득할 때 최적인 공간스케일이나 시간스케일에 명확한 정답이 있는 것은 아니다. 연구의 대상이 되는 식생(혹은 식물군집)의 특징이나 연구목적에 따라 최적인 공간·시간스케일은 달라진다. 여기에서는 각각의 연구에서 식물군집 데이터를 취급하는데 최적인 공간·시간스케일을 검토하기 위한 방식을 소개하고 싶다.

1.4.1 공간스케일

식물군집을 평가하기 위한 주된 공간적인 스케일로서 경관(landscape), 지형, 토지이용 등의 공간 단위를 들 수 있다. 예를 들어, 미지형의 변화에 따르는 산림의 식물종 조성 변화에 주목한 菊池(2001)는 미야기현(宮城県) 센다이시(仙台市)에 위치하는 사오야마(佐保山)의 미지형과 이곳에 형성된 식생과의 대응 관계를 밝혔다(그림 1.11).

이 지역의 광역 스케일에서 기후적 극상림은 일본전나무-너도밤나무림으로 분류된다. 하지만 미지형의 변화를 파악하는 것보다 작은 공간스케일로 보면, 정상부 사면의 경사가 완만한 장소에서는 너도밤나무 등의 낙엽활엽수나 일본전나

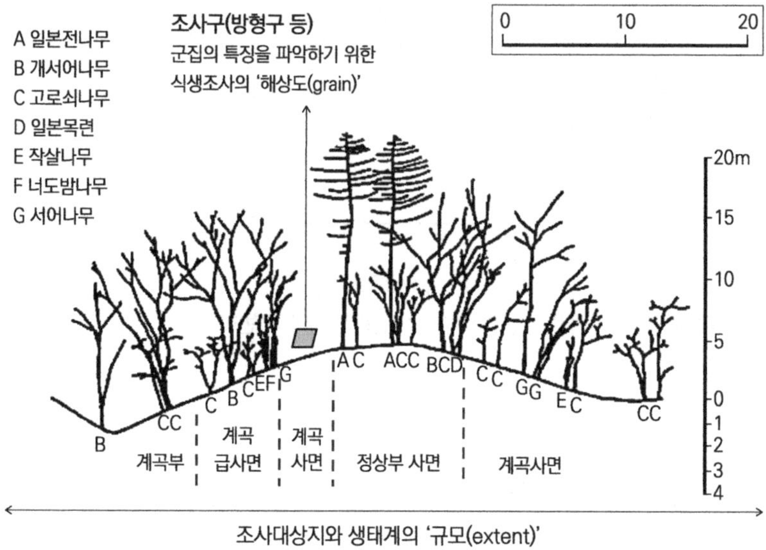

[그림 1.11] 미지형과 식물군집 조성과의 관계. 菊池(2001) 개정 인용

무가 혼재하는데 비해, 경사가 급한 부분에서는 일본전나무가 빠지고 낙엽활엽수가 우점하는 군락이 나타난다(菊池, 2001). 이처럼 지형 조건의 차이는 특정의 환경기울기(토양수분 조건의 차이 등)가 나타나고, 그 기울기에 따라 식물군집의 조성이 변화해 간다(그림 1.10). 때문에 조사대상지의 환경기울기 폭이나 군집조성 변화를 파악할 때 조사해야 할 대상지와 생태계에 대한 '규모(extent)'를 특정할 필요가 있다(그림 1.11). 앞에서 서술한 사례의 경우 미지형의 단위에 따라 토양수분 조건 등 환경특성이 차이가 나기 때문에 모든 미지형 단위를 포함한 산지사면을 조사 대상지로 해야 한다.

만약, 토양수분 조건 이외에 사면방위의 차이에 의한 영향(광환경의 차이)에 관해 고려한다면, 복수의 사면방위에 해당하는 미지형 단위를 조사해야 하며, 보다 넓은 범위를 조사 대상으로 설정해야 한다.

공간스케일을 생각할 때 또 다른 중요한 점은 군집 특징을 분석하고, 파악하기 위한 식생조사의 '해상도(grain)'이다(그림 1.11). 조사지마다 면적이 차이가 나면, 식물군집의 종다양성이나 종조성의 정량적인 평가를 실시하기 어렵다. 식물군집의 특징을 종수나 종다양성지수 등을 이용해 정량적으로 평가하기 위해선 식생의 군집 조성을 대표할 수 있는 적절한 해상도(조사구 면적)를 설정할 필요가 있다. 조사구 면적을 설정하기 위한 하나의 방법으로서 '종수–면적 관계(species–area relationship)'가 있다(3.5.2항 참조). 일반적으로 조사구 면적을 크게 하면 그 안에 출현하는 식물의 종수는 처음에는 급속히 늘어나지만, 점차 종수가 포화되어 나중에는 거의 증가하지 않는다(그림 1.12). 이 관계를 나타낸 곡선을 '종수–면적 곡선(species–area curve)'이라 하며, 종수 증가가 거의 포화하는 점을 최소면적으로 해 적절한 조사구 면적을 정할 수 있다. 다만, 조사마다 조사구 면적을 바꾸면서 종수–면적 관계를 평가해 최소면적을 구하는 데는 많은 노력이 든다. 때문에 주요한 식물군락유형에서는 그림 1.13처럼 기준이 되는 조사구 면적이 제안되었다(宮脇, 1977).

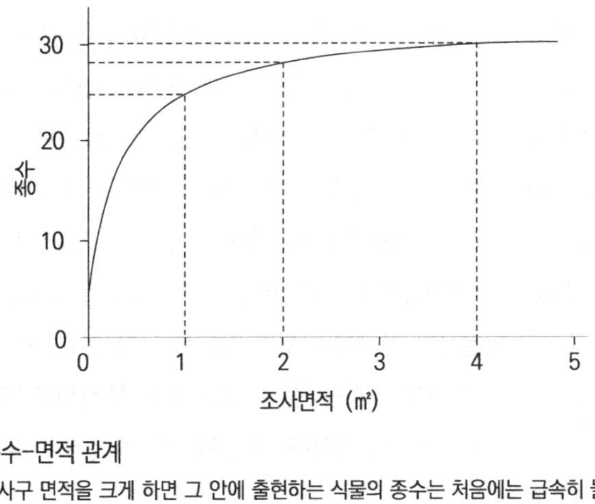

[그림 1.12] 종수–면적 관계

조사구 면적을 크게 하면 그 안에 출현하는 식물의 종수는 처음에는 급속히 늘어나지만, 점차 종수가 포화되어 나중에는 거의 증가하지 않는다.

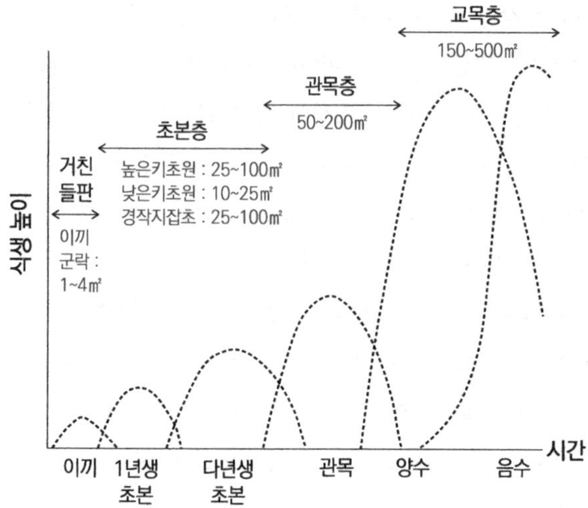

[그림 1.13] 식물군집의 천이계열과 군집(군락)유형에 따른 조사구 면적의 기준

그러나 이것들은 어디까지나 기준이다. 예를 들어 교목층에서 앞에서 말한 것처럼 미지형의 차이에 의한 식물군집 조성의 변화에 주목하고 싶을 때에는 더 작은 조사구(예를 들어, 10m×10m)를 설정하는 등 조사목적에 따른 면적을 검토할 필요가 있다.

또, 식물군집의 특징을 파악할 때 반드시 주의해야 할 점이 군집조성의 공간적 이질성의 문제이다. 식물군집은 특정의 환경기울기에 따라 연속적으로 변해 나간다고 생각할 수 있지만, 국소적인 교란 등에 의해 공간적으로 이질적 군집이 성립하는 경우가 있다(예를 들어, 임내 수목이 쓰러져 주변만 일시적으로 숲틈이 생기는 경우 등). 공간적 이질성은 생물다양성을 높이는 중요한 요소로서 주목받고 있지만(Huston, 1994), 환경기울기에 따른 군집의 변화 패턴을 밝히는 연구에서는 조사데이터에 공간적 이질성의 영향이 나오지 않도록 고려해야 한다. 공간적 이질성의 문제는 조사구의 배치에도 영향을 준다. 조사구를 무작위로 배치할 것인지, 일정한 기준을 마련해 계통적으로 배치하는지, 연구의 목적에 따라 적절한 방법을 선택해야 한다(1.2절).

1.4.2 시간스케일

식물군집의 시간적인 변화는 환경의 시간적 변화(예를 들어, 강수량의 연간 변동 등)나 다양한 자연 또는 인위적인 교란에 의해 일어난다. 화산열도인 일본에서는 갑작스런 분화로 화산재 등의 분출물이 뿜어져 나와, 산정상 주변의 식생이 모두 소실하는 사례가 적지 않다. 화산의 분화 후에 주변의 종자공급 등으로 서서히 식생이 회복되어 간다. 이 식생 변화는 식생천이로 파악할 수 있고, 수십 년이나 수백 년의 긴 시간이 흐르면, 그 지역의 기후적 극상이라는 식생으로 변해 갈 것이다. 이런 돌발적인 자연재해 등의 교란에 따른 식물군집의 변화를 실증하기 위해선 영구 조사구를 설정해, 계속적인 추적조사(모니터링 조사)를 실시해야 한다. 한편, 마을숲의 잡목림이나 반자연 초원 등 1년 혹은 수년 주기의 정기적인 인위적 관리로 형성된 식생도 있다. 예를 들어, 반자연 초원의 경우에는 초봄에 들판을 태우는 일과 여름부터 가을에 걸친 풀베기작업으로 인해 목본종의 침입이 억제되어, 벼과 다년생 초본을 우점종으로 하는 키가 큰 식물군락이 형성된다. 그러나 이런 정기적인 관리가 멈추면, 서서히 목본종이 침입해 난온대 지역에서는 낙엽활엽수림에서 상록수림으로 천이해 나갈 것이다.

관리방치 등의 인위적 교란형태 변화에 따른 식물군집의 영향을 평가할 때도 모니터링 조사가 유효하다. 그러나 관리방치 기간이 각기 다른 곳을 각각 조사하는 것으로 시간상의 변화를 분리할 수 있다. 이런 방법으로 단시간(적게는 1회)에 효율적으로 목적을 달성하는 것도 가능하다. 이처럼 동일 공간 단면에서 시간축을 잘라내 얻을 수 있는 시간 계열을 '크로노시퀀스(chronosequence)'라고 한다. 특정 교란에 따른 식물군집의 영향을 파악하고자 한 연구의 대부분은 크로노시퀀스형의 조사방법을 이용하고 있다(예를 들어, Hirst *et al.*, 2005; Kassi and Decocq, 2008). 공간스케일과 마찬가지로 대상지 식물군집의 어떤 성립 요인에 주목해, 그 영향이 어느 정도의 시간스케일로 생길 수 있는지를 검토한 다음에 효율적인 크로노시퀀스형 조사와 그 조사기간을 설정해야 한다.

조사기간 뿐만 아니라 조사시기도 연구의 목적에 따라 적절히 설정해야 한다. 식물에는 계절성(phenology)이 존재한다. 때문에 봄에만 확인할 수 있는 초본이

이른 봄의 낙활엽수림 얼레지

큰구슬붕이 국화바람꽃

[그림 1. 14] 봄의 낙엽활엽수림과 임상에 자라는 초본(봄살이식물, spring ephemeral)

있는 반면, 목본종 등 연중에 관찰이 가능한 종도 있다. 특히, 1·2년생의 초본식물을 중심으로 한 군락에서는 봄과 가을의 군집 종조성이 크게 다르다. 또, 계절에 따라 임상의 빛조건이 크게 다른 낙엽활엽수림에서는 봄살이식물(spring ephemeral)로 불리는 초봄 밖에 확인할 수 없는 초본식물도 자란다(그림 1.14). 때문에 어느 특정 장소에서 관찰되는 식물 전체를 기록(식물상 조사)하려는 경우나, 군집 종조성의 계절적인 변화를 파악하려는 경우에는 계절마다 연중 여러 번의 조사를 실시해야 한다. 계절 변화를 상세하게 파악할 필요가 없으면, 1년 동안 지상의 생체량(바이오매스)이 최대가 되는 여름철 1회 조사에서 대상지 식생의 대표 군집 종조성을 파악한다. 예를 들어, 다년생의 초본군락(참억새초원 등)이라면 지상의 생체량이 최대가 되는 여름철 1회 조사에서 1년 동안 출현하는 식물종의 약 80%를 기록할 수 있는 것이 경험적으로 알려져 있다(小柳 등, 2011에 수록한 데이터에 근거한다).

1.4.3 공간·시간스케일의 상호작용

살아있는 생물들이 나타내는 현상 해명에서 공간스케일과 시간스케일은 서로 깊게 엮여있고, 공간스케일이 큰 현상은 그 영향이 오랜 시간 동안 계속 작용하게 된다(그림 1.15). 예를 들어, 반자연 초원에서 들불이나 풀베기는 1년~수년의 주기로 생기는 인위적 교란이며, 그 영향은 100㎡ 전후의 공간스케일의 군락 조사를 실시해 평가할 수 있다. 한편, 인간 활동에 의한 영향이 발생하는 시간·공간스케일은 다양하고, 지구 온난화(기후변화)의 영향을 파악하는데 수천 년~수만 년에 걸친 시간스케일로 생물군계(바이옴 : 지구상 생물군집의 가장 큰 분류 단위로 기후조건에 따라 형성된 특정 상관의 생물군집)단위로 광역적인 조사가 필요하다. 최근에는 고산대의 온난화 영향을 검증하기 위해 국제적인 연구협력으로 세계 각지의 고산식생 등을 대상으로 영구 조사구를 설치한 지속적인 모니터링 조사를 실시하고 있다(Global Observation Research Initiative in Alpine Environments : GLORIA). 이런 장기적이고 대규모 환경 변동에 관한 조사연구를 장기 생태학 연구(Long-Term Ecological Research : LTER)라고 하며, 국제적인 네트워크로 이런 연구가 추진되고 있다.

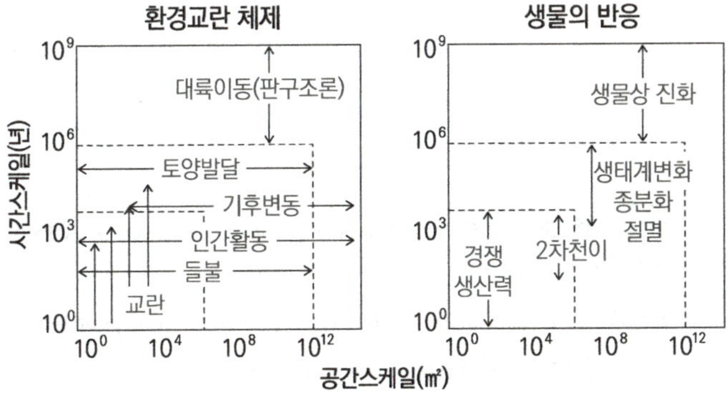

[그림 1.15] 다양한 환경교란 유형에서의 공간스케일과 시간스케일의 관계.
武内(1991) 개정 인용.

1.5 식물군집 데이터를 해석하기 위한 도구

식물군집 데이터는 통계해석 소프트웨어 및 그 관련 패키지를 이용해 해석할 수 있다. 최근 식물생태학 분야에서도 폭넓게 이용되는 공개 통계분석 소프트웨어 R[5)]이다. R에서는 군집생태학에서의 각종 해석을 망라하는 vegan(Oksanen *et al.*, 2015)이나 복잡한 회귀모델에 대응 가능한 lme4(Bates *et al.*, 2014), MASS(Venables and Ripley, 2002) 등의 패키지가 개발되었다. 또, 베이즈 통계전문의 공개 소프트웨어인 WinBUGS14(Spiegelhalter *et al.*, 2004)와 R의 패키지인 R2WinBUGS(Sturtz *et al.*, 2005)를 연동시키는 것으로 베이즈 통계에 기초한 것보다 고급 해석도 실시할 수 있다. 식물군집 해석에 이용되는 유료 소프트웨어로서는 CANOCO나 PC-ORD[6)], JMP[7)], SAS[8)], IBM SPSS Statistics[9)] 등이 있다. 특히, PC-ORD는 군집의 다양성 해석이나 서열·분류의 방법 등이 폭넓게 망라되어 있고, 또 조작도 용이하기 때문에 R이 넓게 쓰이기 전에 식물군집 분석에 가장 빈번히 이용되었다. 유료 소프트웨어로만 가능했던 분석이 이제는 R의 각종 패키지로 분석이 가능해져 학술잡지에 발표된 대부분 연구논문이 R을 쓰고 있다. 때문에 이 책에서는 각종의 식물군집 분석이 가능한 대표적인 R의 패키지를 마지막에 부록과 부표로 소개했다.

---

5) ver. 3.1.3, 2014년 3월 30일 현재, http://www.R-project.org 2) ver. 5, 2015년 3월 30일 현재, http://www.canoco5.com

6) ver. 6, 2015년 3월 30일 현재, http://home.centurytel.net/~mjm/pcordwin.htm

7) ver. 12, 2015년 3월 30일 현재, http://www.jmp.com/japan

8) ver. 9.4, 2015년 3월 30일 현재, http://www.sas.com/ja_jp/software/analytics.html

9) ver. 23, 2015년 3월 30일 현재, http://www-01.ibm.com/software/jp/analytics/spss/

* 인용문헌

Bates D, Maechler M, Bolker BM, Walker S(2014) lme4 : Linear mixed-effects models using Eigen and S4. http://arxiv.org/abs/1406.5823

Braun-Blanquet J(1964) *Pflansensoziologie*. Third edition. Springer

Daubenmire RF(1959) Canopy coverage method of vegetation analysis. *Northwest Science*, 33 : 43-64

Elzinga CL, Salzer DW, Willoughby JW(1998) Measuring and monitoring plant populations. *USDI Bureau of Land Management Technical Reference*, 1730-1 : 492

森林立地調査法編集委員会編, 有光一登·武田博清·生原喜久雄·谷本丈夫監修(1999) 森林立地調査法：森の環境を測る, 博友社

露崎史朗·長谷昭·新沼寛子·花田安司(2001) 北海道渡島駒ヶ岳における2000年種子植物リスト, 生物教材, 36 : 1-6

ホイッタカー RH 著, 宝月欣二 訳(1979) 生態学概説：生物群集と生態系, 培風館

Hirst RA, Pywell RF, Marrs RH, Putwain PD(2005) The resilience of calcareous and mesotrophic grasslands following disturbance. *Journal of Applied Ecology*, 42 : 498-506

Huston MA(1994) *Biological diversity : the coexistence of species on changing landscapes*. Cambridge University Press

Kassi NJK, Decocq G(2008) Successional patterns of plant species and community diversity in a semi- deciduous tropical forest under shifting cultivation. *Journal of Vegetation Science*, 19 : 809-820

菊池多賀夫(2001) 地形植生誌, 東京大学出版会

小柳知代·楠本良延·山本勝利他(2011) 管理放棄後樹林化したススキ型草地における埋土種子による草原生植物の回復可能性, 保全生態学研究, 16 : 85-97

宮脇昭(1977) 日本の植生, 学研

Oksanen J, Blanchet FG, Kindt R, *et al.*(2015) vegan : Community ecology package. R package version 2.2-1. http://CRAN.R-project.org/package=vegan

Spiegelhalter D, Thomas A, Best N, Lunn D(2004) WinBUGS version 2.0 users manual. MRC Biostatistics Unit, Cambridge. http://mathstat.helsinki.fi/openbugs/

Sturtz S, Ligges U, Gelman A(2005) R2WinBUGS : A package for running WinBUGS from R. *Journal of Statistical Software*, 12 : 1-16

武内和彦(1991) 地域の生態学, 古今書院

Venables WN, Ripley BD(2002) *Modern applied statistics with S. 4th Edition*. Springer

* 역주 참고문헌

김종원, 이율경(2006) 식물사회학적 식생조사와 평가방법. 월드사이언스. 6쪽.

제2장 식물군집의 서열 및 분류분석

생태학 야외조사법 시리즈 3

2.1 서론

식물군집을 구성하는 종들은 다른 지점에서 각각 다른 우점도(피도, 개체수, 생체량 등)를 갖고 생육한다(표 2.1). 식생조사에서 얻어진 자료는 출현종수(종수)×조사지점(지점)으로 구성된 다차원 공간(다변량 데이터)이다. 데이터의 차원수(데이터 항목)가 늘어나면 그것을 직관적으로 이해하는 것이 곤란해진다. 따라서 군집의 특징을 이해하기 위해 다차원 정보를 적절하게 요약해 정량적으로 비교·검토해 나아가야 한다. 군집 데이터뿐만 아니라 예를 들어, 출현종×종의 형질(종이 가진 표현형 특징 또는 기능적인 특징 : 3.3절 참조)과 조사지점×환경요인 등 데이터도 다변량 데이터며, 목적에 따라 정보를 요약해야 한다. 서열(ordination) 및 분류(classification)분석은 이런 다변량 데이터가 가진 정보를 정량적으로 요약해 데이터를 쉽게 해석하기 위해 개발된 탐색적 통계기법이다. 이 장에서는 종구성 데이터 해석에 주로 쓰이는 이 기법을 중심으로 설명한다.

서열분석은 종구성 데이터를 수치로 요약해, 조사지점과 출현종을 좌표축 상에 배열하는데(서열분석) 연속적인 값을 이용하여 종조성의 변화를 시각화하기 위한 방법이다. 또한 종조성의 변화와 환경요인(예로서 빛과 토양수분 조건 등) 사이에 관계성이 인정되는지 여부를 검토할 수도 있다. 한편, 군집의 분류분석은 서열분석과 마찬가지로 종구성 데이터를 수치로 요약한 후에 비슷한 종구성을 가진 군집끼리 몇 개로 그룹화하는 방법이다. 마찬가지로 분류분석 기법을 이용하여 유사한 출현 패턴을 갖는 종과 비슷한 특성을 가진 종을 그룹으로 나눌 수 있다. 서

[표 2.1] 초원에서의 참억새 식물군집의 종조성 데이터 매트릭스의 사례.

표 안의 각 식물종 숫자는 피도(%)며, +는 피도 1%미만을 나타낸다. 小柳 등(2011)의 데이터 일부 발췌

조사구(Plots)	N01	N02	N03	N04	N05	N06	N07	N08	N09
전체피도 (%)	90	95	75	65	60	65	65	70	60
식생높이 (m)	0.25	0.30	0.50	0.40	0.25	0.30	0.25	0.20	0.20
Cocculus orbiculatus[10]	7	2	5	+					
Solidago virgaurea var. *asiatica*					1	+	+	2	
Pleioblastus chino	15	50	7	10	10	40	30	30	35
Polygonatum odoratum								+	
Vitis ficifolia var. *lobata*					2				
가막살나무	2	1	1						5
Potentilla fragarioides var. *major*					+				
졸참나무	1		5					10	
양지사초	2	1	1	2	1	1	2	+	+
참취	2	1	+	+	10			2	2
참억새	50	10	50	40	15	7	20	5	1
꿩의밥							+		
Solidago canadensis var. *scabra*				1					
Adenophora triphylla var. *japonica*									
노박덩굴						5		3	7
제주찔레									2
새	1	2	1	3	3		3	7	3
멍석딸기								3	2
씀바귀		+							
겨이삭				+					
괭이싸리	1	5	5	8	5	1		1	
그늘사초							1		+
개망초							+		
Eupatorium makinoi							2		
등				3		2			
계요등		1							
세잎양지꽃	5	3	3	4	4	4	5	3	1
참마			2	2					+
Pteridium aquilinum	5	4	1		10	1	2	4	2
오이풀	10	15			1	6			

10) 역주) 번역상 국내에 자생하지 않는 종은 학명으로 표시

열 및 분류분석은 군집을 연속적인 변화로 볼 것인가, 별도의 유형으로 파악할 것인가에 따라 결과의 표현 방법이 다르다. 하지만, 양자가 배타적인 기법이 아닌 분류분석에서 얻은 그룹에 기초해 서열분석이 결과를 도식하거나, 반대로 서열분석으로 얻어진 통계기법을 바탕으로 분류분석을 실시할 수도 있다.

오히려, 이런 다변량 분석기법들은 데이터를 해석하는데 서로 보조하는 성격이 강하기 때문에 분석 목적에 따라 다양한 기법을 조합하는 경우가 많다. 또, 군집 데이터의 경향을 파악하기 위해 데이터 해석의 초기단계에서 탐색적으로 이용하기도 한다.

이 장에서는 우선 식물군집을 서열 및 분류분석할 때의 기본개념이 되는 군집의 유사성을 평가하기 위한 지표에 대해 해설한다. 서열 및 분류분석 각각은 식물군집 생태학에서 폭넓게 쓰이는 주요한 기법이라서 적용 사례를 들어가면서 소개한다.

2.2 식물군집의 유사성

종조성 데이터를 서열화하거나 분류할 때 기초가 되는 것이 군집의 유사성을 평가하는 개념과 그 지표이다. 비교하고 싶은 조사구 데이터(샘플)간의 종조성이 어느 정도 비슷한지(또는 상이한지)를 정량적으로 평가한다. 이것으로 특정 좌표축상에 서열화하거나 서로 닮은 군집끼리를 모은 그룹화로 분류가 가능해진다.

샘플간 종조성의 유사성을 평가하기 위한 방법으로는 다양한 유사도지수(similarity index) 혹은 상이도지수(dissimilarity index)가 고안되었다.

- 종의 존재 유무 데이터의 경우

종의 존재 유무(有無)데이터를 지점 A와 B의 2개소에서 조사했는데 양 지점에 공통으로 출현하는 종과 각각의 곳에서만 출현하는 종을 얻었다고 하자. 양쪽에 출현한 종수가 공통출현 종수에 대해 차지하는 비율을 기초로 유사성을 평가

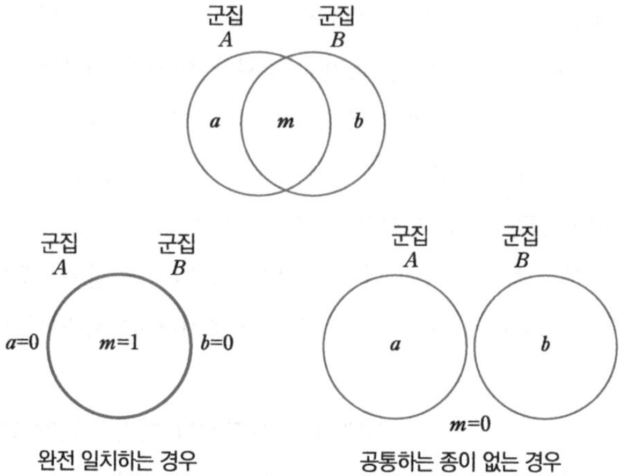

[그림 2.1] 소렌센(Sørensen) 및 자카드(Jaccard)의 유사도지수에 대한 개념도
군집 A에서만 출현하는 종수를 a, 군집 B에서만 출현하는 종수를 b, 양쪽에 공통으로 출현하는 종수를 m으로 한다.

하는 지표가 소렌센(Sørensen)의 유사도지수와 자카드(Jaccard)의 유사도지수이다. 양쪽에 공통으로 출현하는 종수를 m, 지점 A에만 출현하는 종수를 a, 지점 B에만 출현하는 종수를 b로 하면, 아래 식으로 나타낼 수 있다.

$$\textit{Sørensen coefficient} = \frac{2m}{(2m+a+b)} \tag{2.1}$$

$$\textit{Jaccard coefficient} = \frac{m}{(m+a+b)} \tag{2.2}$$

어느 쪽의 유사도지수에서도 2개의 지점의 구성종이 완전하게 일치할 경우에 1, 지점 사이에 공통되는 종이 없을 때에 0이 된다(그림 2.1).

• 양적 데이터의 경우

조사 지점마다 종의 개체수, 피도, 출현빈도를 기록한 데이터를 얻었다고 하자.

이런 양적 데이터의 조사지점간의 거리(상이도)를 구하는 가장 일반적인 지수로 유클리드 거리(Euclidean distance)가 있다.

조사구 A와 B에 공통으로 출현한 종수를 m이라 하면, 조사구 A에서의 종 i의 값(피도 등)을 c_{Ai}(B에 대해서는 c_{Bi})라 할 때, 지점 A와 B 사이의 유클리드 거리 $ED_{A,B}$는 아래의 식에서 구할 수 있다.

$$ED_{A,B} = \sqrt{\sum_{i=1}^{m}(c_{Ai}-c_{Bi})^2} \tag{2.3}$$

식 2.3에서 알 수 있듯이, 유클리드 거리는 m차원공간에 있는 점 A와 B의 사이의 거리라고 생각할 수 있다. 지점 사이에 공통되는 종이 존재하지 않는 경우에 가장 큰 값이 나온다. 다만, 유클리드 거리의 값은 군집의 종수나 양적 변량(피도의 대소 등)에 좌우되기 때문에 공통되는 종이 존재하지 않아도 출현종의 양이 모두 작은 경우에는 거리가 커지지 않는다. 이 문제의 대처법으로 종마다의 양적 변량(피도 등)을 지점마다 표준화해서 이용하는 방법도 제안되었다.

유클리드 거리와 같이 폭넓게 이용되는 지수로서 퍼센티지 유사도(percentage or proportional similarity index) 혹은 브레이-커티스의 상이도지수(Bray-Curtis dissimilarity index)가 있다. 앞서 언급한 것처럼 c_{Ai}, c_{Bi}를, 각각 군집 A와 B에 출현한 종 i의 양적 변량(피도 등)으로 하면, 퍼센티지 유사도 $PS_{A,B}$는 이하의 식에서 구할 수 있다.

$$PS_{A,B} = \frac{2\Sigma_{i=1}^{m} min.(c_{Ai}, c_{Bi})}{\Sigma_{i=1}^{m}(c_{Ai}+c_{Bi})} \tag{2.4}$$

2개의 조사구가 공통종을 갖지 않을 때 PS=0이 되며, 반대로 양적 변량도 포함한 종조성이 완전하게 일치할 경우에 PS=1(식 2.4에 100을 곱했을 경우에는 100%)이 된다. 식 2.1과 식 2.4를 비교해보면 알 수 있듯이, 퍼센티지 유사도는 종의 출현유무 데이터에 옮겨놓으면 소렌센의 유사도지수와 동일해진다. 퍼센티지 유사도의 값을 1에서 뺀 값(상이도)이 브레이-커티스(Bray-Curtis)의 상이도지수이며, 후술한 서열분석에서도 비교적 흔히 쓰이고 있다. 그 외에도 양적 변량을 고려한 상이도로서 카이제곱거리, 고어(Gower)의 상이도지수(3.3.1항 참조), 피안카(Pianka)의 지수, 모리시타(森下)의 C_λ 등이 있다.

2.3 식물군집의 서열분석

서열분석은 다변량 데이터를 요약(전체를 특징짓는 경향을 추출)하는 것으로 차원수를 줄여, 해석을 쉽게 하기 위한 탐색적인 통계기법이다. 종조성 데이터를 2차원 혹은 3차원 공간상에 펼쳐서, 그 중에서 종조성 변화의 패턴과 그 변화를 일으키는 요인을 분석할 수 있다. 서열분석 기법은 크게 2가지로 나눌 수 있다.

하나는 간접기울기분석(間接傾度分析, indirect gradient analysis)[11]이다. 이 기법은 유사도지수 등을 이용해 종조성 데이터를 요약해서 좌표축상에 펼쳐 놓은 다음에 좌표축(값)과 환경요인(값)의 관계를 상관분석 등에 의해 간접적으로 평가하는 것으로 군집의 종조성 변화를 일으키는 환경요인을 간접적으로 추정하는 방법이다. 다른 하나는 직접기울기분석(直接傾度分析, direct gradient analysis)인데 정(+)의 환경기울기와 강한 관련성을 가진 좌표축을 구해, 그 축의 값 변화에 따라 식물군집이 어떻게 변해 나갈까를 직접적으로 분석하는 방법이다. 직접기울기분석에서는 특정의 환경요인을 한정하고 분석하기 때문에 예기치 못한 다른 환경요인이 존재했을 경우 잘못된 결과를 도출할 수 있는 위험성이 있다. 반면, 간접기울기분석은 종조성 데이터만으로 서열화를 실시하므로 이런 위험성은 없다(山中 등, 2005). 종조성의 변화를 일으키는 환경요인이 어느 정도 명확한 경우에는 직접기울기분석이 적합할 것이다. 반대의 경우에는 간접기울기분석을 이용해 탐색적으로 분석을 진행시켜 나가는 편이 바람직하다.

11) 역주) 국내에서는 '간접구배분석', '직접구배분석'이라는 표현이 쓰이기도 한다.

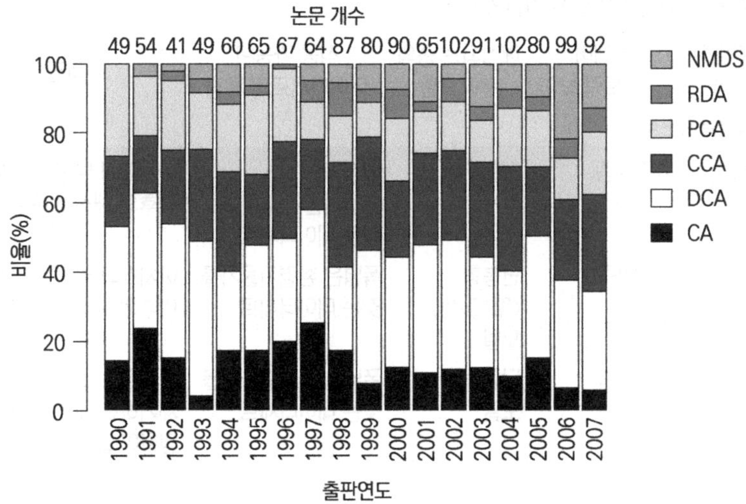

[그림 2.2] 식물생태학 분야의 주요 학술지(*Plant Ecology, Journal of Vegetation Science, Applied Vegetation Science, Folia Geobotanica, Phytocoenologia*)에 발표된 논문에서 이용된 서열화기법들의 사용빈도 비율과 변화.
von Wehrden *et al.*(2009)에서 일부 수정 인용

식물생태학 분야에서 서열분석 기법들의 사용빈도와 변화를 살펴보면(그림 2.2), 식물군집 해석으로 쓰이는 기법으로는 제왜대응분석(DCA)이 가장 많고, 정준대응분석(CCA)이나 주성분분석(PCA)이 그 다음으로 많다는 것을 알 수 있다(von Wehrden *et al.*, 2009). 또 근래에는 비모수(non-parametric) 서열화 기법인 비계량 다차원척도법(NMDS)의 사용빈도도 높아지고 있다. 그림 2.2에서 정준대응분석(CCA)과 중복분석(RDA)[12]만이 직접기울기분석이고, 나머지는 모두 간접기울기분석이다. 이 절에서는 간접기울기분석과 직접기울기분석 중에 군집생태학 분야에서 폭넓게 이용되는 기법을 중심으로 소개한다(표 2.2).

12) 역주) 중복분석은 주성분분석을 활용하는 직접기울기분석의 한 종류이다.

[표 2.2] 주요한 서열분석 기법의 특징

서열분석 기법	기본데이터 매트릭스	예상되는 종의 분포모델	적응 가능한 데이터세트의 특징	주의점
간접기울기분석				
PCA	지점×종	선형모델	예상되는 환경기울기의 폭이 짧은 데이터세트	아치효과 발생. 제2축 이후의 해석이 곤란
CA	지점×종	단봉형(單峰型) 모델	폭넓은 환경기울기를 갖는 데이터세트	아치효과 발생. 제2축 이후의 해석이 곤란
DCA	지점×종	단봉형 모델	폭넓은 환경기울기를 갖는 데이터세트	아치효과를 강제적으로 제거하는 것으로 인해 영향이 발생
PCoA	지점×종	없음	선형성이 담보되지 않은 데이터. 유클리드 거리 이외 유사도지수로 비교하려는 경우	아치효과 발생. 제2축 이후의 해석이 곤란
NMDS	지점×종	없음	선형성이 담보되지 않은 데이터. 비계량 데이터에서도 적용 가능. 유클리드 거리 이외의 유사도지수로 비교하려는 경우	순차척도를 사용하기 때문에 절대적인 거리정보가 사라짐
직접기울기분석				
CCA	지점×종 지점×환경요인	단봉형 모델	폭넓은 환경기울기를 갖는 데이터세트	환경요인으로서 변수 안에 종조성에 영향을 주고 있는 주요 요인이 포함되지 않은 경우, 종조성의 변화와 그 변화를 일으키는 요인과의 관계를 적절하게 찾아낼 수 없음
RDA	지점×종 지점×환경요인	선형모델	예상되는 환경기울기의 폭이 짧은 데이터세트	

※ CA, DCA, CCA, TWINSPAN는 모두 가중평균법(加重平均法)을 기원으로 하는 방법이며, 모두 CA(correspondence analysis)와 유사한 분석기법이다.

2.3.1 간접기울기분석

(1) 주성분분석 PCA(principal component analysis)

간접기울기분석인 주성분분석(PCA)은 비교적 빠른 시기(1950년대 후반~1960년대)부터 군집생태학뿐만 아니라 폭넓은 분야에서 쓰여져 왔다.

분석의 기초가 되는 개념은 명쾌하지만, 변수간의 선형성(線形性)을 전제로 한다. 이 때문에 0값이 많은 비선형성을 동반하는 식물군집 데이터는 이 기법 적용이 적절하지 않을 수 있다(加藤, 1995). 종조성 변화의 폭이 작은 경우(그림 2.3)에는 비선형성의 영향도 작아지기 때문에 뛰어난 서열화기법이라고 할 수 있다(加藤, 1995; 長谷川, 2006).

PCA에서는 복수의 독립변수(종조성 데이터의 경우는 종별 피도나 개체수, 우점도 등)를 주성분으로 요약하여, 요약된 성분을 축으로 하는 좌표상에 샘플(조사구)을 서열화해 간다. 만약, 종 1의 데이터가 제1축, 종 2의 데이터가 제2축 좌표상에 있고, 조사구가 그림 2.4a처럼 일직선상에 줄지어 있다고 하면, 이런 지점을 1개의 선으로 묶어(회귀) 새로운 축(Z_1)으로 요약할 수 있다.

그러나 실제로는 복수의 지점이 동일 선상에 줄지어 서는 일은 거의 없으므로, 그림 2.4b처럼 추출되는 주성분(Z_1)에 개개의 지점에서 수직선[13]을 내려, 수직선

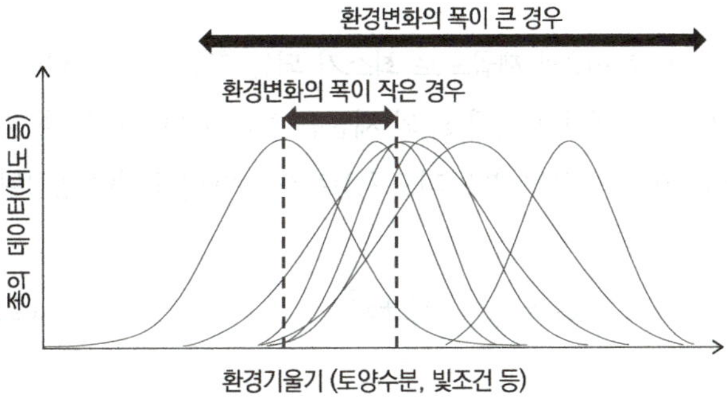

[그림 2.3] 환경기울기에 따른 종의 데이터 변화 개념도. 1개의 산봉우리선이 1개의 종을 나타낸다.

---

13) 역주) 투사점(projection point)이라고도 한다.

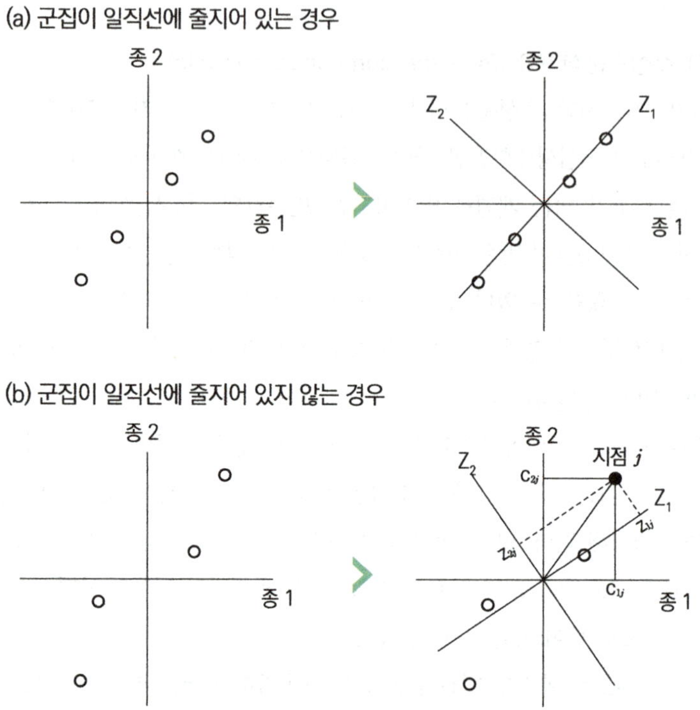

[그림 2.4] 군집(지점)별 종 1 및 종 2의 출현경향(예를 들어, 피도)과 그 요약 방법

의 길이 z_{2j}(j=1, 2,⋯L)의 제곱으로 최소가 되는 축을 구하게 된다. 이 때 정보의 손실을 최소한 억제하기 위해 z_{1j}의 제곱은 최대가 되도록 한다. 여기서, c_{1j}를 종 1의 조사구 j에서의 양적 변수(피도 등)로 하면 아래의 식이 성립된다.

$$c_{1j}^2 + c_{2j}^2 = z_{1j}^2 + z_{2j}^2 \tag{2.5}$$

주성분 점수 z_{kj}은 c_{ij}를 계수 l_{ki}(k=1, 2,⋯P)에 가중치를 붙인 변량으로서 정의할 수 있고, 다음 식이 성립된다.

$$z_{kj} = \sum_i l_{ki} \times c_{ij} \tag{2.6}$$

이 계수 l_{ki}가 이하의 식을 채우는 조건 하에서 z_{kj}의 분산이 최대가 되도록 정한 주성분 Z_1이 제1 주성분[14)]이 된다.

$$\sum_i l_{ki}^2 = 1 \tag{2.7}$$

제 k주성분은 식 2.7을 만족하고, 한편 다른 주성분(z_{1j}, z_{2j},$\cdots z_{(k-1)j}$)과 상관이 없다는 조건으로 z_{kj}의 분산이 최대가 되도록 정한다.

이런 조건을 만족하는 주성분은 다음 식에서 정의되는 고유값 문제를 푸는 것으로 구할 수 있다.

$$|\mathbf{R} - \lambda \mathbf{I}| = 0 \tag{2.8}$$

$$\mathbf{R}\begin{bmatrix} l_{k1} \\ l_{k2} \\ \cdot \\ l_{ks} \end{bmatrix} = \lambda_k \begin{bmatrix} l_{k1} \\ l_{k2} \\ \cdot \\ l_{ks} \end{bmatrix} \tag{2.9}$$

행렬 R은 변수간의 관계성을 나타내는 공분산 행렬 혹은 상관 행렬에 상당한다. 개개 종의 우점도의 절대치를 결과에 반영시키고 싶을 경우에는 분산공분산 행렬을, 조사지점간에서의 변동 형태의 유사성을 보고 싶을 경우에는 상관 행렬을 이용하게 된다. 상기의 고유값 문제를 풀어 얻을 수 있던 고유 벡터 l_{ki}가 주성분이 되어, 고유값(eigenvalue) $\lambda_{1\sim k}$가 가장 큰 고유 벡터가 제1주성분이 된다. 주성분 점수 z_{kj}와 독립변수(서열화 대상으로 하는 종조성 데이터의 경우는 종)

14) 역주) 다수의 변인들이 내포하는 정보를 한 개의 주성분에 함축할 수 없으므로 주성분분석은 정보 손실을 최소화하기 위하여 원래 변인들의 정보를 최대한 함축하는 주성분 순서대로 순차적으로 주성분을 추출한다. 이때 추출된 각 주성분들은 독립적이다.

와의 상관계수를 요인 부하량(factor loading)이라고 하며, 각 주성분에서 각각의 변수가 얼마나 잘 반영되고 있는가를 아는 지표가 된다. 즉, 어느 주성분(축)에 대해 요인 부하량이 큰 변수일수록 변수 값의 산포도 대부분이 그 주성분에 의해 설명되는 것을 나타낸다. 또, 각 주성분이 종조성의 산포도(분산)의 몇 퍼센트를 설명하는지를 나타내는 값으로서 기여율(percentage of variance)을 구한다. 기여율이 클수록 그 주성분의 중요성이 높다고 판단할 수 있다. 제1주성분(제1축)에서부터 각 주성분의 기여율을 합산한 것이 누적 기여율이다. 이 기여율과 누적 기여율을 함께 고려하는 것으로 중요한 의미를 갖는 성분으로서 어떤 축의 주성분까지를 취급해야 하는지를 검토할 수 있다[15]. 이때 명확한 기준이 있는 것은 아니지만, 분석 결과로 사용한 주성분의 기여율 및 누적 기여율의 값을 결과로 보고할 필요가 있다. 그 후에 중요한 의미가 있다고 판단된 주성분에 대해 PCA에서 얻어진 각 군집의 스코어(지점 스코어)와 조사지점의 환경요인(예를 들어, 토양수분 등)과의 상관관계를 분석하여 군집 종조성의 변화를 일으키는 요인을 검토할 수 있다.

PCA에 의한 서열분석 결과에는 아치효과(arch effect) 혹은 말굽효과(horseshoe effect) 등으로 불리는 복잡한 변형(또는 일그러짐)이 생기는 경우가 있다(그림 2.5). 실제의 군집 데이터에서는 이처럼 깔끔한 형태의 아치효과가 나타나는 경우는 적지만, 대부분의 경우 얻어진 결과에 이런 변형이 생긴다. 이것은 군집데이터에 비선형성이 동반하기(그림 2.3)때문에 선형성을 전제로 한 PCA기법의 한계라고 할 수 있다. 또, 식물군집 데이터에는 많은 0값이 포함되기 때문에 PCA를 이용한 서열분석이 부적당하다는 것이 이미 널리 알려져 있다.

15) 역주) 중요한 주성분을 가려내기 위해 스크리(scree) 도표를 그린다. 스크리 도표는 x축에 주성분, y축에 고유값(eigenvalue)을 나타내는데 변량이 미미한 수준으로 떨어지기 직전(elbow)까지만 중요 주성분으로 사용한다.

모델 데이터										
지점	1	2	3	4	5	6	7	8	9	10
종A	1	0	0	0	0	0	0	0	0	0
종B	2	1	0	0	0	0	0	0	0	0
종C	3	2	1	0	0	0	0	0	0	0
종D	2	3	2	1	0	0	0	0	0	0
종E	1	2	3	2	1	0	0	0	0	0
종F	0	1	2	3	2	1	0	0	0	0
종G	0	0	1	2	3	2	1	0	0	0
종H	0	0	0	1	2	3	2	1	0	0
종I	0	0	0	0	1	2	3	2	1	0
종J	0	0	0	0	0	1	2	3	2	1
종K	0	0	0	0	0	0	1	2	3	2
종L	0	0	0	0	0	0	0	1	2	3
종M	0	0	0	0	0	0	0	0	1	2
종N	0	0	0	0	0	0	0	0	0	1

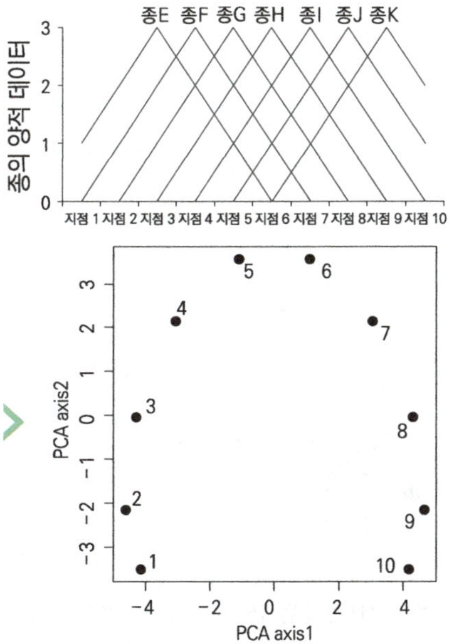

[그림 2.5] 모델 데이터를 기초한 PCA의 결과에서 얻어진 아치효과(arch effect) 예시

PCA기법상의 문제점을 인식한 후에 그 결과를 적절히 해석한 연구로서 도시지역에 분포하는 고립된 수림의 편향천이(통상 식생천이와 다른 계열을 따르는 천이)패턴을 나타낸 사례를 소개한다. 戸島 등(2004)은 가나가와현(神奈川県) 가마쿠라시(鎌倉市)에 잔존하는 고립된 수림을 대상으로 1998년에 식생조사를 실시하고, 같은 지점에서 1988년에 실시된 식생조사 데이터와 비교했다. 두 시기의 조사지점 데이터를 이용하고 PCA를 실시한 결과, 초본군락→낙엽활엽수림→상록활엽수림이라는 천이계열에 따라, 조사지점이 아치(arch)형태로 분포하는 것을 알 수 있다(그림 2.6). 만약 일반적인 식생천이가 진행되고 있다면, 조사지점마다 이 아치형태에 따라 변화가 일어난다고 생각할 수 있다. 그러나 실제로는 많은 지점이 제1축에 따라 거의 평행으로 이동하는 것을 알 수 있다(그림 2.6). 이것은 통

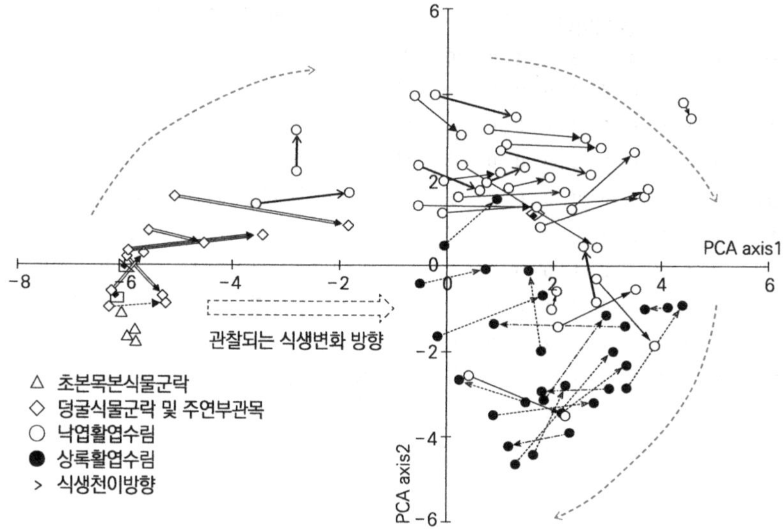

※ 작은 화살표는 동일지점에서의 1988~1998년에 걸쳐 군집의 종조성 변화를 표시한다.

[그림 2.6] PCA를 이용한 연구 사례

초본군락→낙엽활엽수림→상록활엽수림이라는 통상의 천이계열이라면 조사지점이 PCA기법의 아치 형태로 분포할 것이다. 그러나 조사지점마다의 종조성은 1988~1998년에 걸쳐 제1축에 따라 거의 평행으로 이동하고 있는데 이것은 통상의 천이계열과는 다른 변화가 생기고 있는 것을 알 수 있다. 戸島 등(2004)의 일부 수정 인용

상의 식생천이계열이 아니고 편향천이[16]가 생기고 있다고 생각할 수 있다. 특히 군락유형별로 과거 10년간에 통상의 천이계열에서는 설명할 수 없는 변화가 생겼는데 이것은 산림 파편화에 따라 조류에 의해 산포된 식물종이 늘어났기 때문이라고 해석했다.

(2) 대응분석 CA(correspondence analysis 또는 reciprocal averaging : RA)

대응분석(CA)은 가중평균에 기초해 계산하고, 조사지점 및 종의 값을 한데 모

16) 역주) 자연상태에서 나타나는 천이계열이 아닌 사람 혹은 기타의 간섭에 의해 나타나는 특수한 천이를 말한다.

아 묶을 때까지 반복하는 기법(Hill, 1973)이며, PCA처럼 큰 폭의 변형(아치효과)이 생기지는 않지만, 어느 정도의 아치효과는 여전히 남아있다. 반복평균법 혹은 상호평균법(reciprocal averaging)이라고 불리며, 이하의 순서에 의해 조사구 및 종의 값을 동시에 얻을 수 있는 서열화기법이다.

우선, 종마다 임의의 값 X_j를 설정해, 피도나 개체수 등의 양적 변량으로 가중된 각 지점의 값 Y_i를 구한다(식 2.10). $c_{i,j}$는 조사 지점 j에서의 종 i의 양적 데이터(피도나 개체수 등)를 나타낸다.

$$Y_i = \frac{\Sigma_j c_{i,j} \times X_j}{\Sigma_j c_{i,j}} \qquad (2.10)$$

이후에 식 2.10으로 계산된 지점의 값 Y_i를 사용하고, 피도나 개체수로 가중한 종마다의 값 X_j를 구한다(식 2.11).

$$X_j = \frac{\Sigma_j c_{i,j} \times Y_i}{\Sigma_j c_{i,j}} \qquad (2.11)$$

구한 X_j와 Y_i를 표준화 해 얻은 값이 최초로 설정된 X_j와 Y_i와 다르다면, 새롭게 얻었던 값을 기초로 같은 계산을 반복한다(그림 2.7). 최종적으로 X_j와 Y_i가 각각 한데 모아 묶을 때까지 계산을 반복해서 얻어진 값이 제1축의 조사구 및 종의 좌표값이 된다. 제2축에 대해서도 같은 반복 계산을 기초로 산출되지만, 제1축으로 직교하는 조작이 더해진다. 종에 가중치를 붙이는 것으로 PCA로 생기는 아치효과의 양끝에 위치하는 지점을 끌어당겨 서열화할 수 있어 아치효과를 완화할 수 있다(山中 등, 2005). 그러나 이 변형이 완전히 제거되는 것이 아니고, 표준화라는 조작이 더해져 축의 양단에 가까울수록 지점간의 거리가 짧아져, 여전히 아치효과의 변형이 남는다(山中 등, 2005). 이 때문에 제2축의 해석은 거의 불가능하다고 할 수 있다(加藤, 1995). CA는 종의 분포가 단봉형이라고 전제한

	지점 1	지점 2	지점 3	지점 4	합계	초기종 점수	CA에 의한 점수
종 A	0	0	1	10	11	3	1.972
종 B	0	0	0	10	10	3	2.004
종 C	0	3	40	10	53	2	1.481
종 D	50	25	0	0	75	1	−2.810
종 E	5	25	0	0	75	1	−2.647
합계	55	53	41	30			
가중평균	1.000	1.057	2.024	2.667			
CA에 의한 점수	−2.136	−1.853	1.843	2.146			

이 값을 기초로 계산을 반복한다.

[그림 2.7] 대응분석(CA)에 의한 계산 과정. 露崎(2004) 일부 수정

다. 때문에 PCA와 달리 환경기울기의 폭이 넓고, 종의 잠재적인 분포역의 모든 것을 망라하는 군집데이터 분석에 적절하다고 말할 수 있다. 한편, 종의 잠재적인 분포역의 일부 밖에 군집데이터에 포함하지 않은 경우에는 값의 추정에 편향(bias)이 생기는 결점이 있다.

최근 들어 식물군집의 해석에서 CA가 쓰이는 경우가 적지만, 1990년대 후반에는 CA를 이용한 연구가 비교적 많이 발표되었다(그림 2.2). CA에서는 제2축 이하의 해석이 어렵기 때문에 복수의 환경기울기가 생물군집에 작동하고, 2이상의 군집 기울기가 존재하는 경우에는 분석기법으로 적절치 않다. 다만, PCA의 사례처럼 아치효과의 존재를 전제로 결과를 해석해 나갈 수도 있다(예를 들어, Beever *et al.*, 2003).

(3) 제왜대응분석 DCA(detrended correspondence analysis)

제왜대응분석(DCA)은 군집 해석기법으로 가장 널리 이용되는 서열분석 중의 하나며, CA에 의한 아치효과를 저감하기 위해 Hill(1979a)이 개발한 기법이

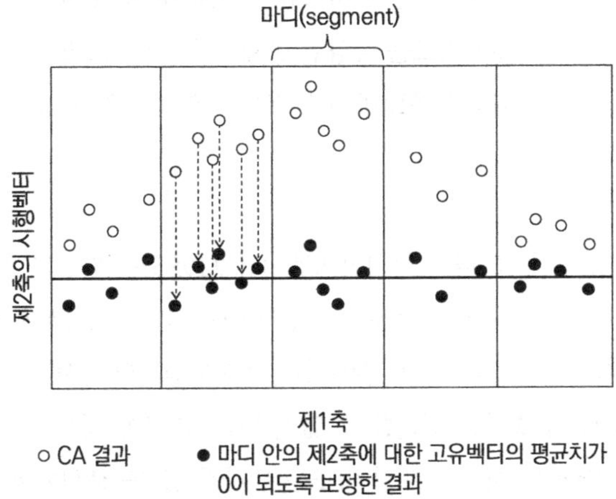

[그림 2.8] 제왜대응분석(DCA)에서의 아치효과 제거방법. 小林(1995) 일부 수정

다(Hill and Gauch, 1980). 기본적인 방법은 CA와 같고, 가중평균에 근거하는 계산을 반복해 가는 것으로 조사구 및 종의 값을 동시에 얻는다. 이후에 아치효과가 존재하는 것을 전제하므로 그것을 강제적으로 없애는 조작이 더해진다. 구체적으로는 제2축에서 아치효과의 영향이 반영되는 것을 전제로 해서(이 배열방법은 의미가 있는 환경 변화를 나타내지 않았다고 가정한다), 제1축을 몇 개의 마디(segment)로 분할해, 마디별 제2축의 값의 평균치를 구한다. 이 마디 안에 포함되는 지점의 제2축의 값에서 이 평균치를 빼는 것으로 아치효과를 없앤다(그림 2.8). 이렇게 하면, 제1축 뿐만 아니라 제2축에서도 어느 정도 의미가 있는 경향을 찾을 수 있게 된다. 그러나 이런 강제적인 아치효과 제거방법에 대해 加藤(1995)는 몇 개의 문제점을 지적했다. 우선, 아치효과 안에 어떤 환경요인에 대한 변화가 숨겨져 있을 경우에 이런 정보가 없어져 버릴 가능성이 있다.

게다가 상위의 축(예를 들어, 제1축)을 기준으로 아치효과의 변형 제거를 실시했기 때문에 복수의 독립한 환경요인이 동일한 정도의 영향력을 가진 경우에 결과가 부자연스럽게 될 수 있다. 또, 아치효과를 없앨 때 몇 개의 마디로 나눌 것인가에 의해 결과가 크게 변하는 점도 지적했다(Jackson and Somers, 1991). 이처럼 강제적인 변형 제거에 따르는 다양한 문제점이 지적되고 있지만, DCA는 개발된 이래 식물군집의 해석에 폭넓게 계속 쓰이고 있다(그림 2.2; von Wehrden *et al.*, 2009).

DCA를 이용할 때 또 다른 주의점으로 小林(1995)는 다음과 같이 설명하고 있다. 우선, DCA도 CA처럼 폭넓은 환경기울기를 가진 데이터에 적용할 수 있지만, 조사구간의 차이가 너무 큰 경우(특히, 조사지점간의 유사도가 0 또는 가까운 경우)에는 서열화 결과를 신뢰할 수 없게 된다. 때문에 지점간의 공통성이 매우 부족한 지점에서는 사전에 이상치(또는 빗나간 값)를 분석에서 제거하는 편이 바람직하다. 또 DCA에서는 조사구의 스코어와 종의 스코어를 동시에 구할 수 있지만, 조사한 환경기울기 범위 밖에 특정종이 집중해 존재하는 종의 스코어는 결과를 신뢰할 수 없다는 것을 지적했다. 그럼 분석을 하고자 하는 군집데이터에서 상정되는 환경기울기가 충분히 넓은지를 어떻게 분별하면 좋을까? 長谷川(2006)에 따르면, 우선 DCA로 서열화를 실시해 결과적으로 얻을 수 있는 기울기 길이(gradient lengths)가 4(또는 3) 보다 길면 그대로 DCA(혹은 CA)를 이용한다. 반면 짧은 경우에는 상정되는 환경기울기의 폭이 짧다고 생각할 수 있기 때문에 PCA기법 이용이 바람직할 것으로 제안했다(그림 2.9). 이것은 다음의 직접기울기분석 CCA와 RDA에서도 적용 가능해, 최적 서열화기법을 선택할 때 지표가 될 수 있다.

DCA를 이용한 연구 사례로서 Kitazawa and Ohsawa(2002)는 농경지 주변에 발생한 초본식물 군락을 대상으로 종조성과 관리(교란) 유형과의 관계를 밝혔다(그림 2.10). 지점(라인트란섹트법)×종(상대우점도)의 데이터 매트릭스를 이용해 DCA를 실시한 결과, 제1축에는 관리(교란) 강도의 차이를 대표하는 축이 추출되었다. 제1축에 따라 교란 강도가 높고, 1년 초본식물군락(군락유형 : 1, 2)일수록 좌측에, 교란 강도가 낮은 다년생 초본과 목본군락(군락유형 : 6, 7)일수록 우측에 위치했다. 종다양성(종수)은 제1축의 중앙부에 자리를 잡은 예초지에

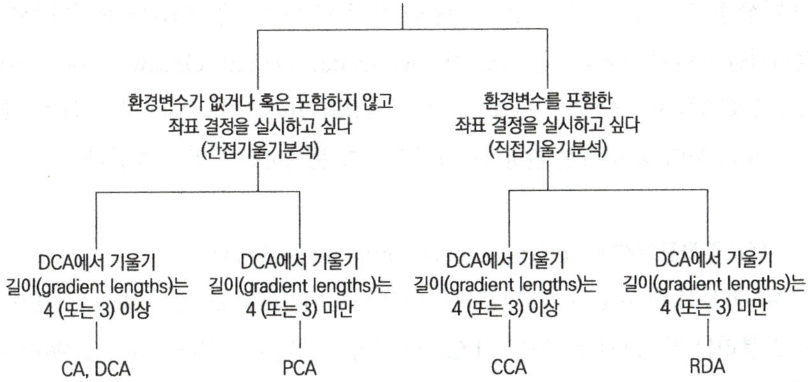

[그림 2.9] DCA의 결과를 기초한 적절한 서열분석 기법 선택방법. 長谷川(2006) 일부 수정

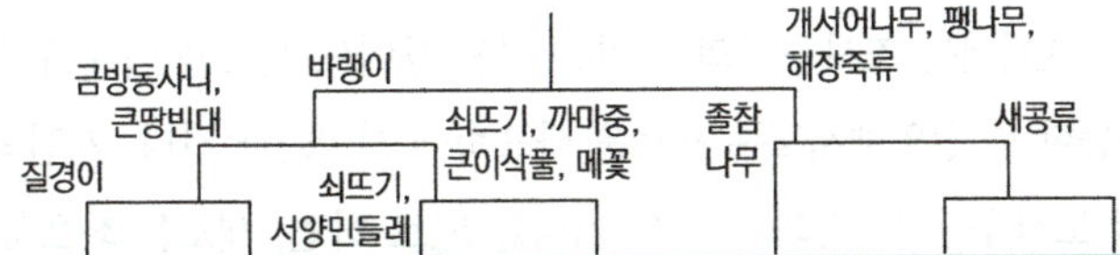

군락유형	1	2	3	4	5	6	7
우점종	왕바랭이, 새포아풀	바랭이, 금방동사니, 괭이밥	바랭이, 봄망초	칡	해장죽류, 억새, 양미역취	양미역취, 개서어나무, 억새	해장죽류, 양미역취
관리(교란) 유형	답압지	답압지, 경작지 등	예초지, 답압지	무관리지	예초지	무관리지	무관리지

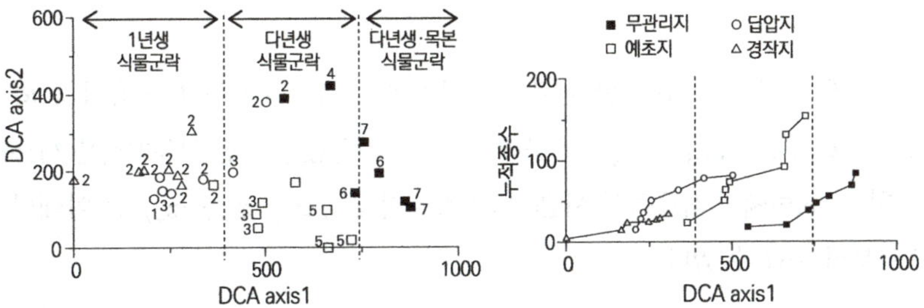

[그림 2.10] DCA를 이용한 식물군락의 서열화를 실시한 연구사례

먼저 식물군락을 TWINSPAN(2.4절 참조)을 이용해 조사지점을 분류하고, 관리형태와 대응 관계·지표종의 관계를 파악한 후에 군락유형별 천이단계의 차이를 서열화로 그 관계를 밝혔다. Kitazawa and Osawa(2002) 일부 수정 인용

서 가장 높고, 농경지 주변의 2차 초원에서의 종다양성을 유지하려면 풀베기 등의 정기적인 교란이 필요하다는 것을 보여줬다(Kitazawa and Ohsawa, 2002). 이처럼 DCA를 이용한 연구 사례에서는 종조성의 변화를 축의 값으로 요약해, 교란 강도의 차이 등 다양한 환경조건과의 관계를 분석하는 사례가 많았다.

(4) 주좌표분석 PCoA(principal coordinate analysis)

주좌표분석(PCoA)은 계량 다차원 척도법(multidimensional scaling : MDS)으로 불리는 기법으로 분류되며, PCA의 결점을 개량하기 위해 Gower(1966)가 개발했다. PCA와 달리, 조사구간의 유사성을 평가할 때에 유클리드 거리 이외의 상이도지수를 이용해 분석할 수 있다. 유클리드 거리를 이용했을 경우에는 상관행렬을 이용한 PCA와 같은 것이 된다(小林, 1995).

PCoA에서는 조사구간의 차이를 어떤 상이도 지표를 이용해 측정해, 그 차이가 가능한 한 동일해지도록 새로운 좌표축에 서열화해 간다. 지점의 수를 L로 해, 2개의 조사구 j와 k간의 유사성 거리를 δ_{jk}로 하면, 새로운 좌표축상에서의 거리는 이하의 식으로 구할 수 있다.

$$a_{kj} = \frac{1}{2}\left(-\delta_{jk}^2 + \frac{1}{L}\sum_k \delta_{jk}^2 + \frac{1}{L}\sum_k \delta_{jk}^2 - \frac{1}{L^2}\sum_j \sum_k \delta_{jk}^2\right) \qquad (2.12)$$

이렇게 해서 구할 수 있던 a_{kj}로부터 되는 행렬 A를 이용하고, 고유값 λ_m와 고유벡터($u_{m1}, u_{m2}, u_{m3}, \cdots u_{mL}$)를 구해, 가장 큰 고유값을 가진 고유벡터를 제1축으로 한다. m번째의 좌표축의 지점(군집) 스코어($z_{m1}, z_{m2}, z_{m3}, \cdots z_{mL}$)는 아래의 식으로부터 구할 수 있다.

$$(z_{m1}, z_{m2}, z_{m3}, \cdots z_{mL}) = \sqrt{\lambda_m}\,(u_{m1}, u_{m2}, u_{m3}, \cdots u_{mL}) \qquad (2.13)$$

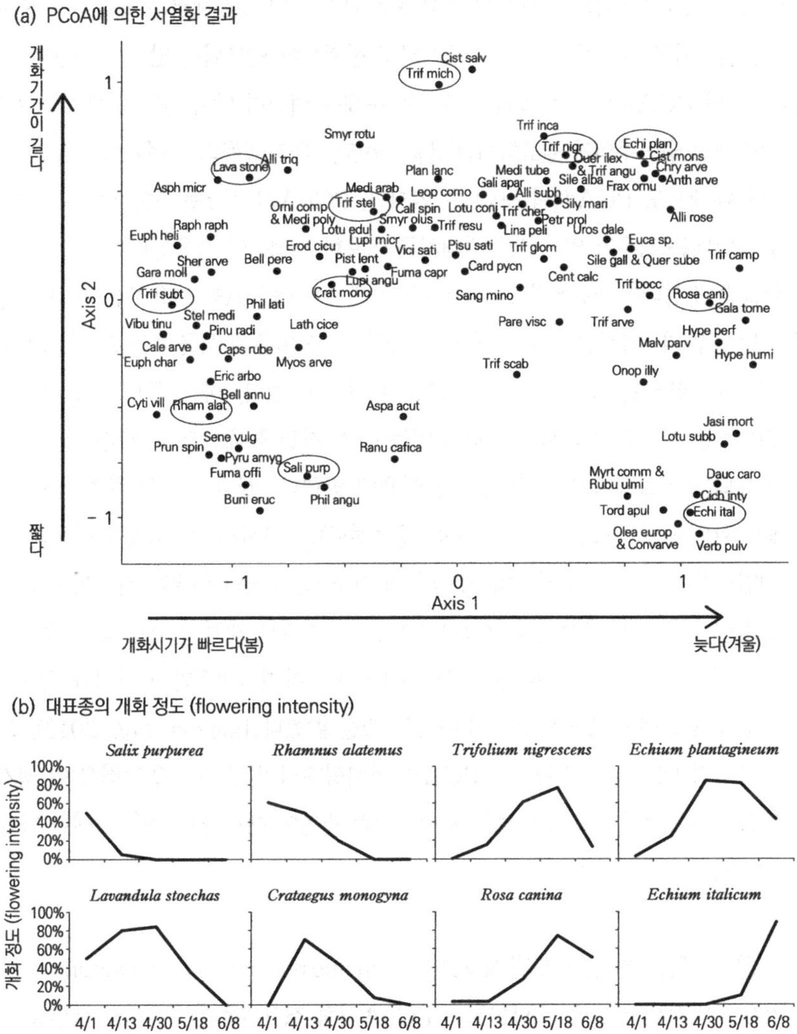

[그림 2.11] PCoA를 이용한 식물종을 개화특성에 대응한 서열분석 사례.
Bagella *et al.*(2013) 일부 수정 인용

이처럼 PCoA에서는 조사구간의 유사성 거리를 기초로 새로운 공간축을 찾아내, 군집을 서열화해 가기 때문에 데이터의 선형성이 담보되지 않아도 사용할 수 있다. 다만 PCA처럼 아치효과가 생기는 문제는 여전히 남아 있기 때문에 제2축 이후의 해석에는 주의가 필요하다(小林, 1995). 각 좌표축의 기여율이나 누적 기여율에 대해서도 PCA처럼 구할 수 있지만, PCoA의 경우는 고유값이 부(-)의 값을 나타내는 경우가 있으므로 절대치를 이용한 보정식이 적용된다.

식물종 조성데이터(종×지점의 매트릭스) 해석에 PCoA를 이용하는 사례는 그다지 많지 않다. 하지만, 종×종 형질의 매트릭스를 이용해 식물종을 종 형질의 차이에서 서열화하는 등, 다양한 목적으로 활용되고 있다. 예를 들어, Bagella *et al.*(2013)는 지중해 방목지가 펼쳐져 있는 농촌 경관을 대상으로 꿀벌의 꿀 생산에 이용되는 식물의 특징을 PCoA를 이용해 밝혔다. 꿀벌 둥지의 주변 1.5㎞권 내에서 확인되는 식물종의 페놀로지(식물계절학)를 조사해, PCoA를 이용해 종의 서열화를 실시했는데 개화의 시기와 기간이라는 2개의 형질과 관련이 깊은 2개의 축이 명확하게 추출되었다(그림 2.11). 이 결과로 계절에 따른 꽃의 종구성 차이가 꿀 생산에 영향을 미치는 것으로 나타나, 자연식생뿐만이 아니라 방목지 식생이 꿀 생산에 중요한 역할을 맡는다는 것을 밝혔다(Bagella *et al.*, 2013). 그림 2.11처럼 PCoA의 결과에도 PCA의 아치형태의 변형(또는 일그러짐)이 생기는 것을 알 수 있다. 제2축의 해석에서도 이런 변형이 생긴다는 것을 이해한 다음 결과를 해석해야 할 것이다.

(5) 비계량 다차원 척도법 NMDS(nonmetric multidimensional scaling)

비계량 다차원 척도법(NMDS)은 PCoA처럼 조사지점간의 유사도 행렬을 이용하는데 유사도가 높은 조사지점은 근처에, 유사도가 낮은 조사지점은 먼 곳에 위치를 잡는 것으로 n차원 공간에 서열화하는 방법이다. PCoA가 양적 변량인 각종의 유사도지수를 이용하는 것에 비해 NMDS는 그 이름처럼 질적 데이터 등의 비계량 데이터에도 대응할 수 있도록 개량된 기법이다(Clarke, 1993). 구체적으로는 상이도지수에서 되는 매트릭스(δ_{ij})에 근거해, 각 조사구의 짝지은 순서척도(다른 조사구 쌍과 비교해서 상대적인 거리 정도)를 이용해 거리를 정의한 공간을 정한다. 유사성거리 δ와 새롭게 얻어진 좌표공간에서의 거리 d_{ij}와의 차이 제곱이 최소가 되는 좌표축을 구한다. 최종적으로 얻어진 결과에 대해, 이하에 나타낸 스트레스(STRESS)라는 통계량을 구해서 그 결과의 좋고 나쁨(적합도)을 판단할 수 있다(표 2.3). 즉, 스트레스값이 작을수록, 유사성거리 δ_{ij}와 좌표 공간상의 거리 d_{ij}와의 차이가 작게 되어, 그 결과의 적합도가 좋다고 판단할 수 있다.

$$STRESS = \sqrt{\frac{\Sigma\Sigma(\delta_{ij}-d_{ij})^2}{\Sigma\Sigma\delta_{ij}^2}} \qquad (2.14)$$

유사성거리 δ_{ij}로부터 새로운 좌표 공간에서의 거리 d_{ij}를 구하기 위한 방법으로서 크루스칼법(Kruskal), Shepard법, McGee법, Young and Torgerson법 등 다양한 방법이 제안되었지만, 가장 잘 쓰는 방법이 크루스칼법(Kruskal, 1964)이며 MDSCAL라고 한다(McCune and Grace, 2002). 스트레스값은 0~1의 값으로 하며, 백분율(0~100%)로 변환하기도 한다. 또, NMDS의 적합도(R^2)는 1에서 스트레스값을 빼는 것으로 구할 수 있다.

[표 2.3] NMDS로 구한 결과를 스트레스(STRESS)값으로 평가
McCune and Grace(2002)

스트레스값	평가
0.000	완벽(Perfect)
0.025	우수(Excellent)
0.050	좋음(Good)
0.100	보통(Fair)
0.200	나쁨(Poor)

NMDS의 결과에서 얻어진 스트레스값의 통계적 유의성에 대해서는 몬테카를로법(Monte Carlo method)으로 판단할 수 있다. 지점마다 종조성을 무작위로 바꾸어 넣는 조작을 여러 차례 실시해, 그때마다 스트레스값을 산출한다. 반복 횟수는 최저 20회 이상으로 여겨지지만, 최근에는 수 백 회까지 실시하는 사례가 많다. 여기서 얻어진 스트레스값과 실제 군집데이터에서 산출된 스트레스값을 비교하고, 후자의 값이 5%수준으로 유의미하게 작으면, 통계적으로 유의미한 결과라고 판단할 수 있다. 또, 표 2.3처럼 스트레스값이 0.2 이하가 아닌 경우는 다변량 데이터가 잘 요약되었다고 말하기 어렵다. 그러나 식물군집의 종조성 데이터를 이용한 해석 결과에서는, 0.2를 넘는 값이라도 통계적으로 의미가 있다면, 타당한 결과로서 고찰의 대상이 되는 경우도 있다(예를 들어, Pajunen *et al.*, 2010; Koyanagi *et al.*, 2013).

NMDS는 서열분석 기법과 거의 같은 목적으로 쓸 수 있고, 특히 2000년대 이후는 DCA의 대체 기법으로 주목을 받고 있다(von Wehrden *et al.*, 2009). 초원의 관리형태와 식물군집의 종조성의 관계를 조사한 사례에서는 휴경지, 들불화재지, 들불화재지+풀베기, 들불화재지+방목이라는 교란의 강도 및 빈도 차이에 따른 식생이 연속적으로 변해가는 모습을 파악했다(Koyanagi *et al.*, 2013; 그림 2.12). 또, Furukawa *et al.*(2011)에서는 케냐의 고립숲을 대상으로 위법벌채에 따른 임상식생 변화를 DCA를 이용해 평가했다. 미 보고된 사전평가 자료로서 NMDS와 DCA 모두를 이용해 결과의 차이를 비교했다. 예를 들어, DCA와 NMDS의 제1축은 함께 데이터(종조성) 격차의 60% 이상을 설명하고, 어느 쪽이나 같은 환경기울기(대상지로부터의 거리나 수관 개방도)와 유의미한 관계성을 나타내는 등 거의 같은 결과를 얻었다(표 2.4). 이런 연구 사례에서는 NMDS로 새롭게 얻어진 좌표 공간으로서 제2차원까지의 좌표 공간이 선택되었지만, 이 좌표 공간의 최적 차원수는 어떻게 해서 결정되는가? Kruskal and Wish(1978)는 최적 차원수를 결정할 때 명확한 통계적 기준은 존재하지 않다는 것을 지적했다. 실제 연구사례에서는 차원수를 늘려가는 과정에서 스트레스값의 감소폭이 가장 컸던 축의 수를 최적 차원수라고 선택하는 방법(그림 2.13)이나,

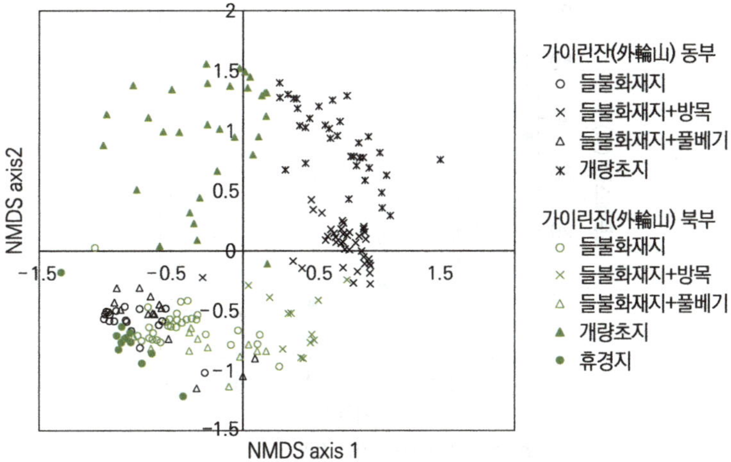

[그림 2.12] NMDS를 이용해 초원의 관리 형태와 식물종 조성의 관계를 조사한 연구사례. 지점×종(피도 데이터)을 이용해, 브레이-커티스(Bray-Curtis)의 상이도지수에 근거하는 거리 행렬을 이용해 해석(스트레스값은 18.33%). Koyanagi *et al.* (2013) 일부 수정 인용

[표 2.4] NMDS와 DCA의 결과 비교(Furukawa *et al.*, 2011의 데이터를 기초한 미발표 결과).

	설명된 분산의 비율 (R^2)		교란빈도와의 상관관계 (r)			
	개별	누적	주거지로부터 거리		수관 개방도	
DCA						
제 1 축	0.611	0.611	−0.664	***	0.868	***
제 2 축	0.059	0.670	0.149	n.s.	0.042	n.s.
제 3 축	0.031	0.701	0.233	*	−0.269	**
NMDS						
제 1 축	0.692	0.692	0.704	***	−0.868	***
제 2 축	0.106	0.797	−0.124	n.s.	0.334	***

***: $P < 0.001$, **: $P < 0.01$, *: $P < 0.05$, n.s.: non-significant

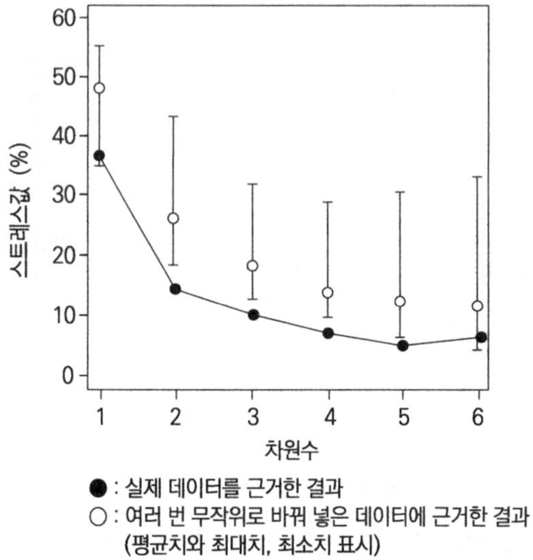

[그림 2. 13] NMDS에 대해 차원수를 늘렸을 경우의 스트레스의 관찰치(●)와 기댓값(○)의 예. 제2~5차원에서 스트레스값이 통계적으로 유의미하게 작고, 제5차원에서 관찰치가 최소가 된다. 이때 스트레스값의 감소폭이 가장 컸던 축의 수(2차원)를 최적인 차원수라고 선택하는 방법과, 스트레스값이 가장 작아지는 축의 수(5차원)를 차원수로 하는 방법 등이 쓰이고 있다.

스트레스값이 가장 작아지는 축의 수를 차원수로 하는 방법 등을 채용하고 있다 (McCune and Grace, 2002). 관심이 있는 차원수를 처음부터 1차원 혹은 2차원이라고 정한 다음에 스트레스값의 통계적 유의성에 근거해 축의 중요성을 평가할 수도 있다.

NMDS는 군집간의 거리를 순서척도로 변환해, n차원 공간상에 지점을 구성해 나가므로 데이터의 선형성을 담보하지 않아도 사용할 수 있다. 즉, 비모수(非母數, non-parametric) 서열분석 기법이라고도 할 수 있다. 長谷川(2006)는 NMDS를 이용하는데 적합한 케이스로는 유클리드 거리 이외의 특정 유사도지수가 종조성의 차이를 가장 잘 나타내는 경우(그것을 해석에 이용하고 싶은 경우)나 상정되는 환경기울기가 복잡한 경우, 종의 응답모델이 없는 경우를 들고 있다.

반대로, NMDS 이용에 적합하지 않는 사례로는 군집의 종조성 차이에서 유사성 거리의 절대치 차이를 기초로 비교하고 싶은 경우를 들 수 있다. 이 기법은 유사성 거리의 평가에 순서척도를 이용하기 때문이다. 순서척도 변환으로 절대적인거리의 정보가 없어지므로 '얼마나 떨어져 있을까'를 적절히 평가할 수 없다(McCune and Mefford, 1999). 또, 지점의 스코어와 종의 스코어가 대응한 형태로 구할 수 없다는 단점도 있다. 종의 스코어를 해석할 때 지점의 스코어를 참고로 할 수 없기 때문에 종조성이 어떤 환경조건에 의해 변화하는지는 판단할 수 있지만, 구체적으로 어떤 종조성의 변화가 생기고 있는지는 별도 분석이 필요하다(加藤, 1995).

NMDS는 1960년대에 개발된 기법임에도 요즈음까지 별로 쓰이지 않았다. von Wehrden *et al.*(2009)은 2000년대 이후에 NMDS를 이용한 연구가 급증했는데 그 이유를 컴퓨터 성능의 향상이라고 지적했다. 전술대로 NMDS에서는 결과의 타당성(통계적 유의성)을 판단하기 위해 종조성 데이터를 무작위로 바꿔 넣어 같은 계산을 여러 번 반복 조작하는 계산과정에서 컴퓨터에 큰 부하가 걸린다. 반복의 회수에 따라 다를 수 있지만, 최근에는 R이나 PC-ORD를 이용하면 곧바로 계산이 종료된다.

2.3.2 직접기울기분석

(1) 정준대응분석 CCA(canonical correspondence analysis)

군집의 종조성 데이터만으로 서열화를 실시하는 것이 아니라 특정의 환경요인이 군집의 종조성에게 미치는 영향을 직접적으로 평가하고 싶은 경우가 있다. 종조성 데이터에 환경요인의 데이터를 세트로 분석에 집어넣어 환경기울기와의 관계를 직접 분석하는 기법이다. 직접기울기분석의 대표적 기법인 정준대응분석(CCA; ter Braak, 1986; ter Braak, 1994)에서는 처음부터 복수의 환경변수를 고려해 분석이 진행된다. 먼저 간접기울기분석인 CA의 가중평균에 근거한 계산(그림 2.7)을 실시한 다음에 얻어진 지점의 스코어를 종속변수, 환경요인을 독립변수로 한 다중회귀분석을 실시한다(다중회귀분석은 제4장 참조). 다중회귀 모델의 결과로 얻어진 지점의 예측치를 새로운 지점 스코어에 옮겨놓고, CA처럼 지점과 종의 스코어(X_j와 Y_i)가 한데 묶일 때까지 같은 계산을 반복한다. 하위의 축은 상위의 축과 직교하도록 스코어의 기준화를 실시하고, 분석에 사용되는 종수와 환경요인으로 집어넣은 변수의 수가 적은 쪽이 최대한 산출 가능한 축의 수가 된다(加藤, 1995). 환경요인을 분석에 넣는 변수 중에 종조성에 영향을 주는 주요인이 포함되지 않은 경우에는 종조성의 변화와 그 변화를 일으키는 요인과의 관계를 적절히 찾아낼 수 없다. 때문에 처음부터 CCA를 단독으로 이용하는 것보다 미리 DCA 등의 간접경도분석을 이용해 종조성의 주요한 변화의 축을 확인한 다음에 CCA를 실행하는 편이 바람직하다(加藤, 1995).

(2) 중복분석 RDA(redundancy analysis)

CCA가 CA에 다중회귀분석을 조합한 기법이라면, 중복분석(RDA)은 PCA에 다중회귀분석을 조합한 기법이다(ter Braak, 1994; Van Wijngaarden *et al.*, 1995; Legendre and Anderson, 1999). 다만, CCA가 단봉형(單峯型) 분포를 상정하는 것에 비해, RDA는 환경기울기에 대한 개개 종의 양적 데이터의 변화 형태가 직선적이거나 적어도 단조로움을 전제로 하므로 폭넓은 환경기울기를 망라한 데이터 분석에는 적합하지 않다고 본다. PCA에서는 종속변수(군집 데이터)의 공분산행렬 혹은 상관행렬이, 고유벡터와 고유값을 분해해 샘플(조사 데이터)의 주성분 득점을 고유벡터에 근거해 계산한다. 한편, RDA에서는 고유벡터가 환경요인으로 넣은 독립변수의 선형 결합에 제약을 받는다. 즉, 종속변수(고유벡터)와 독립변수(환경요인) 사이로 선형 결합을 전제로 한 다중회귀분석을 실시한다. 여기서, 종속변수의 격차가 독립변수의 격차를 설명하는 비율을 중복도(redundancy)라 하며, 이 중복도를 최대화하는 합성 변량이 필요하다. 이것이 '중복분석'이라는 이름의 유래이다.

마지막으로, 2개(CCA, RDA)의 직접기울기분석 기법을 데이터의 특성에 따라 적절하게 조합해 몽골 방목지 생태계에서의 식물군집 종조성이나 식물기능군

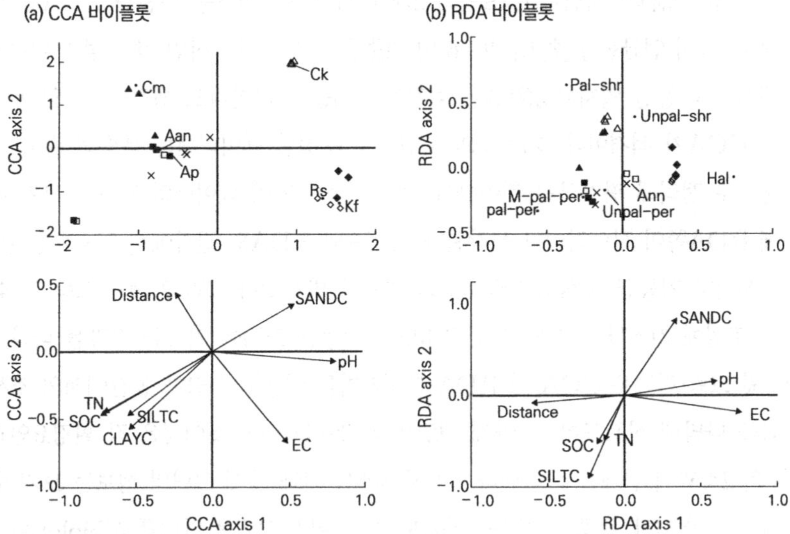

지역 1 ▲ : 구릉지, ■ : 대지, □ : 페디먼트, ◇ : 저지대
지역 2 × : 페디먼트 상부사면, △ : 페디먼트 하부사면, ◆ : 저지대
Allium anisopodium (Aan), ***A. polyrrhizum*** (Ap), ***Reaunuria soongorica*** (Rs),
Kalidium foliatum (Kf), ***Caragana korshinskii*** (Ck), Pal : 고기호성, M-pal : 중기호성,
Unpal : 비기호성, shr : 관목, per : 다년초, Ann : 1년초, Hal : 염생관목

[그림 2.14] 지형 입지유형별 방목압 변화에 따른 종조성의 차이

(a) 지점×종과 지점×환경요인의 2개의 데이터 매트릭스를 이용한 CCA 결과,
(b) 지점×기능 특성과 지점×환경요인의 2개의 데이터 매트릭스를 이용한 RDA 결과.
각 그림이 지점 및 종(혹은 기능 특성)의 산포도에서 아래 그림이 독립변수와 축의 관계 수준을 화살표가 나타낸다. 페디먼트(pediment)는 산기슭의 침식완사면을 말한다.
Sasaki *et al*.(2008) 일부 수정 인용

의 조성과 환경요인의 관계를 밝힌 연구사례를 소개한다(Sasaki *et al*., 2008).

우선, 지형 조건을 기초로 복수의 입지 유형을 추출한 후에, 입지유형별 방목 정도에 따른 식생조사와 토양의 이화학성 분석을 실시했다. 이어서 지점×종과 지점×환경요인(토양 이화학성과 방목 정도 포함)의 2개 데이터 매트릭스를 이용해 CCA분석을 했다. 그리고 지점×기능군(생활사나 가축의 기호성으로 나눌 수 있

는 식물종 그룹)과 지점×환경요인의 2개 데이터 매트릭스를 이용해 RDA를 실시했다. 앞서 언급한 長谷川(2006)의 기준을 근거로 생각하면, 종조성 데이터에 관해서는 다양한 입지환경(폭넓은 환경기울기)을 망라한다고 생각할 수 있기 때문에 CCA가 적격이다. 기능군의 조성으로 구성된 데이터에는 복수의 종을 기능군으로 정리해 평가하는 것이라서, 정보가 집약되어 데이터의 격차가 작기 때문에 RDA쪽이 적합하다고 생각된다. CCA와 RDA의 결과에서 입지유형별로 종조성이나 기능군 조성과 환경요인의 관계가 밝혀졌다(그림 2.14). 그림 2.14a는 종조성에 기초한 결과를, 그림 2.14b는 기능군 조성에 기초한 결과를 나타낸다. 윗 그림 각각은 CCA 및 RDA 분석기법을 이용해 서열화 공간에서의 조사지점을 나타낸 산포도이다. 아래 그림은 각 분석기법에 집어넣은 각 환경요인과 제1축, 2축과의 관계를 나타낸다. 이 사례에서 위와 아래 그림의 정보는 보기 쉽게 따로 그렸지만, 종종 같이 표현하기도 하며, 이런 그림을 바이플롯(biplot)이라고 부른다. 아래 그림의 화살표 길이가 관계성의 수준을 나타냈는데 예를 들어, 그림 2.14a의 아래 그림에서는 제1축의 값이 클수록 토양pH나 EC(전기전도도)가 높고, 제2축의 값이 작을수록 EC의 값이 높은 것으로 읽을 수 있다. 이런 결과에서 저지대에서는 토양pH나 EC의 값이 높았고, 이런 환경요인에 대응한 종 및 기능군이 형성해 있다고 볼 수 있다. 즉, 저지대에서는 토양 염류화가 진행되고, 고염농도 내성이 낮은 관목이 우점하는 것을 나타낸다. 한편, 구릉지에서는 토양의 입경 조성이 거칠고, 풍식에 대한 침식도가 높기 때문에 풍충지(風衝地)에 우점하는 관목이 형성되었다고 생각할 수 있다. 이처럼 대상지역에서 형성된 식생은 입지유형별 환경요인과 밀접하게 관련되는 것으로 나타났다(Sasaki *et al.*, 2008).

2.4 식물군집의 분류분석

식물군집을 요약하는 방법은 비슷한 조사데이터(샘플)를 그룹으로 정리해 분류하는 기법이 있다. 분류분석에는 비슷한 군집을 한데 모으는 집적법(결합법)과 비슷하지 않은 군집을 나누는 분할법이 있다. 또한 분류할 때 얻어진 그룹의 특징을 나타내는 지표종을 추출하는 방법, 또는 각 그룹이 어떤 특징을 갖는지를 형성된 환경조건 등의 측면에서 밝히기 위한 기법도 있다. 이 절에서는 먼저 '식물군집을 분류하기 위한 기법'인 대표적인 몇 개의 분류분석을 소개한다. 그 다음으로 '분류된 그룹을 해석하기 위한 기법'인 각 그룹의 지표종을 추출하는 방법 및 그룹의 특징을 판별하는 방법을 소개한다.

2.4.1 식물군집을 분류하기 위한 기법

(1) 계층적 클러스터 분류(hierarchical clustering)

계층적 클러스터 분류는 샘플간의 유사도지수를 산출해, 가장 비슷한 샘플부터 차례차례 모아 무리 지어 가는 방법이다. 클러스터링법 또는 응집형 계층기법이라고 불리며, 그림 2.15와 같은 순서대로 진행된다. 우선, 지점간의 상이도지수(2.2절)를 산출해, 얻어진 값에 근거해 샘플의 그룹화(클러스터링)를 실시한다. 클러스터링의 방법으로는 다양한 방법이 제안되고 있고, 각각 장단점이 있기 때문에(표 2.5) 목적에 맞게 적절한 방법을 선택한다. 클러스터링의 주된 방법으로는 최단거리법, 최장거리법, 중심법, 중앙치법, 군평균법(평균연결법), 워드법 등이 있다. 클러스터링의 목적은 '비슷한 것끼리의 무리'를 그룹(클러스터)으로 해 정리하며, 또한 2 그룹간의 거리가 가까운 순서대로 상위 그룹으로 정리하는 것으로 무리 짓는 패턴을 파악하는데 있다(嶺田 등, 2005).

여기서 2 그룹간 거리를 측정하는 방법은 각각의 특징이 있다(표 2.5). 코페네틱(Cophenetic) 행렬이란, 거리(距離) 행렬로서 초기단계에서는 지점간의 유사도지수에 근거하는 거리 행렬에 상당한다. 클러스터링을 해가는 과정에 따라 그룹간의 거리 행렬로서 집약되고 그 과정이 덴드로그램(계통수)으로 정리되어 간다(그림 2.16). 중심법, 중앙치법, 워드법(Ward's method)에서는 유클리드 거리(이것에서 파생된 상이도지수)를 이용하는 것을 전제한다. 때문에 유클리드 거리 이외의 상이도를 이용하고 싶을 때는 최단거리법, 최장거리법, 군평균법(평균연결

1. 군집간 유사도를 구한다.
(※ 유사도지수 종류는 2.2절 참조)

2. 클러스터링 방법을 선택한다.
(※ 대표적인 방법은 표2.5를 참조)

3. 선택된 방법의 코페네틱(cophenetic) 행렬을 구한다.

4. 코페네틱 행렬을 근거로 덴드로그램(계통수)을 작성한다.

[그림 2.15] 계층적 클러스터 분류기법

법)을 선택할 필요가 있다. 최단거리법은 클러스터가 형성 되기 시작하면, 거기에 유사한 샘플이 차례차례로 매달리고, 최종적으로 몇 개의 거대한 클러스터와 이상치(빗나간 값)의 군집이라는 구조가 되기 쉽다. 반대로, 최단거리법은 작은 클러스터가 많이 형성되는 경향이 있다(籾田 등, 2005). 때문에 식물군집 데이터의 분류분석에는 군평균법이 비교적 양호하다고 한다(小林, 1995).

클러스터 분류는 식물군집을 종 조성의 차이에서 분류할 뿐만 아니라 종형질의 조합 차이에서 종을 분류하는 경우(Herault and Honnay 2005; Adriaens *et al.*, 2006)나, 종을 기후조건 등의 생육적지의 차이로 분류하는 경우(Manthey and Box, 2007) 등 폭넓은 목적으로 사용된다. 예를 들어, Herault and Honnay(2007)에서는 습윤도(濕潤度)가 다른 2종류의 하반림(습성림(濕性林)과 습지림[17])을 대상으로 각각 특징적인 종그룹과 종형질의 관계를 밝혔다. 유럽

17) 역주) 원어는 소택림(沼澤林)이며, 주로 배수가 잘 안 되어 생긴 늪지대에서 형성된 수림을 말한다.

[표 2.5] 계층적 클러스터 분류에서의 주요한 클러스터링 기법과 특징
小林(1995) 및 嶺田 등(2005) 참조

클러스터링 기법	구체적인 방법	특징(장단점)
최단거리법	2개 클러스터간의 거리를 각각의 클러스터에 포함되는 점 안에 가장 가까운 2지점간의 거리로서 정의해 거리(최소치)가 작은 것으로 통합한다.	분류의 민감도가 낮고, 이미 형성된 클러스터에 더해져 가는 경향이 있기 때문에 결과가 사슬모양(체인)이 되기 쉽다.
최장거리법	2개 클러스터간의 거리를 각각의 클러스터에 포함되는 점 안에서 가장 먼 2지점간의 거리로 정의해 거리(최대치)가 작은 것으로 통합한다.	분류의 감도가 높고, 차례차례로 새로운 클러스터가 형성되어 가는 경향이 있기 때문에 결과가 확산되기 쉽다.
중심법	2개 클러스터간 거리를 양쪽 클러스터 중심 거리라고 정의해, 그 거리가 작은 것으로 통합한다.	최단거리법과 최장거리법보다 특정 지점에 따른 영향이 적다. 다만, 새롭게 형성된 클러스터를 구성하는 2그룹의 지점수 차이가 클 때 작은 그룹의 특성이 경시된다.
중앙치법	2개 클러스터간 거리를 양쪽 클러스터의 중앙치간의 거리로 정의해 그 거리가 작은 것으로 통합한다.	지점수가 적은 데이터에서는 중심법과 닮은 결과를 얻을 수 있지만, 지점수가 많아지는 경우에 따라 작은 클러스터의 경향을 반영해 다른 결과를 얻을 수 있다.
군평균법	2개 클러스터 간의 거리를 각각의 클러스터(군)에 포함되는 지점 상호간 거리의 평균으로 정의하여 거리의 평균치가 작은 것으로 통합한다.	분류의 민감도가 높고, 식물군집의 분류에서도 자주 쓰이지만, 클러스터간의 거리로서 평균치를 구하기 때문에 쓰이는 유사도지수(예로 상관계수나 C_λ)에 따라 부적절한 경우가 있다.
워드법 (Ward's method)	클러스터내에서 분산(제곱합의 증가분)이 가장 작아지는 클러스터(혹은 지점)로 통합한다.	분류의 민감도가 높고, 식물군집의 분류에서도 가장 빈번히 이용된다.

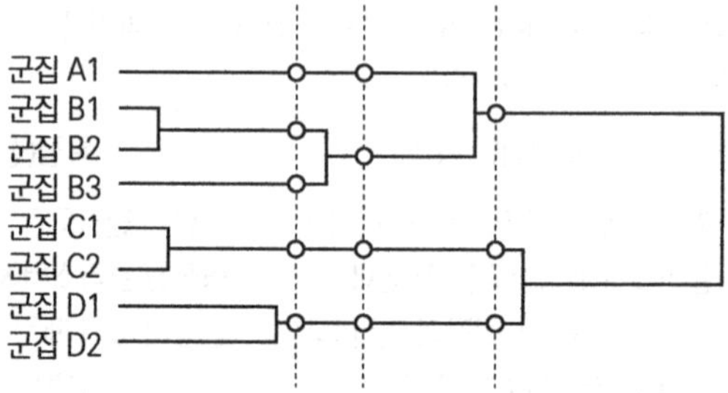

[그림 2.16] 계층적 클러스터 분류에 의해 얻어진 덴드로그램 (계통수) 예

[표 2.6] 하반림에서의 환경조건 차이와 각 하반림 유형을 특징짓는 종 그룹

종 그룹은 계층적 클러스터 분류의 결과이다. 값은 중앙치를 표시하며, 하반림 유형간의 유의적 차이는 Mann-Whitney의 U검정으로 실시했다. Hérault and Honnay (2007)

	P	습지림 (*n*=72)	습성림 (*n*=81)
환경요인			
파편화된 임분 면적	n.s.	2635	2886
산림의 연결성	*	1182	1474
하반림의 연결성	***	67	111
토양 환원층의 깊이	***	2.5	5
역사적 연속성	***	0	2
낙엽층 두께	*	0.5	0.2
토양생산성	n.s.	6.6	6.5
토양pH	**	6	6.8
토성	**	-0.17	0.43
종그룹 (수면보다 상부)			
목본종			
W1 : 바람산포형 목본종	n.s.	9.70%	8.80%
W2 : 동물산포형 목본종	***	10.50%	21.50%
초본종			
H1 : 바람산포형 다년초	n.s.	5.00%	4.90%
H2 : 풍매형 다년초	***	14.60%	13.10%
H3 : 1년생 초본	***	10.40%	5.70%
H4 : 중력산포형 다년초	***	14.50%	18.40%
H5 : 물산포형 다년초	***	16.40%	7.40%
H6 : 소형지중식물	***	9.70%	15.00%
H7 : 동물산포형 다년초	n.s.	6.90%	6.20%

***: $P < 0.001$, **: $P < 0.01$, *: $P < 0.05$, n.s.: non-significant

의 룩셈부르크에는 파편화된 하반림이 분포하는데 보전상 중요성이 지적되고 있다. 먼저 하반림에 출현한 종을 대상으로 종의 존속(이입이나 정착)을 좌우하는 종 형질의 차이로 분류했다. 종×종의 형질(산포형, 생육형, 식물높이, 매개형 등)의 매트릭스를 기초로 고어(Gower)의 상이도지수(범주형 데이터에도 대응한 상이도지수; 3.3절 참조)를 산출해, 워드법을 이용해 계층적 클러스터 분류를 실시했다.

대상종은 9개 그룹으로 나눠져, 이 중 H2, H3, H5의 3개 그룹은 습지림에 특징적으로 출현하며, W2, H4, H6의 3개 그룹은 습성숲에 특징적으로 출현하는 것을 알 수 있었다(표 2.6). 습지림에 특징적인 3개 그룹은 종수와 하반림의 면적 사이에 의미가 있는 정(+)의 관계성이 인정되었으므로 종다양성을 유지하기 위해선 면적을 확보하는 것이 중요하다고 해석 가능하다. 한편, 습성림을 특징짓는 3개 그룹은 종수와 하반림의 연결성 사이에 의미가 있는 정(+)의 관계성이 인정되어, 종다양성을 유지하기 위해선 생육지의 연결성을 높이는 것이 중요하다고 생각된다. 이처럼 하반림 종류에 따라 종다양성을 유지하는데 중요한 대책이 다를 수 있음을 시사한다(Hérault and Honnay, 2007).

(2) Two-way Indicator Species Analysis(TWINSPAN)

클러스터 분류가 상이도지수를 써서 비슷한 군집끼리 모아 그룹을 정리해 가는데 반해, 전체를 다른 것에 분할해 나가는 것으로 그룹을 찾아 가는 방법이 Two-way Indicator Species Analysis(TWINSPAN)이다. 대응분석(CA)이나 제왜대응분석(DCA)처럼 Hill(1979b)이 제안한 기법이며, CA(2.3절)를 응용한 분류형 다변량 해석기법이라고 할 수 있다.

CA에 의해 얻은 제1축의 좌표축을 이용하여, 지점을 서열화해 좌표의 평균치를 경계로서 지점을 2 분할한다. 그 후, 종마다 출현빈도(그룹 내의 출현회수/그룹에 포함되는 지점수)를 산출해, 그룹간의 출현빈도 차이에서 식별종(differential species)을 추출한다. 식별종은 한 그룹에서의 출현빈도가 다른 한 그룹에서의 출현빈도 2배 이상인 종이라고 정의된다. 이들 식별종만을 대상으로 하여, 그룹간의 출현빈도 차이(preference score)를 산출해 지점마다 평균치를 구한다. 최종적으로 이 평균치가 정(+)이 되거나 부(-)가 되어 그룹을 2개로 분할하게 된다. 이렇게 해서 얻은 그룹 각각에 대해 재차 CA를 적용해, 같은 기법으로 분할을 반복해 가는 것으로, 더 상세한 수준까지 분류가 가능하게 된다. 다만, 분할의 회수가 일정 이상에 이르거나 1개의 그룹에 포함된 지점 수가 일정 이하(예를 들어, 3개 지점 이하)가 되는 경우에 분할은 종료한다. 종의 분할에서도 지점과 종을 바꿔 넣는 것으로, 동일 방법으로 분할을 하기 때문에 지점×종의 2원표로 결과를 얻을 수 있다.

TWINSPAN에서는 양적 데이터를 질적 데이터로 변환해 분할을 실시한다. 임의로 설정되는 컷 레벨(cut level)에 따라 피도나 개체수 등의 양적 변량을 가상종(pseudo species)의 출현 유무(0, 1의 데이터)로 변환한다. 예를 들어, 컷 레벨이 0, 10, 25, 50, 75로 정해져 있을 때 어느 지점 A에 출현한 종 sp1의 피도가 50%였을 경우, 가상종인 sp1_1, sp1_2, sp1_3의 3종이 출현했다고 가정한다(그림 2.17). 마찬가지로 종 sp2의 경우는 피도가 10%이므로 sp2_1의 1종만, 피도 70%의 sp3는 sp3_1~4의 4종으로 전환한다. 이처럼 컷 레벨에 따라 설정된 가상종 출현의 유무라는 형태로 바꾸어, 양적 데이터의 일부 정보를 남기면서 질적

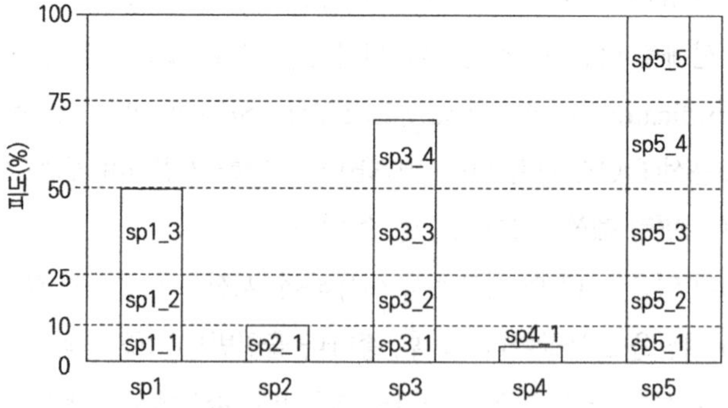

[그림 2.17] TWINSPAN에서는 양적 데이터를 질적 데이터로 변환하는 방법.
피도 등의 양적 변량 차이(임의로 설정되는 컷 레벌(cut level))에 따라 가상종(pseudo species)을 설정한다.

데이터로 변환한다. 여러 번 조사한 출현횟수의 데이터를 가상종으로 바꿀 수도 있고, 또 유·무(종의 재·부재) 데이터를 그대로 이용할 수도 있다. 이처럼 TWINSPAN의 계산과정은 복잡하고, 양적 데이터를 가상종이라는 질적 데이터로 변환하는 등 부자연스러운 조작이 가해진다. 때문에 연구자 사이에서 TWINSPAN 평가가 극단적으로 갈려, 공개 통계분석 소프트웨어 R에서는 준비되어 있지 않다. TWINSPAN을 실시하기 위해서는 유료 소프트웨어인 PC-ORD[18] 혹은 무료 소프트웨어 WinTWINS[19]를 이용할 필요가 있다(부록 참조).

TWINSPAN을 적용할 때는 다음을 주의해야 한다. 우선, 양적 데이터가 질적 데이터로 다루어지므로, 질적 데이터로 변환할 때 양적 데이터가 갖는 정보가 없어지게 된다. 양적 데이터에서도 적용 가능하지만, 엄밀하게는 질적 데이터(종의 출현 유무)에만 적용해야 할 방법이라고 말할 수 있다. 길이, 무게 등과 같은 속성치로 구성된 데이터에서는 '유·무(종의 재·부재)'라는 질적 정보로 전환이 부적절하기 때문에 TWINSPAN이용이 적합하지 않다(加藤, 2005). 또, TWINSPAN은 CA로 얻은 제1축의 좌표축만을 이용하기 때문에 1차원의 단순한 기울기로 설명되는 군집데이터가 아니면 적용이 어렵다(McCune and Grace, 2002). 또, 출현빈도에 주목하기 때문에 출현 지점수가 적은 종의 영향을 받기 쉽다. 때문에 분석 시에는 출현빈도가 낮은 종(보통 지점수가 3지점 이하의 종)을 분석에서 제외할 필요가 있다(McCune and Mefford, 1999). TWINSPAN 분류로 얻은 그룹은 유사도지수를 기초로 지점을 정리하여 구한 그룹이 아니기 때문에 클러스터 분석에 비해 분할 레벨과 그룹간 유사도사이의 대응관계가 약하다(加藤, 2005).

TWISPAN을 이용해 식물군집의 분류를 실시한 연구의 상당수는 분류만을 목적으로 하지 않는다. 결과적으로 얻은 그룹간의 환경조건 차이를 분산분석이나 후술의 분류나무(classification tree) 등을 적용해 밝히거나(예를 들어, Jiao *et al.*, 2007), 서열분석 기법과 조합하는 것으로 교란 기울기를 나타내는 좌표축상

18) ver. 6, 2014년 11월 12일 현재, http://home.centurytel.net/~mjm/pcordwin.htm

19) ver. 2.3, 2015년 1월 29일 현재, http://www.canodraw.com/wintwins.htm

에 평가(Kitazawa and Osawa, 2002;그림 2.10)하는 것으로 결과를 해석한다. 예를 들어, 小柳 등(2007)에서는 마을숲의 반(半)자연 초원에 발달하는 식생의 질적인 변화를 밝히기 위해 관동지방에서 수집된 과거와 현재의 식생 데이터를 TWINSPAN을 이용해 분류해 그 특징을 종다양성이나 외래종의 출현빈도 등에서 비교했다. 과거와 현재의 초원식생을 분류한 결과, 각각 3개의 그룹으로 분류되었다(그림 2.18). 과거와 현재 모두 3개의 그룹 중 하나는 전형적인 초원성 식물인 오이풀이 식별종으로 분류되었고, 특히 현재의 초원식생에서는 종수 및 종다

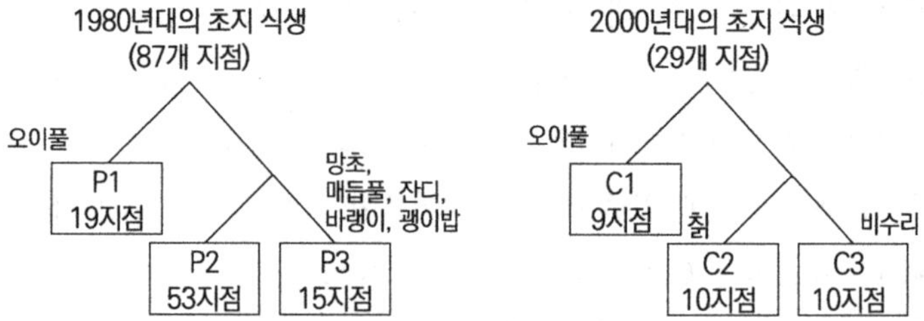

[그림 2.18] TWINSPAN에 의한 분할 과정과 각 그룹의 식별종. 小柳 등(2007) 일부 수정

[표 2.7] TWINSPAN으로 분류된 지점 그룹의 특징
전출현종수와 1년생 초본의 종수에 관해서는 과거와 현재 각 식생 그룹간의 평균치를 Tukey HSD 검정에 의해 비교했다. 다른 알파벳은 평균치가 통계학적으로 다른 것을 나타낸다. ($P < 0.05$). 小柳 등(2007) 일부 수정

	1980년대의 초지식생			2000년대의 초지식생		
	P1	P2	P3	C1	C2	C3
전체 피도(%)	83	84	78	88	83	77
식생 높이(㎝)	136	168	133	160	100	132
전출현종수	29.70_a	14.13_c	22.60_b	20.00_a	8.40_b	9.00_b
1년생 초본의 종수	1.68_b	2.70_b	8.67_a	4.56_a	1.70_b	0.90_b
외래종의 출현빈도(%)	58	72	100	100	90	90

양성 지수가 다른 그룹보다 유의미하게 높다는 것을 알 수 있었다(표 2.7). 오이풀을 식별종으로 하는 현재의 그룹은 야츠다(谷津田)가의 경사면에서 정기적으로 풀베기를 하는 초원식생에 주로 출현하고, 대지 위에 발달한 과거의 반(半)자연 초원처럼 다양한 초원성 식물의 생육지가 되어 있다고 생각할 수 있었다.

그러나 외래종의 출현빈도가 높고, 1·2년생 초본의 종수도 많은 등 과거의 반(半)자연 초원의 종조성과는 다르다는 것을 알았다. 이 연구에서는 게다가 DCA를 이용하고, 과거와 현재의 종조성 차이를 정량적으로 비교하고, TWINSPAN으로 분류된 그룹간에 DCA 제 1축의 스코어가 유의미하게 다르다는 것도 나타낸다(그림 2.19). 이처럼 분류 및 서열분석 기법을 조합하여 종조성 차이뿐만이 아니라 그 특징을 더욱 상세하게 분석할 수 있다. 또, 분류 및 서열분석 결과를 조합하는 경우, 예를 들어, TWINSPAN이면 기초가 되는 CA나 유사한 DCA, CCA와 조합한다. 또 클러스터 분석의 경우는 서열화로 사용하는 상이도 지표를

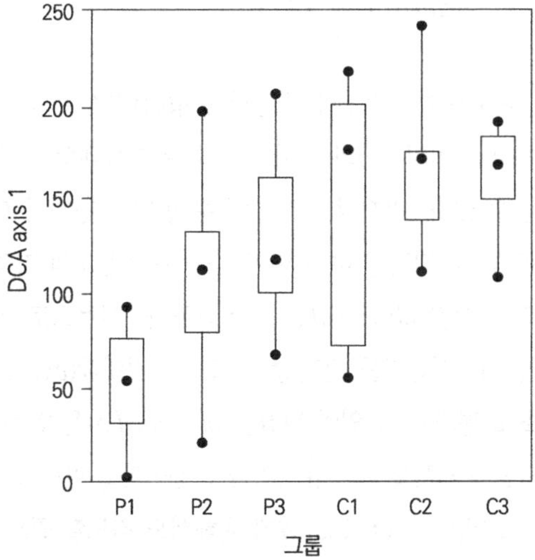

[그림 2. 19] DCA 제1축의 값에 근거하는 과거와 현재의 초원 식생 그룹의 비교.
小柳 등(2007) 일부 수정

함께 사용할 수 있다. 이처럼 해석 기법을 이해한 후에 서로 잘 맞는 기법을 선택해 쓰는 것이 바람직하다.

2.4.2 분류된 그룹을 해석하는 방법

(1) Multi-Response Permutation Procedures(MRPP)

MRPP는 사전에 몇 개의 그룹(예를 들어, 관리 형태의 차이 등)으로 나눠진 군집 데이터를 이용해, 그룹간의 종 조성에 유의미한 차이가 있는가를 검정하는 기법이다(Berry *et al.*, 1983). 이 기법은 계층적 클러스터 분류에 의한 분류의 결과(그림 2.16)에도 적용할 수 있어, 얻어진 클러스터가 통계적으로도 유의미한지 객관적으로 판단할 수 있다(McCune and Mefford, 1999).

우선, 지점간의 상이도지수를 기초로 그룹 *i*에서의 지점간의 평균적인 거리 x_i를 산출한다. 그 후에 그룹내의 지점수에 따라 가중된 평균거리의 합계치 δ(식 2.15)를 산출한다.

$$delta = \delta = \sum_{i=1}^{g} C_i x_i \tag{2.15}$$

Ci 는 그룹 i로 분류된 지점수 n에 대응한 중량감이며, 전체 지점수 N에 대한 비율(n/N)로 나타낸다. 여기서 δ의 값이 작을수록 그룹내의 격차가 작고, 정리가 잘되었다고 생각할 수 있다. 마지막으로, 그룹수(g)및 그룹내의 지점수가 같게 되도록 반복 무작위(랜덤)로 지점을 바꿔 넣어 얻을 수 있는 δ의 기댓값(*expected* δ)과 실제로 얻은 δ의 관찰값(*observed* δ)을 비교한다. 이것으로 이 그룹이 통계적으로도 유의미한 클러스터인지를 판단할 수 있다. 기댓값(*expected* δ)의 빈도분포는 T분포를 기초로 평가할 수 있어 관찰값(*observed* δ)을 얻을 수 있는 확률(*P*값)이 5%보다 낮으면 통계적으로도 유의미한 그룹이라고 판단할 수 있다. *P*값 뿐만 아니라, 이하의 효과량(effect size) *A*에 대해서도 검토할 필요가 있다.

$$A = 1 - \frac{Observed\,\delta}{Expected\,\delta} \tag{2.16}$$

이 때 0 < A < 1이면, 클러스터의 정리가 기대보다도 잘되었다고 생각할 수 있다. 다만, A의 값은 지점수의 영향을 받기 쉽고, 지점수가 많을수록 유의한 결과를 얻기 쉽다(McCune and Mefford, 1999). MRPP는 적절한 클러스터의 수를 결정하기 위해서 이용되는 경우도 있지만, 그룹간의 종 조성에 통계적 차이가 있는지를 판단하기 위한 방법이기 때문에 덴드로그램의 어느 수준(단계)에서 끊어도(즉, 클러스터의 수를 다소 증감시켰다고 해도) 유의한 그룹화라는 결과를 얻는 경우도 있다. 실제의 연구사례에서는 연구 목적이나 해석하기 쉬움 등으로 어느 정도 주관적으로 클러스터의 수를 결정하는 경우도 적지 않다. 그 때 이 기법을 이용해서 선택한 클러스터가 통계적 유의성이 있다고 나타낼 수 있으면 더욱 설득력이 있는 결과로 연결될 것이다.

(2) 지표종분석(Indicator Species Analysis : INSPAN)

지표종분석은 Dufréne and Legendre(1997)가 제안한 기법으로 그 이름처럼 군집을 특징 지우는 지표종(indicator species)을 추출하기 위한 기법이다. 어떠한 분류 결과에서도 적용 가능하고, 계층적 클러스터 분류 등에 의한 해석 결과뿐만이 아니라, 관리 형태의 차이(예를 들어, 들불, 풀베기, 방치 등) 등의 사전 정보로서 얻을 수 있는 모든 그룹에 대해서도 적용할 수 있다. INSPAN에서의 지표종은 '그 출현이 해당 그룹에 거의 한정되어 있고, 또한 그룹에 속하는 지점에서는 대개 항상 출현하는 종'이라고 정의된다(Dufréne and Legendre, 1997). 그러면, 이 정의를 만족하는 종은 군집 데이터에서 어떻게 추출되는 것일까?

INSPAN은 다음 식에 근거해 종마다 각 그룹에 대한 지표가치(indicator value : IV나 IndVal로 표기)를 구한다. 우선, 그룹 j에서의 종 i의 상대 어번던스 RA_{ij}를 이하의 식으로 계산한다. 분자는 그룹 j에서의 종 i의 평균 어번던스(양적 데이터)$\bar{x}_{ij}$, 분모는 종 i의 각 그룹에서의 평균 어번던스(양적 데이터)$\bar{x}_{i.}$를 모든 그룹에 대해 합계한 값이다.

$$RA_{ij} = \frac{\bar{x}_{ij}}{\Sigma_j \bar{x}_{i.}} \qquad (2.17)$$

다음에, 종 i의 그룹 j에서의 상대 출현 빈도 RF_{ij}를 이하의 식으로 구한다. 이때, n_{ij}는 종 i의 그룹 j에서의 출현 지점수, $n_{.j}$는 그룹 j의 전체 지점수이다.

$$RF_{ij} = \frac{n_{ij}}{n_{.j}} \qquad (2.18)$$

끝으로, RA_{ij}와 RF_{ij}를 곱하여 100배로 하여, 종 마다 각 그룹에 대한 지표 가치 IV_{ij}를 구한다.

$$IV_{ij} = 100(RA_{ij} \times RF_{ij}) \qquad (2.19)$$

RA_{ij}와 RF_{ij}는 각각 그룹 j에 대한 종 i의 특이성(specificity)과 충실성(fidelity)으로 해석되어 IV는 정의대로 그 양쪽 모두를 고려한 값이다. IV의 값은, 0~100(%)의 범위를 취해, IV가 높을 수록 그 그룹에 대한 지표성이 높다고 판단할 수 있다. 다만, 특정 그룹에서의 IV가 가장 높았다고 해도, 그 IV의 값이 다른 그룹과 비교해서 통계적으로 유의하게 높지 않으면, 지표종으로서는 인식되지 않는다. IV값의 통계적 유의성은 Monte Carle method에 따라 검정할 수 있다. 조사 지점의 그룹간에 지점을 랜덤으로 바꾸어 넣어 이 경우에 생긴 IV의 기댓값(expected IV)과 관측값(observed IV)을 비교한다. 무작위로 1000회 이상 하여 얻을 수 있는 IV의 기댓값의 확률 분포와 관측값을 비교해, 관측값이 유의하게 높은지 어떤지를 판단한다. Dufréne and Legendre(1997)에서는 IV의 값이 25% 이상인 동시에 P값이 0.05이하로 유의하면 그 종은 해당 그룹의 지표종

으로 추출 가능하다.

INSPAN는 기본적으로 종별 개체수나 피도 등의 양적인 데이터가 쓰이지만, 종의 출현유무 데이터 밖에 구할 수 없는 경우에도 가능하고, RA_{ij}를 이하의 식으로 변경하는 것으로 구한다(Dufréne and Legendre, 1997). 식 2.18에 매우 비슷하지만, 종 i가 출현한 전체 지점수 $n_{i.}$가 분모가 된다.

$$RA_{ij} = \frac{n_{ij}}{n_{i.}} \tag{2.20}$$

이 때 RF_{ij}와 IV_{ij}의 계산식은 식 2.18 및 식 2.19와 다르지 않다. 또, 양적 데이터를 이용했을 경우와 비교해도, 결과는 그만큼 크게 변화하지 않는다고 여겨진다(Bakker, 2008).

INSPAN을 클러스터 분류 등의 계층적 분류와 병용하는 경우, 분류의 계층별 각종의 IV를 계산할 수 있다. 이 때에 어느 종류에서의 최적인 클러스터 수는 그 종의 IV가 최대가 될 때라고 생각되지만, IV가 피크를 나타낸 단계는 종에 따라 다르다(Dufréne and Legendre, 1997). 실제 연구에서는 임의 그룹의 지표종을 파악하는 것을 연구 목적으로 하는 경우, 그룹수를 고정해 각종의 IV값를 계산하는 것도 많지만, 분류의 계층성에도 주목하는 경우는 계층별 IV가 최대가 되는 종을 지표종으로 뽑는 것도 가능하다.

TWINSPAN으로 소개한 연구 사례(小柳 등, 2007)에서 TWINSPAN으로 분류된 과거의 식생 그룹에 대해 INSPAN을 이용해 지표종을 추출하여, 그 특징에 대해 고찰한다. 과거의 초원 식생 데이터에서는 당시의 상세한 관리상황 등의 정보가 결여되었기 때문에 정기적인 풀베기로 유지되고 있던 반(半)자연 초원이 어느 그룹에 상당하는지를 종 조성의 특징으로 판단할 필요가 있었다. 과거의 식생 그룹 중에서도 TWINSPAN을 이용해 오이풀이 식별종으로 분류된 그룹은 INSPAN의 결과, 오이풀 이외에도 다양한 초원성 식물(낭아초, 좀꿩의다리, 세잎양지꽃, 잔대 등)이 지표종으로 추출되었다(표 2.8). 단순하게 종다양성이 높다고 하는 점

[표 2.8] INSPAN에 의해서 추출된 과거의 식생 그룹 P1의 지표종. 小柳 등(2007) 인용

지표종	지표가치 (IV)	유의수준 (P)	출현지점수		
			P1 (19 지점)	P2 (53 지점)	P3 (15 지점)
졸참나무	61.6	0.001	13	4	
오이풀	61.3	0.001	12	1	
조릿대류(*Pleioblastus chino*)	55.1	0.001	18	22	4
고사리	54.4	0.001	11	2	
Vitis ficifolia var. *lobata*	39.7	0.001	10	2	2
밤나무	33.8	0.003	9	3	2
Lespedeza pilosa	33.7	0.004	12	8	6
청미래덩굴	33.2	0.004	8	6	
제비쑥	32.6	0.002	10	3	4
낭아초	32.4	0.001	9	1	3
인동덩굴	31.2	0.007	9	13	
Thalictrum minus var. *hypoleucum*	29.8	0.002	6	1	
Carex lanceolata	29.8	0.005	6	1	
등	29.5	0.005	8	6	1
Cirsium oligophyllum	29.3	0.003	7	5	
멍석딸기	28.5	0.019	9	6	3
꽃씀바귀	28.2	0.005	6	2	
세잎양지꽃	28.1	0.006	8	4	2
개서어나무	26.3	0.001	5		
Adenophora triphylla var. *japonica*	26.3	0.002	5		
Chrysanthemum japonicum	24.8	0.008	6	1	1
좀맥문동	24.6	0.002	5	1	
싸리	23.9	0.02	7	7	1
개엉겅퀴	23.7	0.006	6	2	1
Aster microcephalus var. *ovatus*	22.1	0.047	8	6	4
빈도리	21.8	0.03	6	4	1
Rubia argyi	21.7	0.006	5	3	
털기름나물	21.1	0.002	4		
선이질풀	21.1	0.002	4		
Gentiana scabra var. *buergeri*	21.1	0.002	4		
Euphorbia lasiocaula	21	0.009	5		

뿐만 아니라, 다양한 초원성 식물이 지표종으로 추출되었다는 점에서도 이 그룹이 간토(關東)지방에서 예전부터 정기적으로 들불과 풀베기로 유지되던 반자연 초원을 대표하는 종조성이라고 생각한다(小柳 등, 2007).

(3) 분류나무(classification tree)

분류나무(classification tree)는 1980년대에 Breiman *et al.*(1984)이 제안한 기법으로 생태학 분야에서는 De'ath and Fabricius(2000)가 최초로 사용했다.

분류나무를 이용하여 분류한 그룹의 각각에 대해 그룹 내에 공통되는 요인(환경 특성 등)을 찾아낼 수 있다. 이와 같이 종속변수가 카테고리(그룹 등)인 경우에는 분류나무라고 하며, 종속변수가 수치인 경우에는 회귀나무(regression tree)라고 한다. '나무'라는 이름은 데이터가 분할해 가는 과정이 나뭇가지가 성장해 가는 형태로 보이는 것에 유래했다(그림 2.20). 분할 전의 데이터를 나무의 '뿌리(root node)'라고 하며 분할과정을 '가지', 최종적으로 분할되어 얻은 그룹은 '잎'으로 표현된다.

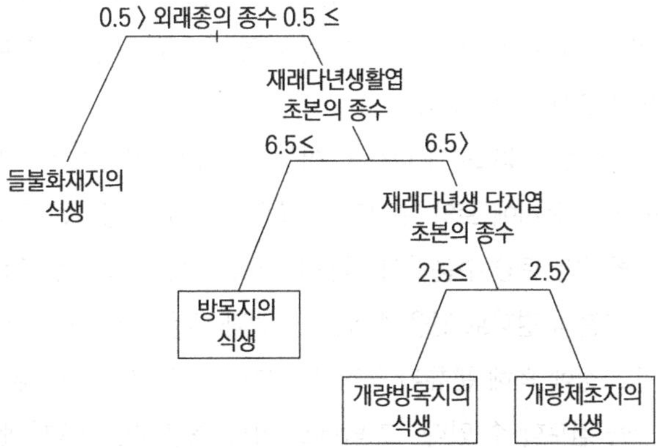

[그림 2.20] 분류나무에 의한 분할 과정의 예

Koyanagi *et al.*(2013)에 수록된 데이터의 일부를 이용해 재해석한 결과.
관리 형태를 종속변수, 외래종이나 재래종의 종수를 독립변수로서 지점의 분할을 실시했다.

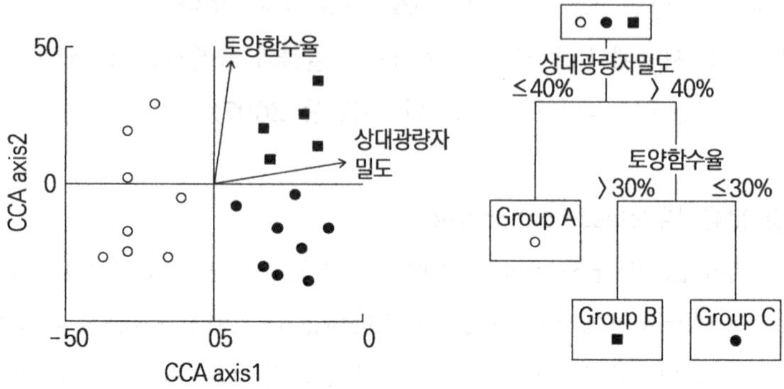

[그림 2.21] 분류나무와 서열분석(CCA)에 의한 결과 비교

그림 2.21은 분류나무와 서열분석의 결과 관계를 나타낸다. 서열분석(여기에서는 CCA)의 결과, 특정의 환경요인과 강한 관계성을 나타내는 제1축과 제2축에 따르고, 식물군집이 연속적으로 분포한다. 이 군집을 계층적 클러스터 분류에 의해 분류한 결과 A, B, C의 3 그룹으로 나눴다고 한다. 지점의 환경조건을 나타내는 변수(토양pH, 상대광량자밀도, 토양수분 등)를 독립변수, 종조성에 의해 나눠진 그룹을 종속변수로 분류나무를 이용해 분석하면, 먼저 지점의 빛조건 차이에 의해 지점이 2개로 분할되어 그 후, 다른 한쪽의 그룹이 한층 더 토양 수분 조건의 차이에 따라 2개로 나눠진다.

이 결과로 그룹 A는 빛조건이 나쁘고 어두운 환경에 성립하는 군집유형, 그룹 B는 광조건이 좋은 동시에 토양 수분량도 많은 환경에 성립하는 군집유형, 그룹 C는 빛조건이 좋지만 토양 수분량이 적은 마른 환경에 성립하는 군집유형이라고 해석 가능해 서열분석 결과로 얻을 수 있는 해석과 대응하게 된다. 이처럼 분류나무를 이용해 종조성에 의해 분류된 군집유형(그룹)을 특징 지우는 환경특성 등의 군집 성립 요인을 검토할 수 있다. 그 밖에도 어느 특징적인 생육지(예를 들어, 노령숲)의 지표종에 공통된 종의 특성을 특정하는 경우(Kimberley *et al.*, 2013)나 외래종의 침략성을 좌우하는 요인을 경관구조(생육지 연결성)나 생육지 관리이력 등과의 관계를 밝히는 경우(Pergl *et al.*, 2012) 등 다양한 목적으로 이용할 수 있다.

분류나무의 분할은 불순도(impurity value)로 불리는 지수를 기준으로 행해진다. 분류나무의 경우 불순도는 분기되어 얻은 그룹내 종속변수의 각 카테고리(그룹)에 속하는 샘플(지점 등)이 어느 정도 혼재하고 있는지를 나타내는 지표이다. 앞선 사례(그림 2.21)의 경우에는 A, B, C의 3개의 그룹에 상응한다. 분류나무로 얻은 그룹이 완전하게 균일하다면 0이 되어, 균일성이 저하됨에 따라 값이 커진다. 때문에 그룹내 불순도 값이 최소가 되도록 분할을 하게 된다. 불순도를 측정하는 지수로 아래의 지수가 제안되었다.

$$\text{Impurity} = -\sum_{i=1}^{n} p_i ln(p_i) \qquad (2.21)$$

$$\text{Impurity} = 1 - \sum_{i=1}^{n} p_i^2 \qquad (2.22)$$

여기서 *pi*는 분할로 얻은 그룹 내에서의 카테고리별 비율을 나타낸다. 식 2.21은 Shannon-Weiner의 다양성 지수(제3장 참조)에 근거하는 지수이며, 식 2.22는 Gini 지수라고 한다. 식 2.21을 이용했을 경우에는 초기 분할로 복수의 카테고리를 포함한 그룹을 형성하는 경향이 있는 한편, 식 2.22를 이용했을 경우에는 비율의 가장 큰 카테고리를 분리하듯이 분할해 나가는 경향이 있다. 회귀나무의 경우에도 마찬가지로 Gini 지수를 기초로 한 불순도가 요구되지만, 종속변수가 연속값이기 때문에 비율의 평방화(平方和)가 아닌 분할로 얻은 그룹 평균에의 평방화와 중앙값의 편차 절대값의 합이 이용된다.

분류·회귀나무는 독립변수가 양적 변수(토양수분 조건 등)인 경우에도 질적 변수(관리의 유무 등)인 경우에도 대응 가능하다. 질적 변수의 경우에는 그 변수의 카테고리 구분에 따르고(예를 들어, 관리유무), 변수마다 분할을 해 가장 불순도의 값을 작게 하는 변수와 그 카테고리의 조합이 추출된다. 양적 변수의 경우에

[표 2.9] Min+1SE 룰에 근거하는 최적인 나무 사이즈의 선택 방법의 예

Koyanagi *et al.*(2013)에 수록된 데이터의 일부를 이용해 재해석한 결과. 관리 형태를 종속 변수, 외래종이나 재래 1년생 활엽초본 등의 종수를 독립변수로서 지점의 분할을 실시했다 (그림 2.20).

분할단계	오차	오차의 표준오차
분할없음	1	0.054661
제1분할	0.78095	0.058749
제2분할	0.40952	0.052954
제3분할	0.22857	0.042842

는 분할 값을 임계값으로 그 값보다 작거나 그 이상을 기준으로 이루어진다. 임계값을 바꾸면서 여러 번 분할을 반복하여 불순도가 가장 작아지는 기준치를 특정한다.

그럼, 언제 어느 단계에서 분할(나무 가지의 신장)을 멈추면 좋은 것일까? 나무 사이즈를 적절히 자르기 위한 방법으로 교차검증(cross validation)에 의한 오차추정 방법이 제안되었다(De'ath and Fabricius, 2000). 구체적으로는 전체 데이터 중에서 1/2~2/3의 범위에서 랜덤으로 샘플을 선택해, 그 데이터를 이용해 가지를 충분히 신장시킨(분할을 충분히 한) 나무군을 구한다. 이 나무군에 대해 남은 샘플 데이터를 적용시켜 결과의 예측을 실시해 올바르게 분류될지를 검증한다. 분할 결과와의 오차가 가장 작아지는 나무를 채용하는 것으로 최적인 나무 사이즈를 특정할 수 있다. 최적인 나무 사이즈를 선택하는 또 다른 방법으로 Min+1 SE룰이라는 것도 제안되었다(De'ath and Fabricius, 2000). 이 방법은 가장 오차가 작아지는 나무 사이즈가 아니라 그 나무 사이즈의 오차의 표준오차에 주목해, 최소오차(Min)와 그 때의 표준오차(SE)를 합산한 값을 기준으로 최적인 나무 사이즈를 선택한다.

구체적으로 그림 2.20에 나타낸 결과에 대해 Min+1 SE규칙에 따라 최적인 분할 단계를 생각해 본다. 관리 형태에 대응한 식생(지점) 그룹을 목적 변수로 해,

외래종이나 일년초, 다년초 등의 종수를 독립변수로 분류나무를 실시했다. 그 결과, 제1단계에서 외래종의 종수가 0.5종 미만의 지점으로 들불화재지 식생이 분류되고 제2단계에서 재래 다년생 활엽초본의 종수가 6.5종 이상의 지점으로 방목지의 식생이 분류되었다. 마지막으로, 재래 다년생 단자엽초본의 종수를 독립변수로 개량 방목지와 개량 제초지의 식생이 분류되었다. 이 때 가장 분할이 진행된 단계(제3분할)에서의 오차값이 가장 작고, Min+1 SE는 0.22857+0.0428=0.27141이었다(표 2.9). 이 값은 제2분할에서의 오차값(0.40952)보다 작기 때문에 맨 마지막 줄에 나타난 제3분할까지를 최적인 분할 단계로 선택할 수 있다. 만약, Min+1 SE의 값이 제2분할의 오차값보다 크고, 제1분할의 오차값보다 작으면, 제2분할까지가 최적인 분할단계가 된다.

종속변수에 결손값이 있는 경우, 분류나무에서는 결손된 종속변수는 독립된 카테고리로 취급된다. 한편, 회귀나무에서는 종속변수에 결손값이 있는 경우 그 샘플은 분석에서 제거되기 때문에 정보의 손실에 따르는 편향이 생길 가능성이 있다. 독립변수에 결손값이 있는 경우에는 결손값이 없는 대신 독립변수(원래 독립변수와의 일치도가 높은 다른 독립변수)를 이용하고 분할을 진행시켜 결손값이 있는 독립변수에 의한 분할은 뒷전으로 해 버리는 방법 등이 있다. 또, 나무 개개의 분할에서 최종적으로 분기 변수로 선택되지 않았지만, 분기 변수에 가까운 설득력을 가지는 변수를 대리 변수로서 그 변수를 이용했을 경우의 개선도나 연관도를 구할 수도 있다.

연관도는 선택된 독립변수에 의한 결과와 대리 변수에 의한 결과가 일치하는 정도를 나타내는 값이며, 독립변수간의 관계를 포함해 얻은 결과를 적절히 고찰하는데 중요한 지표가 된다(De'ath and Fabricius, 2000).

마지막으로, 분류나무를 이용한 사례로 염성습지에서의 식생 변화 패턴과 그 요인을 밝힌 연구(Rupprecht *et al.*, 2015)를 소개한다. 독일 북해에 인접한 해안가에는 염성습지가 발달해 양의 방목지로 이용되었다. 그러나 1985년에 국립공원으로 지정된 이후 방목지로 이용강도가 낮아져 방목하는 사람이 줄거나 방치된 장소도 적지 않다. 이러한 방목압(放牧圧)의 변화에 따른 식생의 변화 패턴

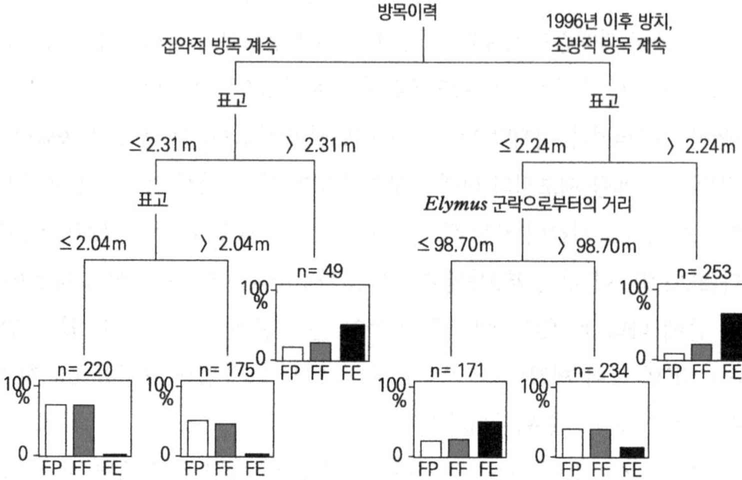

[그림 2.22] 염성습지에서의 식생 변화 패턴과 그 요인

N은 지점수, 막대 그래프는 지점수의 내역을 나타낸다(FP, Festuca 군락→*Puccinellia* 군락; *FF, Festuca* 군락→*Festuca* 군락; *FE, Festuca* 군락→*Elymus* 군락). Rupprecht *et al.*(2015) 일부 수정

을 유형화해 분류나무를 이용해 그 변화가 생긴 요인을 분석했다. 구체적으로는 조사 지점별 식생 변화 패턴을 종속변수로, 표고나 이용이력(방치연수 등), 타 식생타입과 위치관계 등을 독립변수로 분석했다. 그 결과 방목지에 형성했던 *Festuca* 군락은 집약적인 방목 이용이 계속되는 동시에 표고가 낮은(2.3m 이하) 장소에서는 *Puccinellia* 군락으로 옮겨가거나, *Festuca* 군락인 채 유지되는 경향을 알 수 있었다(그림 2.22).

한편, 방목이 방치되거나 방목압이 감소하거나 표고가 높은 장소, 혹은 표고가 낮더라도 다른 *Elymus* 군락과의 거리가 가까운 장소에서 *Festuca* 군락에서 *Elymus* 군락으로 변화가 생기는 것을 알 수 있었다. 이처럼 식생 변화는 한 방향이 아니고, 관리 형태나 입지 조건의 차이에 따라 여러 다른 군락으로 천이되었음을 분류나무 분석을 써서 밝혀냈다.

* 인용문헌

Adriaens D, Honnay O, Hermy M(2006) No evidence of a plant extinction debt in highly fragmented calcareous grasslands in Belgium. *Biological Conservation*, 133 : 212–224

Bagella S, Satta A, Floris I, *et al.*(2013) Effects of plant community composition and flowering phenology on honeybee foraging in Mediterranean sylvo–pastoral systems. *Applied Vegetation Science*, 16 : 688–697

Bakker JD(2008) Increasing the utility of indicator species analysis. *Journal of Applied Ecology*, 45 : 1829–1835

Beever EA, Tausch RJ, Brussard PF(2003) Characterizing grazing disturbance in semiarid ecosystems across broad scales, using diverse indices. *Ecological Applications*, 13 : 119–136

Berry KJ, Kvamme KL, Mielke PW(1983) Improvements in the permutation test for the spatiall analysis of the distribution of artifacts into classes. *American Antiquity*, 48 : 547–553

Breiman L, Friedman F, Stone C, Olshen RA(1984) *Classiflcation and regression trees*. Chapman and Hall CRC

Clarke KR(1993) Non–parametric multivariate analyses of changes in community structure. *Australian Journal of Ecology*, 18 : 117–143

De'ath G, Fabricius KE(2000) *Classification and regression trees* : a powerful yetsimple technique for ecological data analysis. *Ecology*, 81 : 3178–3192

Dufréne M, Legendre P(1997) Species assemblages and indicator species : the need for a flexible asymmetrical approach. *Ecological Monographs*, 67 : 345–366

Furukawa T, Fujiwara K, Kiboi SK, Mutiso PBC(2011) Threshold change in forest understory vegetation as a result of selective fuelwood extraction in Nairobi, Kenya. *Forest Ecology and Management*, 262 : 962–969

Gower JC(1966) Some distance properties of latent root and vector methods used in multivariate analysis. Biometrika, 53 : 325–338

長谷川元洋(2006) 土壌動物群集の研究における座標付け手法の活用, Edaphologia, 80 : 35–64

Hérault B, Honnay O(2005) The relative importance of local, regional and historical factors determining the distribution of plants in fragmented riverine forests : an emergent group approach. *Journal of Biogeography*, 32 : 2069–2081

Hérault B, Honnay O(2007) Using life-history traits to achieve a functional classification of habitats. *Applied Vegetation Science*, 10：73-80

Hill MO(1973) Reciprocal averaging：an eigenvector method of ordination. *Journal of Ecology*, 61：237-249

Hill MO(1979a) DECORANA-*a FORTRAN program for detrended correspondence analysis and reciprocal averaging*. Ithaca, N. Y.：Ecology and Systematics, Cornell University

Hill MO(1979b) TWINSPAN-*a FORTEN program for arranging multivariate data in an ordered two-way table by classification of the individuals and attributes*. Ithaca, N. Y.：Ecology and Systematics, Cornell University

Hill MO, Gauch HG(1980) Detrended corresponded analysis：an improved ordination technique. *Vegetatio*, 42：47-58

Jackson DA, Somers KM(1991) Putting things in order：the ups and downs of detrended correspondence analysis. *American Naturalist*, 137：704-712

Jiao J, Tzanopoulos J, Xofis P, *et al.*(2007) Can the study of natural vegetation succession assist in the control of soil erosion on abandoned croplands on the Loess Plateau, China ? *Restoration Ecology*, 3：391-399

加藤和弘(1995) 生物群集分析のための序列化手法の比較研究, 環境科学会誌, 8：339-352

加藤和弘(2005) 都市のみどりと鳥, 朝倉書店

Kimberley A, Blackburn GA, Whyatt JD, *et al.*(2013) Identifying the trait syndromes of conservation indicator species：how distinct are British ancient woodland indicator plants from other woodland species? *Applied Vegetation Science*, 16：667-675

Kitazawa T, Ohsawa M(2002) Patterns of species diversity in rural herbaceous communities under different management regimes, Chiba, central Japan. *Biological Conservation*, 104：239-249

小林四郎(1995) 生物群集の多変量解析, 蒼樹書房

小柳知代·楠本良延·山本勝利 他(2007) 関東地方平野部におけるススキを主体とした二次草地の過去と現在の種組成の比較, ランドスケープ研究, 70：439-444

小柳知代·楠本良延·山本勝利 他(2011) 管理放棄後樹林化したススキ型草地における埋土種子によ る草原生植物の回復可能性, 保全生態学研究, 16：85-97

Koyanagi T, Kusumoto Y, Hiradate S, *et al.*(2013) New method for extracting plant indicators based on their adaptive responses to management practices : application to semi-natural and artificial grassland data. *Applied Vegetation Science*, 16 : 95–109

Kruskal JB(1964) Nonmetric multidimensional scaling : a numerical method. *Psychometrika*, 29 : 115- 129

Kruskal JB, Wish M(1978) *Multidimensional Scaling*. Sage Publications

Legendre P, Anderson MJ(1999) Distance-based redundancy analysis : testing multispecies responses in multifactorial ecological experiments. *Ecological Monographs*, 69 : 1–24

Manthey M, Box EO(2007) Realized climatic niches of deciduous trees : comparing western Eurasia and eastern North America. *Journal of Biogeography*, 34 : 1028–1040

McCune B, Grace JB(2002) *Analysis of Ecological Communities*. MjM Software Design

McCune B, Mefford MJ(1999) PC-ORD. *Multivariate Analysis of Ecological Data, version* 4. MjM Software Design

嶺田拓也·山中武彦·浜崎健児(2005) 生物·社会調査のための統計解析入門 : 調査·研究の現場から(その8), 農業土木学会誌, 73, 221–226

Pajunen AM, Kaarlejärvi EM, Forbes BC, Virtanen R(2010) Compositional differentiation, vegetation-environment relationships and classification of willow-characterised vegetation in the western Eurasian Arctic. *Journal of Vegetation Science*, 21 : 107–119

Pergl J, Pyšek P, Perglová I, *et al.*(2012) Low persistence of a monocarpic invasive plant in historical sites biases our perception of its actual distribution. *Journal of Biogeography*, 39 : 1293–1302

Rupprecht F, Wanner A, Stock M, Jensen K(2015) Succession in salt marshes – large-scale and long-term patterns after abandonment of grazing and drainage. *Applied Vegetation Science*, 8 : 86–98

Sasaki T, Okayasu T, Sirato Y, *et al.*(2008) Can edaphic factors demonstrate landscape-scale differences in vegetation responses to grazing? *Plant Ecology*, 194 : 51–66

ter Braak CJF(1986) Canonical corresponded analysis : a new eigenvector technique for multivariate direct gradient analysis. *Ecology*, 67 : 1167–1179 ter Braak CJF(1994) Canonical community ordination. part I：basic theory and linear methods. *Ecoscience*, 1：127–140

戸島久和·小池文人·酒井暁子·藤原一繪(2004) 都市域孤立林における偏向遷移, 日本生態学会誌, 54：133–141

露崎史朗(2004) 群集·景観のパターンと動態,『植物生態学』(寺島一郎·彦坂幸毅·竹中明夫 他)296–322, 朝倉書店

Van Wijngaarden RPA, van den Brink PJ, Oude Voshaar JH, Leeuwangh P (1995) Ordination techniques for analysing response of biological communities to toxic stress in experimental ecosystems. *Ecotoxicology* 4：61–77

von Wehrden H, Hanspach J, Bruelheide H, Wesche K(2009) Pluralism and diversity：trends in the use and application of ordination methods 1990–2007. *Journal of Vegetation Science*, 20：695–705

山中武彦·浜崎健児·嶺田拓也(2005) 生物·社会調査のための統計解析入門：調査·研究の現場から(その 9)–序列化する(対応分析, 除歪対応分析, 正準対応分析)–, 農業土木学会誌, 73：319–325

제3장 식물군집의 다양성 해석

생태학 야외조사법 시리즈 3

3.1 서론

생물군집은 다양한 생물종으로 구성되는데 그 다양한 정도를 포괄적으로 표현하는 말이 생물다양성(biodiversity)이다. 인간 활동의 영향으로 생물종의 절멸이 가속화되는 가운데 과학적 혹은 정책적인 측면에서 생물다양성이라는 용어가 넓게 쓰이고 있다(Wilson, 1988; UNEP, 1992). 생물다양성협약(Convention on Biological Diversity : CBD)은 같은 종이나 집단의 유전자 다양성, 군집내 구성종의 다양성, 생물-환경간 상호작용으로 인한 생태계의 다양성이라는 3가지 측면에서 생물다양성에 대한 의미를 두고 있다. 생물다양성을 정량화하는 방법이 요사이 여러 가지로 개발되었다. 이로 인해 생물다양성의 유지기작 해명이나 환경 변화에 따른 생물다양성의 보전에 관한 연구가 매우 중요해졌다(Magurran and McGill, 2011). 원래 생물다양성은 생물군집을 구성하는 분류군을 포괄하는 용어지만, 그것들을 모두 망라해 정량화하는 것은 곤란하므로 식물종 다양성 또는 동물종 다양성이라고 한정지어 정량화하는 경우가 많다. 이 장에서는 식물군집의 다양성에 관한 연구에서 자주 다루어지는 종수준의 다양성을 정량화하는 방법에 대해 설명한다.

식물군집 조사데이터는 기본적으로 종×종의 피도·개체수로 구성된 다변량 데이터다(1.3절 참조). 이 데이터로 다양성을 평가한다면, 가장 직관적이며 동시에 간편하게 정량화할 수 있는 것이 종수(種數)이다. 하지만 종수에는 각 종이 가지는 양적 정보(피도나 개체수 등)가 반영되지 않는다. 때문에 종간 양의 정보를 고려한 다양성 지수를 이용하는 경우가 많다. 이런 정량화 기법은 종이 완전하게 다르다는 전제로 하며, 이 장에서는 다른 다양성의 정량화 방법과 구별해서 종다양성이라고 한다.

군집내 구성종들은 꽃색·잎형태 등의 표현형 특징 혹은, 광합성능력 등의 기능적 특징이라는 종형질에서 많든 적든 유사점을 갖고 있다. 두개 군집에서 종수가 같더라도, 잎의 높이·크기·형태 등이 비슷한 식물종이 많은 경우(종간 형질의 유사성이 높음)와 그것들이 서로 다른 식물종이 많은 경우가 있다고 예를 들어보자. 후자가 생물학적으로 다양하다고 할 수 있을지도 모른다. 이런 종이 가진 형질의 차이를 고려한 다양성 지표도 개발되었는데 이를 '기능적 다양성(functional diversity)'이라고 한다. 또 기능적 다양성과 관련한 다양성을 정량화하는 방법으로 종의 계통정보를 고려한 '계통적 다양성(phylogenetic diversity)'도 최근 자주 쓰이는 다양성 지표다.

다양성을 평가할 때 공간스케일 고려가 중요하다. 일반적으로 최소 조사 단위(1㎡의 방형구 등)의 다양성을 α(알파)다양성이라고 하며, 대상지역 전체의 다양성을 γ(감마)다양성, 방형구나 조사지간의 종조성 차이로부터 생기는 다양성을 β(베타)다양성이라고 부른다. 다양성의 공간스케일을 주목하여 다양성의 공간패턴이나 그 배경이 되는 생태적 프로세스를 검증하는 것도 가능하다. 또, 다양성의 공간스케일에 관한 해석기법은 생태학의 많은 고전적인 과제와도 이어진다. 따라서 그 이해는 식물군집에 관한 연구뿐만 아니라 여러가지 생태학 연구분야에서 중요하다.

이 장에서는 종다양성 정량화(3.2절), 종형질 다양성 정량화(3.3절), 종계통 정보를 고려한 다양성의 정량화(3.4절)에 대해 연구사례를 들며 차례로 해설한다. 마지막으로 다양성의 공간스케일에 관한 해석기법(3.5절)에 관해서도 설명한다.

3.2 종다양성 정량화

야외조사에서 식물군집내 자라는 각 식물을 기록할 때 가장 기본적인 단위가 종(種)이다. 조사구내에 존재하는 모든 종을 기재하며, 대부분 종별 양의 정보(개체수·피도 등)를 조사한다(1.2절, 1.3절). 종다양성을 정량화할 때 흔히 쓰이는 것이 종수며, 식물군집 다양성 연구에서 가장 많이 활용하는 변수다.

표 3.1은 서로 다른 조사구에서 얻은 가상의 종조성 데이터다. 모든 조사구에서 5종이 출현하여 종수는 5가 되지만, 조사구별 종의 개체수에서 차이를 보인다.

군집내 구성종별 양의 정보를 고려한 다양성 지수가 균재도지수(species evenness)와 다양도지수(diversity index)다. 표 3.1의 조사구 A에서 종 a의 개체수가 치우쳐 있는 반면, 조사구 B에서는 5종의 개체수가 균등하게 분포한다. 이 경우 조사구 B쪽이 다양성이 더 높다고 직관적으로 판단할 수 있다. 이런 종조성의 고른 정도를 균재도(혹은 균형도)라고 부른다. 실제 식물군집에서는 개체수나 피도의 종간 배분은 한쪽으로 기우는 경우가 많고, 또 생태계에 따라 많이 달라진다. 그림 3.1은 다양한 식물군집을 대상으로 세로축에는 종의 상대우점도(종별 개체수·피도가 군집 전체에서 차지하는 비율), 가로축에는 상대우점도에 따

[표 3.1] 서로 다른 3개의 조사구에서 얻은 가상의 종조성 데이터

표 안의 숫자는 개체수를 나타낸다. 조사구 A와 C에서는 개체수가 1종에 치우쳐 있는 반면, 조사구 B는 개체수가 균등하게 분포해 있다.

	조사구		
종	A	B	C
종 a	96	20	1
종 b	1	20	1
종 c	1	20	96
종 d	1	20	1
종 e	1	20	1

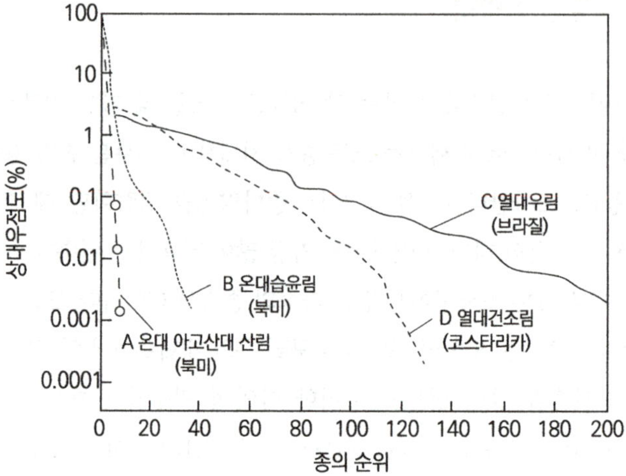

[그림 3.1] 열대림와 온대림에서의 산림군집 상대우점도 곡선의 비교.

곡선이 옆으로 길게 뻗을수록 종수가 많고, 그 기울기가 완만할수록 균재도가 높은 것을 나타낸다. Hubbell(1979) 일부 수정.

른 종의 순위로 표시한 것을 상대우점도 곡선으로 불린다(Hubbell, 1979). 곡선이 옆으로 길게 뻗을수록 종수가 많고, 그 기울기가 완만할수록 균재도가 높은 것을 나타낸다. 온대 아고산대 산림군집은 종수가 적어 균재도가 낮은 반면, 열대우림군집은 종수가 많아 종다양성이 높고 균재도도 더 높다. 이처럼 종수와 균재도가 종다양성의 중요한 요소가 된다. 다양도지수(혹은 다양성지수)는 종수와 균재도를 모두 고려한 지수다(Pielou, 1969). 아래에서 다양도지수와 균재도지수 중에 자주 쓰이는 것에 초점을 맞춰 소개한다.

3.2.1 다양도지수

(1) 샤논(Shannon)의 다양도지수

샤논(Shannon-Wiener, Shannon-Weaver로 표기하기도 함)의 다양도지수(H')를 다음의 식으로 나타낸다.

$$H' = -\sum_{i}^{s} p_i \ln p_i \qquad (3.1)$$

여기서, S는 군집내 종수, p_i는 i번째 종의 개체수·피도가 군집에서 차지하는 비율 즉, 상대우점도다. 일반적으로 자연로그(e)가 이용되지만, 지수의 밑수를 2를 쓰기도 한다(타 연구와 비교를 하기 위한 경우는 명기가 필요). H'는 모든 종의 개체수나 피도가 동일할 때 최대값이 된다(H'_{max}).

$$H'_{max} = -\sum_{i}^{s} p_i \ln p_i = -S \times \frac{1}{S} \ln \frac{1}{S} = \ln S \qquad (3.2)$$

즉, H'는 균재도가 높은 동시에 종수가 많은 군집일수록 더욱 큰 값을 갖는다. 종수와 마찬가지로 다양도지수(균재도지수도 동일)도 종별 양의 정보는 고려하지만, 어떤 종이 출현했는가 하는 정보는 생각하지 않는다. 예를 들어, 표 3.1의 조사구 A와 C에서는 가장 개체수가 많은 종이 다르지만, 상대우점도의 패턴에는 차이가 없어 산출된 다양도지수는 같다. 식 3.1에서 $-\ln p_i$는 p_i의 값이 작을수록 큰 값을 얻기 때문에 H'는 상대우점도가 낮고, 드물게 출현하는 희소종의 변화에 영향을 받기 쉽다. 때문에 희소종을 중시하여 다양성을 평가해 군집간 비교를 실시하고 싶다면 샤논(Shannon)의 다양도지수가 적합하다.

(2) 심슨(Simpson)의 다양도지수

군집에서 무작위로 2개의 개체를 복원임의추출(군집내 구성종 중에서 임의로 종을 뽑아 다시 되돌려서 다시 종을 선택하는 방법)했을 때, 그것들이 같은 종일 확률은 아래 식으로 나타낼 수 있다.

$$D = \sum_{i}^{s} p_i^2 \qquad (3.3)$$

식 3.3 중의 변수는 식 3.1과 같다. 이 값이 크면 클수록 군집은 단순하고, 다양도가 낮은 것을 나타낸다. Simpson(1949)이 제안하여 심슨(Simpson)의 단순도(혹은 우점도)지수라고 불린다. 군집에서 종우점도의 지표로서 그대로 쓰이는 경우도 있지만, D는 값이 커질수록 다양도가 낮다는 것을 나타내기 때문에 직관적으로 다양도의 높낮이를 파악하기 어렵다. 그 때문에 다양도를 나타낼 때는 식 3.4 또는 식 3.5가 이용되고 심슨의 다양도지수라고 한다.

$$D_1 = 1 - D = 1 - \sum_i^s p_i^2 \qquad (3.4)$$

또는

$$D_2 = 1/D = \frac{1}{\Sigma_i^s p_i^2} \qquad (3.5)$$

샤논지수처럼 $1-D$ 또는 $1/D$는 균재도가 높은 동시에 종수가 많은 군집일수록 더 큰 값을 얻는다. 식 3.5의 심슨의 다양도지수(D_2)는 군집내 각종의 개체수나 피도가 완전히 같을 때, 군집내의 종수와 동일해져 최대값을 얻는다.

$$D_{2\max} = \frac{1}{\Sigma_i^s p_i^2} = \frac{1}{S \times \frac{1}{S^2}} = S \qquad (3.6)$$

식 3.3에서 p_i^2는 상대우점도가 더 높은 종일수록 큰 값을 갖는다. 때문에 샤논의 다양도지수와는 대조적으로 심슨의 다양도지수는 군집에서의 우점종 변화에 영향을 받기 쉽고, 우점도가 낮은 희소종의 영향력이 낮다. 군집에 희소종이 많은 경우나, 우점종의 변화에 따른 다양성의 군집간 비교를 실시할 때에는 심슨의 다양도지수가 적합하다.

3.2.2 균재도지수

(1) 샤논의 균재도지수(또는 Pielou의 균재도지수)

균재도는 군집내 구성종의 양이 서로 어느 정도 다른지를 정량화한 척도이다.

앞에서 소개한 2가지 다양도지수는 종수와 균재도의 요소를 모두 포함한 지수였다. 여기서 다양도지수로부터 종수의 요소를 제외하면, 균재도를 정량화할 수 있다. 샤논의 다양도지수(H')는 군집내 구성종의 개체수나 피도가 완전히 같을 때 최대값(H'_{max})을 얻는다. 그러므로 H'를 H'_{max}로 나눈 값이 샤논의 균재도지수가 된다(Pielou, 1969). 이 값은 종수에 의존하지 않는다. 값이 1에 가까워질수록 균재도가 높은 것을 나타낸다.

$$\text{Shannon's evenness (Pielou's } J) = \frac{H'}{\ln S} \qquad (3.7)$$

(2) 심슨의 균재도지수

심슨의 다양도지수(D_2 : 식 3.5)는 군집내 구성종의 개체수나 피도가 완전히 같을 때 최대값이 되어, 군집내 종수와 같아진다(식 3.6). 때문에 샤논의 균재도 계산처럼, D_2의 최대값에 대한 비율로 심슨의 균재도를 정량화할 수 있다. 식 3.8로 나타낼 수가 있으며, 이 값은 종수에 의존하지 않는다. 값이 1에 가까워질수록 균재도가 높은 것을 나타낸다.

$$\text{Simpson's evenness} = D_2/S = \frac{1}{\Sigma_i^s p_i^2 \times S} \qquad (3.8)$$

3.2.3 종다양성에 관한 연구 사례

생태계에서 다양한 교란(그림 3.2)은 생물다양성에 큰 영향을 준다. 교란이 다양성에 미치는 영향에 대한 해명은 생물다양성 보전이나 생태계 지속가능한 이용 측면에서 중요하다. Veen *et al.*(2008)은 미국 캔자스주의 프레리(prairie) 초원에서 야생 북미산 들소(bison)의 섭식유무와 들불놓기의 빈도가 종다양성에 주는 영향을 확인했다.

종다양성 지표로서는 종수, 샤논의 다양성지수, 샤논의 균재도지수를 썼고, 우점도의 지표로서는 심슨의 단순도지수(식 3.3을 조금 바꿔 썼지만 본질적으로

(a) (b) (c) (d)

[그림 3.2] 생태계에서의 다양한 교란

(a) 초원에서 가축 방목,

(b) 산림 벌채(http://www.ancientforestalli ance.org/galleries.php 인용),

(c) 산림 화재(http://webecoist.momtastic.com/ 인용),

(d) 홍수(http://www.crh.noaa.gov/mkx/ 인용)

동일)를 이용했다. 초식동물 섭식의 영향이 있는 실험구에서는 종수, 다양성, 균재도가 높고 우점도가 낮아졌다(그림 3.3 a-d). 이는 섭식에 의해 벼과 초본종의 우점이 억제되어, 활엽초본류의 종수와 피도가 늘어났기 때문이라고 볼 수 있다. 한편, 4년에 한번 들불놓기를 실시한 실험구는 매년 들불놓기 실험구보다 종다양성과 균재도가 높고, 우점도가 낮아지는 경향을 알 수 있었다(그림 3.3 b-d). 특히 섭식의 영향을 배제한 실험구에서 매년 들불놓기에 의한 효과가 현저하게 나타나 다양성, 균재도, 우점도에서 유의한 차이를 보였다. 이것은 매년 들불놓기에 의한 C4의 벼과 초본식물의 우점도 증가가 섭식의 영향을 배제하는 것으로 훨씬 더 촉진되었기 때문일 것이다. 이 사례에서 만일 종수에만 주목했다면, 섭식의 영향

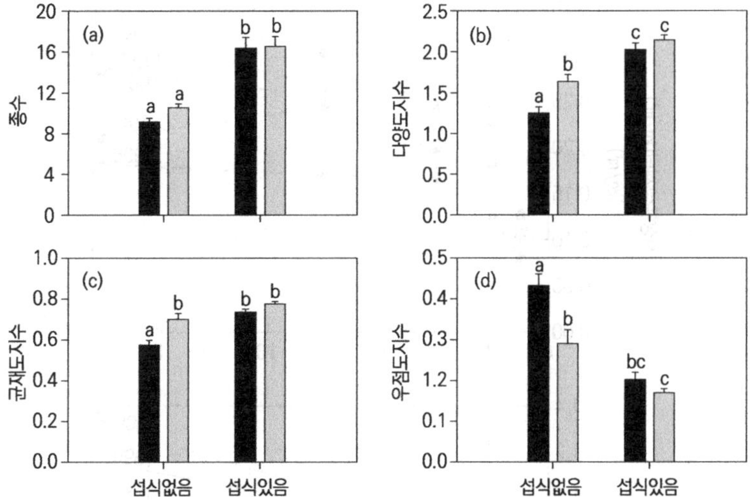

[그림 3.3] 프레리(prairie) 초원에서 야생 북미산 들소(bison)의 섭식유무와 들불놓기가 종다양성에 주는 영향을 검증한 결과.

그래프 안의 검은색 막대는 매년 들불놓기를 실시한 실험구며, 회색 막대는 4년에 한번꼴로 들불놓기를 실시한 실험구를 나타낸다. 에러바(error bar)는 표준오차.

통계적 차이($p \leq 0.05$)가 인정되는 경우는 그래프 막대 위에 다른 알파벳을 붙였다.

Veen *et al.*(2008)을 수정 인용.

을 배제한 실험구에서의 매년 들불놓기에 의한 효과가 검출되지 않았을 것이다(그림 3.3a). 그러므로 종다양성의 정량화에서는 종수와 균재도 모두의 요소를 고려하는 것이 바람직하다. 이처럼 종다양성의 정량화를 통해 초식동물 섭식, 들불 등 생태계에서의 교란에 따른 생물다양성 유지 메카니즘을 검증하는 것이 가능하다.

교란에 따른 생물다양성의 영향에 관한 연구가 축적되어 가는 한편, 생물다양성에 의한 생태계 기능에 관한 연구도 요즈음에 발전하고 있다. 즉, 전자의 연구에서는 생물다양성을 종속변수로 하는데, 후자에서는 생물다양성을 독립변수로서 취급하는 점이 다르다(후자의 연구사례는 제4장에서도 해설). 생태계 기능이

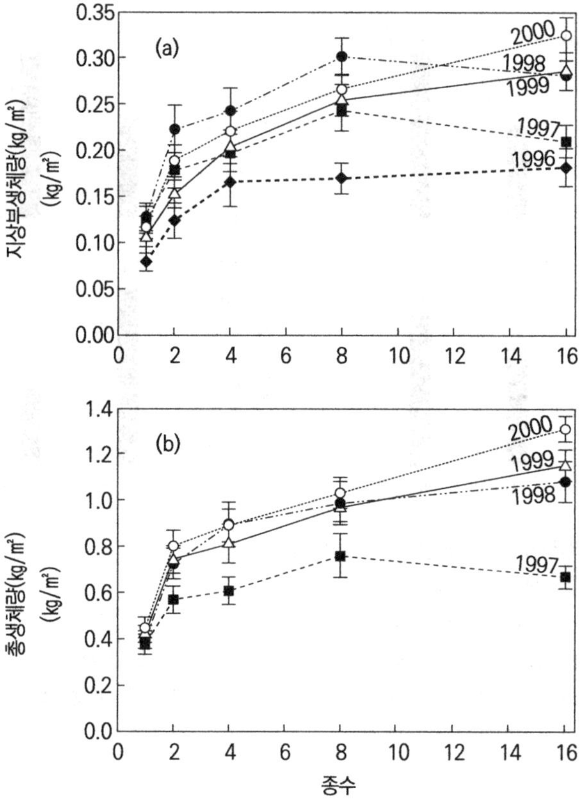

[그림 3.4] 미국 시더 크리크(Cedar Creek)에서 생물다양성 처리실험 결과

(a) 파종으로 처리한 식물종수와 지상부 생체량의 관계,

(b) 식물종수와 총생체량의 관계. Tilman *et al.*(2001)을 일부 수정.

란 생태계내의 상호작용에 의한 생물의 번식, 물질의 생산·순환·분해를 기본으로 하는 과정이다. 생물다양성 보전이 적극적으로 요구되는 사회적 흐름 속에서 생태계가 건전하게 기능하는데 있어 생물다양성의 중요성이 인식되기 시작한 것이 후자의 연구가 발전한 배경이다. 현재 생물다양성과 생태계 기능의 관계를 해명하는 것이 생물다양성 연구에서 가장 중요한 테마 중 하나다. Tilman *et al.*(2001)은 미국 미네소타주의 시더 크리크(Cedar Creek)에서 9㎡의 실험구에 식물을 파종하여 종수의 수준을 처리했다. 파종에 사용한 식물종은 모두 18종의 다년생 식물이다. 이 종들은 C4 벼과초본, C3 벼과초본, 콩과 활엽초본, 그 외 활엽초본, 관목이라는 복수의 기능군(생물의 기능이나 형질에 의해 분류된 종의 그룹을 가리킴)으로 구성되었다. 2년간 생육을 안정시킨 후 각 실험구에서 식물의 생체량(바이오매스)을 측정했다. 그러자 종수의 수준이 높은 실험구(복수의 기능군 식물이 포함된 처리구)일수록 지상부 생체량은 높아져, 종수의 효과는 관측년도마다 커져 갔다(그림 3.4a). 또 이 경향은 지하부 생체량도 포함한 총생체량에서도 동일했다(그림 3.4b). 종수의 수준이 높은 실험구는 다양한 기능군 식물을 포함하여, 토양 양분 등의 자원을 효율적으로 이용하는 것에 의해 지상부와 지하부의 생산성이 높아졌다고 생각된다. 이 효과를 '상보성효과(相補性效果)'라고 하며, 주로 종간의 생태적 지위 차이나 촉진작용(종간에서의 정(+)의 상호작용)에 기인하는 것으로 종의 다양함에 대한 순수한 효과로 볼 수 있다. 종간에 이용 자원의 생태적 지위가 다르면, 군집에 많은 종이 포함될수록 군집 전체에 자원을 효율적으로 쓰기 때문에 생태계 기능이 결과적으로 높아진다고 볼 수 있다.

또 종수의 수준이 높은 실험구에는 생산성이 높은 종이 포함되었을 확률이 높고, 또 이 종들의 우점으로 실험초기에 특히 생산성이 향상되었다고 볼 수 있다. 이 효과를 '선택효과'라고 한다. 즉, 군집의 구성종이 많을수록 기능이 높은 종이 포함된 확률이 높아지고, 또 그 종이 군집내 우점하는 것에 의해 결과적으로 생태계 기능이 향상한다는 현상이다. 생물다양성 처리실험에서 단일종으로 구성된 실험구(단일재배 처리구 : monoculture)를 대조구로 설정하는 것에 의해 상보성효과와 선택효과를 구별할 수 있다(Box 3.1). 상보성효과와 선택효과는 서로 배타적이지 않고, 어느 쪽이나 생태계 기능의 향상에 기여한다.

Box 3.1

▸ 생태계 기능에 대한 다양성 효과의 해석 : 상보성효과와 선택효과를 구별한다.

생물다양성이 생태계 기능을 향상시키는 메카니즘으로 상보성효과와 선택효과가 있다. 생물다양성 처리실험에서 여러 종으로 구성된 실험구(혼식구 : polyculture)와 단일 종으로 구성된 실험구(단식구 : monoculture)의 생태계 기능을 비교하는 것으로 다양성에 의한 상보성효과와 선택효과를 구별할 수 있다(Loreau and Hector, 2001).

여기서는 대상으로 하는 생태계 기능을 생산량으로 해설한다. 정량의 다양성 효과 ΔY는 혼식구(混植區)에서 관측된 생산량으로부터 상보성효과 및 선택효과가 전혀 존재하지 않는다고 가정한 경우에 생산량의 기댓값을 뺀 것이다. 여기에서 후자의 기댓값은 각 종의 단식구(單植區)에서의 생산량을 혼식구에서 초기의 상대 어번던스(파종에 의한 다양성 처리의 경우에 각 혼식구에서 전체 파종량에 대한 각 종의 파종량 비율)로 가중한 값의 합계값으로 계산할 수 있다. ΔY는 아래와 같이 덧셈분할(加法分割, additive partitioning)할 수 있다.

$$\Delta Y = Y_o - Y_E = \sum_i \frac{Y_{oi}}{M_i} \times M_i - \sum_i \frac{Y_{Ei}}{M_i} \times M_i = \sum_i \mathrm{RY}_{oi} M_i - \sum_i \mathrm{RY}_{Ei} M_i$$

$$= \sum_i \Delta \mathrm{RY}_i M_i = N \overline{\Delta RY}\, \overline{M} + N\, cov(\Delta \mathrm{RY}, M)$$

Y_o : 혼식구의 생산량(실측값)

Y_E : 혼식구의 생산량(기댓값)

Y_{oi} : 혼식구에서 종 i의 생산량 실측값

M_i : 종 i의 단식구에서의 생산량(실측값)

Y_{Ei} : 혼식구에서의 종 i의 생산량 기댓값

RY_{oi} : 혼식구에서 종 i의 생산량(실측값)및 단식구에서의 종 i의 생산량에 대한 상대값

RY_{Ei} : 혼식구에서 종 i의 생산량(기댓값)및 단식구에서의 종 i의 생산량에 대한 상대값 즉, 종 i의 초기 상대어번던스

$\Delta \mathrm{RY}_i$: 혼식구에서 종 i의 생산량(실측값)상대값에서 혼식구에서의 종 i의 생산량 (기댓값)상대값을 뺀 값

N : 혼식구의 종수

이 수식에서 $N\overline{\Delta RY}\ \overline{M}$이 상보성효과를, $N\,\mathrm{cov}(\Delta \mathrm{RY}, M)$이 선택효과를 나타낸다. 상보성효과는 혼식구에서 종의 생산량 평균값이 단식구에서 종의 생산량 가중평균값보다 큰 경우에 생긴다. 생태적 지위 분할이나 촉진작용 등을 통해 구성종이 서로 모자란 자원을 보충하여 이용하는 경우에 상보성효과가 생긴다. 선택효과는 단식구의 생산량이 단식구의 생산량의 모든종 평균값보다 높은 종이 혼식구를 우점하는 경우에 생긴다.

정량의 다양성 효과, 상보성효과 및 선택효과의 공헌도와 생물다양성의 관계성을 밝혀내는 것으로 생물다양성이 생태계 기능을 향상시키는 메커니즘을 검증할 수 있다.

3.3 종의 형질을 고려한 다양성 정량화

기능적 다양성(functional diversity)은 군집에서 종형질의 다차원성을 정량화하는 것이다. 이것은 생물학적 다양성(biological diversity)이나 생태계 기능성(ecosystem functionality)의 다양한 측면을 나타내는 지표로서 최근 주목받고 있다(Petchey and Gaston, 2006; Cadotte *et al.*, 2011). 형질이란 종이 가진 표현형 특징 혹은 기능적인 특징(혹은 양자 모두)을 가리킨다. 전자의 예로서는 식물의 꽃색이나 잎형태 등을 들 수 있다. 후자의 예를 들면, 잎의 질소농도(엽록소량)는 광합성속도와 관련되며(Wright *et al.*, 2004), 이것은 생활사나 잎 높이 등이 방목에 의한 교란 및 환경 변화에 대한 종의 반응과 관련된다(Diaz *et al.*, 2001). 기능적 다양성은 요즈음 종의 국소멸종에 의한 생태계 기능의 영향을 검증하거나, 생물다양성 지표로서 생태계 기능과의 관계성 해명을 목적으로 하여, 다양한 생태계나 분류군을 대상으로 쓰이고 있다(Petchey and Gaston, 2002; Matsuzaki *et al.*, 2013; Sasaki *et al.*, 2014).

3.2절에서 소개한 종다양성 정량화기법은 종이 서로 완전히 다르다는 것을 전제로 한다(그림 3.5a). 기능적 다양성 정량화 기법은 종의 차이가 아니라 형질(trait)의 차이를 근거로 해 표현한다(그림 3.5a). 종다양성 정량화처럼 기능적 다

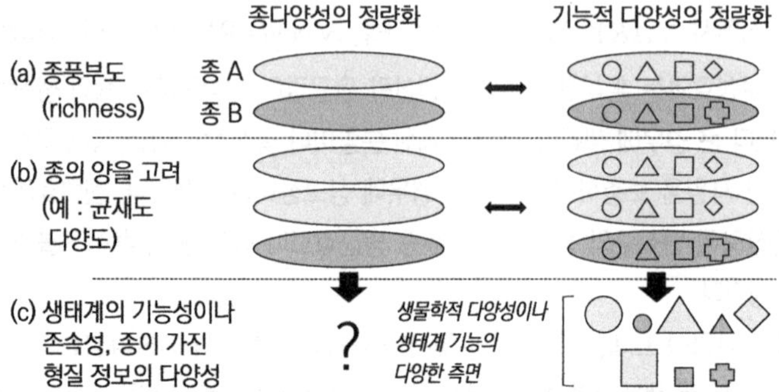

[그림 3.5] 종다양성의 정량화와 기능적 다양성의 정량화의 차이 개념도

(a) 종다양성은 종이 서로 완전하게 다르다는 전제로 정량화된다. 한편, 기능적 다양성은 종의 차이를 형질의 차이에 근거해 정량화된다(위 그림에서 기호는 형질의 차이를 나타낸다).

(b) 종다양성의 정량화처럼 기능적 다양성의 정량화에서도 종의 양을 고려할 수 있다.

(c) 이것에 의해 종이 가진 형질정보의 다양성이나 특정 기능과 관련하는 형질 다양성을 정량화하는 것으로써 생태계 기능의 다양한 측면을 지표화할 수 있다.

Reiss *et al*.(2009)을 일부 수정.

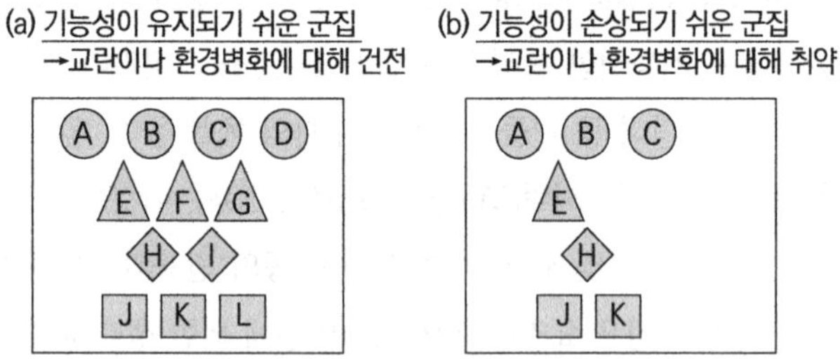

[그림 3.6] 군집의 기능적 다양성과 교란·환경변화에 대한 취약성 개념도

도형의 차이는 종 A~L이 가진 기능의 차이를 나타낸다(군집 a와 b도 기능이 4종류).

큰 교란이 일어날 경우에 종 E·H·J·K가 사라진다고 하면, 기능적 다양성이 높은 군집 a는 기능이 4 종류 모두 남아 있는 반면, 기능적 다양성이 낮은 군집 b는 기능이 1 종류만 남기 때문에 교란에 취약하다고 볼 수 있다.

양성에도 종에 관한 양의 정보를 집어넣어 정량화할 수 있다(그림 3.5b). 이것으로 생태계의 기능성 및 존속성, 종 형질정보의 다양성 지표로서 기능적 다양성을 평가하는 것이 가능해진다(그림 3.5c). 또 기능적 다양성은 생태계 회복력(resilience, 생태계가 기능을 해치지 않고 교란을 흡수할 수 있는 능력)과도 관련된다. 보통 기능적 다양성이 높은 군집일수록 교란에 의한 생태계 기능성이 손상되기 어려워진다(그림 3.6a). 한편, 기능적 다양성이 낮은 군집은 교란에 의해 생태계 기능성이 손상되기 쉽고 교란에 취약하게 된다(그림 3.6b). 다만, 기능적 다양성이 낮은 경우에도 교란에 내성이 있는 종이 많아 종이 별로 없어지지 않거나, 교란에 대한 종의 반응이 다양하면(특히, 교란으로 인해 소실된 종을 이입종이 대체하여 그 기능을 보상하는 경우)생태계 회복력이 높아진다(자세한 내용은 Mori *et al*., 2013 참조). 이처럼 기능적 다양성은 군집에서 종이 생물학적 혹은 기능적으로 어느 정도 다양하는가를 정량화하여 생태계의 기능성와 존속성을 나타내는 지표가 된다.

기능적 다양성의 정량화에는 식물군집의 종조성(표 3.2a)과 이것에 대응하는 종형질 데이터(표 3.2b에서는 3종류의 형질 데이터를 얻었음) 2가지가 필요하다. 종형질 데이터는 야외조사에서 수집하거나(잎의 높이·크기, 탄소·질소 함유율 등), 혹은 식물도감이나 기존문헌 정보(예를 들어, Kattge *et al*., 2011)에서 얻는다.

그렇기 때문에 표 3.2b의 예처럼 형질 데이터는 정량적 데이터와 질적 데이터(명목척도, 순서척도의 데이터)가 뒤섞기는 경우가 많다(데이터 특성에 관한 주의점은 후술). 형질은 종별 기능(광합성능력이나 성장속도 등)을 실측하는 경우에 비해 간편하게 계측할 수 있기 때문에 생물다양성의 새로운 정량화 기법으로 자주 쓰인다. 3.3.1~3.3.3항에서 소개하는 기능적 다양성의 지수는 모두 종별 형질 평균값을 계산에 이용한다.

[표 3.2] 기능적 다양성의 산출에 필요한 종조성 데이터(a)와 형질 데이터(b)

형질 데이터에는 정량적 데이터와 질적 데이터(b는 명목척도 데이터)가 뒤섞기는 경우가 많다. 형질 데이터에는 결손값이 있어도 계산 가능한 기법이 개발되었다(본문 참조).

(a) 종조성 데이터(숫자는 개체수)

종	조사구 A	B	C
종 a	20	10	30
종 b	30	40	10
종 c	10	40	30
종 d	35	5	25
종 e	5	5	5

(b) 종조성과 대응한 형질 데이터

종	형질 잎높이(㎝)	잎의 페놀로지	종자 산포형
종 a	15.5	낙엽	바람산포
종 b	12.5	낙엽	바람산포
종 c	18.5	낙엽	중력산포
종 d	7.5	상록	바람산포
종 e	2.5	상록	동물산포

기능적 다양성 역시 종다양성의 정량화처럼 종수와 균재도의 2개 요소로 구성된다. 또 형질 종류가 1개의 경우(1차원)와 여러 개의 경우(다차원)에 적용하는 기법이 다르다. 이하에서는 고려하는 형질의 종류수에 맞춰 기능적 풍부도(functional richness) 지표(종별 양의 정보는 반영되지 않음), 기능적 균재도(functional evenness) 지표, 기능적 다양도(functional divergence) 지표 3가지로 나눠, 그 중에 대표적인 것에 초점을 맞춰 해설한다.

3.3.1 기능적 풍부도 지표

기능적 풍부도는 군집에서 종마다 차지하는 형질값의 범위에 대해 정량화한 것이다. 즉, 종에 의해 어느 정도의 생태적 지위가 잠재적으로 점유되고 있는지를 지표화한 것이다. 군집내 구성종이 증가할수록 기능적 풍부도가 증가하기 때문에 그 지표는 기본적으로 종수와 정(+)의 상관관계를 보인다. 다만, 종수가 같은 군집이라도 군집에 구성된 종군(種群)의 형질에 의한 편향이 있으면, 기능적 풍부도는 편향이 적은 군집 쪽이 높아진다. 기능적 풍부도 지표의 정량화에서는 종별 양의 정보에 의해 가중은 되지 않는다.

(1) Functional range(군집내 종이 차지한 형질값 범위)

Functional range(FR_r)는 어느 하나의 형질에 주목했을 때, 특정 군집을 구성하는 종군이 취할 수 있는 형질의 평균값 범위(최대값에서 최소값을 뺀 것)를 모든 군집의 종군 형질값 범위로 나눈 값으로 나타낸다(Mason *et al.*, 2005).

$$FR_r = \frac{\max_{s \in c}(t_s) - \min_{s \in c}(t_s)}{\max_{s \in AC}(t_s) - \min_{s \in AC}(t_s)} \tag{3.9}$$

여기서 s는 종, c는 특정 군집, AC는 조사한 모든 군집이며, t_s는 s종의 형질 평균값을 의미한다.

그러므로 FR_r는 최대가 1, 최소가 0(군집의 구성종이 1종인 경우)이 되어, 주목하는 형질에는 의존하지 않는다(단위가 없는 값이 됨). 형질 데이터에 질적 데이터가 포함되는 경우는 계산할 수 없다. 대상으로 하는 군집이 늘어나면, 식 3.9의 분모값이 바뀌기 때문에 FR_r는 어디까지나 상대적인 평가값이다. 이처럼 FR_r는 형질에 관해서 1차원의 지표가 된다.

(2) Convex hull volume

Convex hull volume(FR_v : Cornwell *et al.*, 2006; Villéger *et al.*, 2008)은 어느 군집에 구성된 종군이 취할 수 있는 N종류의 형질 값이 N차원 공간을

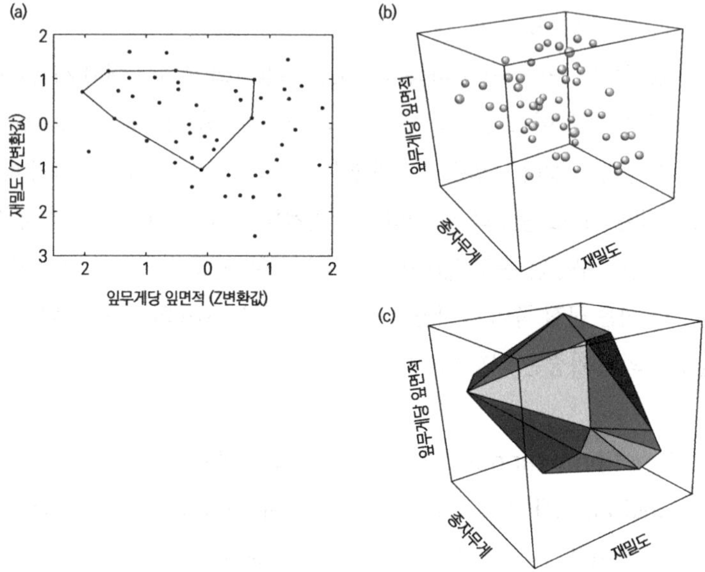

[그림 3.7] Convex hull의 산출 개념도

Convex hull은 N종류의 형질값이 N차원 공간을 점유하는 체적으로 나타낸다.

(a) 2개의 형질을 고려했을 경우는 면적이 된다. 형질값은 Z변환(Box 3.2)한 것을 보여준다.

(b) 또 다른 1개의 형질이 더해지면, 종 형질값의 분포는 3차원 공간으로 표현된다.

(c) 이 형질값이 3차원 공간을 점유하는 체적이 convex hull이다.

Cornwell *et al.*(2006)을 일부 수정.

점유하는 체적(2종류의 형질인 경우는 2차원이 되므로 면적이 됨)으로 나타내진다(그림 3.7).

복잡한 컴퓨터 알고리즘에 의해 군집을 구성하는 종군의 N차원 형질이 공간좌표에 결정되면 볼록면체가 형성되어 체적을 계산할 수 있다. 데이터에 포함되는 종수가 형질 종류보다 많지 않으면 convex hull volume은 계산할 수 없다. 또, 형질 데이터에 질적 데이터가 들어있는 경우도 계산이 불가능하다. 자세한 알고리즘은 복잡하기 때문에 여기서는 생략하지만, 오리지날 알고리즘(Qhull)이 웹상에 공개되고 있다(http://www.qhull.org/, 2015년 1월 5일 현재).

Box 3.2

▸ 기능적 다양성의 정량화에서 형질값의 스케일링과 형질의 선택 방법

기능적 다양성을 정량화 할 때 지수(指數)에 따라서는 계산에 앞서 종의 형질값을 표준화 할 필요가 있다. 이는 대상으로 하는 형질에 따라 그 값의 범위와 분산이 다르기 때문이다. 형질 단위에 의존하지 않는 지수(3.3절에 소개하는 지수에서는 0~1의 값을 취한다; FR_r, FE_r, FE_{ve})의 계산에서는 변수 변환을 필요로 하지 않는다. 형질값의 표준화에 대한 규칙은 없지만, 흔히 쓰이는 표준화 방법은 Z변환을 들 수 있다. Z변환은 특정종의 형질값에서 모든 종의 형질값 평균을 뺀 값을 표준편차로 나누는 것을 말한다. 이것에 의해 종의 형질값은 평균값이 0, 표준편차가 1이 된다.

이 방법 외에 종의 형질값에서 모든 종의 형질값의 최소값을 빼, 형질값이 취할 수 있는 값의 범위에서 나눈 방법이 있다. 이것으로 형질값은 0~1의 범위를 취하도록 표준화할 수 있다(range-standardization). Range-standardization은 종의 형질값에 극단적으로 어긋난 값(이상값, outlier)이 있는 경우는 데이터 구조를 편향시켜 버리므로 이상값을 보이는 종을 제거하고 해석해야 하는 주의가 필요하다.

Z변환과 범위 표준화(range-standardization)는 대상의 형질이 모두 연속값의 경우에만 쓸 수 있는 표준화 방법이다. 형질값에 질적 데이터가 있는 경우에는 질적 데이터를 뽑아 취급할 수 있는 기능적 다양성 지수(3.3절에서 소개하는 지수에서는 FR_d, FE_r, FE_{ve}, FD_{Rao}, FD_{is})를 이용한다. 이때 FR_d, FD_{Rao}, FD_{is}의 산출에서는 고어(Gower) 거리(식 3.11)가 형질 단위에 의존하지 않기 때문에 데이터 변환이 불필요하다.

형질 스케일링의 문제와는 별도로 다차원 기능적 다양성의 지수 계산에 쓰이는 형질 선택 방법에서도 주의가 필요하다. 서로 강한 상관관계에 있어 관련 기능이 유사한 형질을 많이 이용하는 경우에는 그 형질이 지나치게 중시될 수 있다. 반대로, 고려하는 형질의 수가 극단적으로 적고, 그 형질간에 상관성이 없는 경우에는 형질 정보의 다차원성을 적절히 파악하지 못할 가능성이 있다. 이런 문제를 해결하기 위해 우선 연구목적에 따라 기능적 다양성의 정량화에 중요한 형질을 일람표로 만들어, 가능한 많은 형질 데이터를 취득하는 것이 바람직하다.

이 단계에서 상관관계가 자명한 형질은 계산에서 제외한다. 단, 서로 상관해도 다른 기능과 관련되어 있다고 생각되는 형질은 제외하지 않는다. 그런데도 혹시 형질끼리 상관관계가 강한 경우는 형질 데이터에서 고어(Gower) 거리행렬(식 3.11)을 계산해, 그것을 이용한 주좌표 분석(PCoA : 2.3절) 에서 얻은 각종의 각 좌표축상의 스코어를 새로운 형질값으로 이용한다(Weiher, 2011; Laliberte and Legendre, 2010). 형질 정보가 없어지는 것을 막기 위해 원칙적으로 모든 좌표축의 스코어를 이용한다. 이것에 의해 상관하는 형질의 축을 직교하는 좌표축으로 변환할 수 있다. 또 다른 방법은 형질의 선택방법에 의존하지 않는 결과를 얻을 수 있을지 즉, 결과의 강인성[19]을 검증하는 것이다(Petchey *et al*., 2007; Sasaki *et al*., 2009; Sasaki *et al*., 2014). 예를 들어, 중요한 20종류의 형질을 선택했을 경우에 얻을 수 있는 해석 결과와 16종류, 12종류, 8종류를 무작위로 선택했을 경우(시행을 몇 회 반복함)에 얻을 수 있는 결과가 다른가를 검증한다.

⑶ Functional dendrogram(덴드로그램에 근거한 기능적 풍부도)

Functional dendrogram(FR_d)은 군집내 구성종의 형질값에 근거하는 계층적 클러스터 분류를 실시해 얻은 덴드로그램(계통수)의 가지길이 합계(Pechey and Gaston, 2002)로 계산된 다차원 지표이다(그림 3.8).

FR_d를 계산할때 종간 거리(비유사도)에 관한 최적의 산출방법과 함께 덴드로그램 구성 및 분류방법에 대해 수많은 논의가 있었다(Petchey and Gaston, 2007; Mouchet *et al*., 2008). 우선 거리행렬에 대해서는 유클리드(Euclid) 거리 또는 고어(Gower) 거리를 이용할 것을 추천한다(Podani and Schmera 2006; Mouchet *et al*., 2008; Laliberteand Legendre 2010; Weiher 2011). 종 j와 종 k의 사이 N종류의 형질에 관한 유클리드 거리(ED_{jk})는 식 3.10으로 얻을 수 있다.

20) 역주) 강인성(robustness) : 어느 통계적 기법이 필요로 하는 조건 또는 가정을 조금 채우지 않은 듯한 데이터에 대해서도 거의 타당한 결과를 줄 때 이 기법은 강인성이 있다고 말한다.

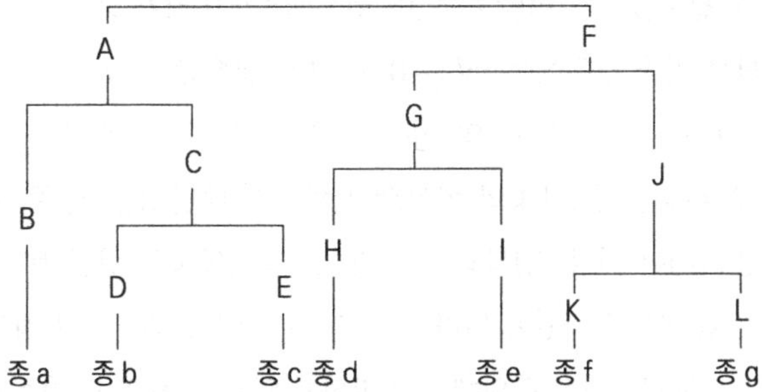

[그림 3.8] Functional dendrogram(FR_d)의 산출 개념도

종의 형질값에 근거하고 계층적 클러스터 분류를 실시해 얻은 덴드로그램의 가지길이 합계가 FR_d가 된다. 종 a~g를 포함한 군집의 FR_d는 가지 A~L까지의 길이 합계다. 군집에서 종 f·g가 없어지면, FR_d는 가지 A~I까지의 길이 합계가 된다. 덴드로그램의 가로축은 FR_d 산출과는 관계하지 않는다.

$$ED_{jk} = \sqrt{\sum_{i}^{N}(t_{ij}-t_{ik})^2} \quad (3.10)$$

t_{ij}, t_{jk}는 각 종 j, k에 대한 형질 i의 값이다. 유클리드 거리는 형질값이 정량적이고 연속적인 경우에만 쓸 수 있다. 거리를 계산하기 전에 먼저 모든 형질값에 대해 0~1의 범위를 취하도록 표준화하여, 고려한 형질의 종류수 N으로 나눈다. 그러면 ED_{jk}는 최대값이 1(2종은 완전히 다름), 최소값이 0(2종은 완전히 같음)이 된다(range-standardized Euclidean distance : Botta-Dukat, 2005). 고어(Gower) 거리는 형질 데이터의 성질(연속데이터, 2진수 데이터, 명목척도, 순서척도 등 또는 결손값이 있어도 계산 가능)을 불문하고, N종류의 형질에 관한 종간의 거리를 식 3.11로 계산할 수 있다(Podani and Schmera, 2006; Mouchet *et al.*, 2008).

$$GD_{jk} = \frac{\Sigma_i^N w_{ijk} d_{ijk}}{\Sigma_i^N w_{ijk}} \quad (3.11)$$

W_{ijk}에 의해 결손값을 고려할 수 있어 형질 *i*의 데이터가 종 j 혹은 종 k의 어느 한쪽이라도 빠져 있을 경우에는 W_{ijk}=0이 된다. 결손값이 없는 경우는 W_{ijk}=1이 된다. 상이도 d_{ijk}는 형질 데이터의 성질에 따라 정의가 달라진다. 형질 *i*가 2진수 데이터인 경우에는 종 j와 k의 형질값이 차이가 나면 d_{ijk}=1, 종 *a*와 *b*의 형질값이 같으면 d_{ijk}=0이 된다. 명목척도의 경우도 종 j와 k의 형질값이 차이가 나면 d_{ijk}=1이 되고, 같으면 d_{ijk}=0이 된다. 정량적이고 연속 데이터의 경우는 식 3.12로 계산되고, 주목하는 형질 단위에는 의존하지 않는다(최대 1, 최소 0).

$$d_{ijk} = \frac{|t_{ij}-t_{ik}|}{\max(t_i)-\min(t_i)} \tag{3.12}$$

또한 순서척도 데이터의 경우는 식 3.13를 이용한다.

$$d_{ijk} = \frac{|r_{ij}-r_{ik}|}{\max(r_i)-\min(r_i)} \tag{3.13}$$

이 경우도 d_{ijk}는 최대가 1, 최소가 0이 된다. 순서척도의 형질 데이터 r_{ij}는 군집 내의 형질 *i*에 대한 순위로 옮겨진다. 예를 들어, 종 j에서 형질 *i*의 값이 6이라면 군집에서 형질 *i*가 취할 수 있는 값 가운데 오름차순 5위가 되는 경우에는 r_{ij}=5가 된다. 순서에 편향이 있는 경우에는 이 편향의 영향을 제외한 d_{ijk}의 계산방법도 제안되었다(자세한 수식은 Podani, 1999 참조). 예를 들어, 식물종 개화기의 데이터는 편향이 있는 경우가 많기 때문에(6~7월에 집중하는 경우) 편향을 고려한 계산방법을 쓸 필요가 있다. 이처럼 계산된 고어(Gower) 거리는 0(2종은 완전히 같음) 또는 1(2종은 완전히 다름)의 값을 얻어 다양한 성질의 형질 데이터에 유연하게 적용할 수 있다.

FR_d 계산에 필요한 덴드로그램 분류법은 군평균법(群平均法, unweighted pair group method using arithmetic averages : UPGMA), 단연결법(single linkage), 완전연결법(complete linkage), 워드법(Ward) 등을 들 수 있다(Petchey and Gaston 2002; Podani and Schmera 2006; Mouchet *et al.*, 2008). 군평균법이 강인성이 인정된 기법으로 추천되었으며(Podani and Schmera, 2006), 가장 흔히 쓰인다(분류법에 대한 해설은 2.4절 참조). 얻은 덴드로그램의 가지길이 합계가 FR_d가 된다(그림 3.8).

3.3.2 기능적 균재도 지표

기능적 균재도 지표는 종별 형질값이 군집내 구성된 종군이 취할 수 있는 형질값 범위내에서 어느 정도 골고루 분포하는가를 정량화한 것이다. 또한 종이 가진 양의 정보도 고려되므로 종별 형질값이 균등하게 분포하는 동시에 종별 양(개체수나 피도 등)이 모두 동일할 때 기능적 균재도가 가장 커진다. 기능적 균재도는 종수에는 반드시 비례하지 않는다. 균재도가 높을수록 생태적 지위가 상보적(相補的)으로 점유되어 자원이 효율적으로 이용되어 생태계 기능성이 높은 것을 시사한다.

(1) Functional regularity index(기능적 규칙성 지표)

Functional regularity index(FE_r : Mouillot *et al.*, 2005)는 어느 형질 t에 주목했을 때 식 3.14로 구할 수 있다.

$$FE_r = \sum_{j=1}^{S-1} \min\left[\frac{|t_{j+1}-t_j|/(A_{j+1}+A_j)}{\Sigma_{j=1}^{S-1}|t_{j+1}-t_j|/(A_{j+1}+A_j)}, \frac{1}{S-1}\right] \tag{3.14}$$

FE_r은 형질에 관한 1차원 지표이다. 여기서 S는 군집을 구성하는 종수, t_j와 A_j는 각각 종 j의 형질값과 양을 나타낸다. 계산할때 종은 형질값에 의해 오름차순으로 줄세워 j번째 종 j의 형질값이 t_j가 된다. 그러므로 FE_r은 모든 종간의 형질값 차이가 군집을 구성하는 종군이 취할 수 있는 형질값 범위인 1/(S−1)이 되고, 또 모든 종의 양이 동일한 경우에 최대값 1을 취한다. 종의 양에 의해 가중된

종 j와 종 j+1사이의 형질값 차이가 군집이 취할 수 있는 가중된 형질값 범위인 1/(S−1) 보다 작아지면, FE_r 값은 한층 더 작아진다. 이와 같이 FE_r은 종별 형질값과 양이 균등한 분포에서 어느 정도 동떨어져 있는가를 측정하는 지표며, 값이 클수록 기능적 균재도가 높다는 것을 나타낸다.

덧붙여 형질값이 명목척도의 경우는 식 3.15로 구할 수 있다.

$$FE_r = \sum_{l=1}^{L} \min\left(\frac{A_l}{A}, \frac{1}{L}\right) \quad (3.15)$$

A_l은 어느 형질의 카테고리 l(예로 꽃색, 잎형태 등)에 속하는 종군의 양, A는 군집 전체의 양이다. L은 형질의 카테고리 수이다.

(2) Functional evenness index(기능적 균재도 지표)

Functional evenness index(FE_{ve} : Villeger *et al.*, 2008)는 전술의 FE_r을 기초로 다차원에 확장한 지표를 식 3.16로 산출할 수 있다.

$$FE_{ve} = \frac{\Sigma_{b=1}^{S-1} \min\left[\frac{\mathrm{dist}(j,k)/(p_j+p_k)}{\Sigma_{b=1}^{S-1}\mathrm{dist}(j,k)/(p_j+p_k)}, \frac{1}{S-1}\right] - \frac{1}{S-1}}{1-\frac{1}{S-1}} \quad (3.16)$$

dist(j, k)는 최소신장나무(minimum spanning tree)에서 형질에 관한 종 j와 종 k의 거리(3.3.1항)며, p_j와 p_k는 군집내 종 j와 종 k의 상대우점도를 나타낸다. b는 최소신장나무에서 가지(선)를 나타낸다. S는 군집을 구성하는 종수로, 가지의 총수는 S−1개가 된다. 고어(Gower) 거리를 쓰는데 형질 데이터에 질적 데이터가 들어있어도 계산할 수 있기 때문이다. 여기서 최소신장나무(그림 3.9)는 군집을 구성하는 종군의 N차원 형질공간에서 모든 좌표를 포함한 나무(tree)로서 가지(선) 길이의 합이 최소가 되는 것(1차원의 경우는 군집의 종군이 취할 수 있는 형

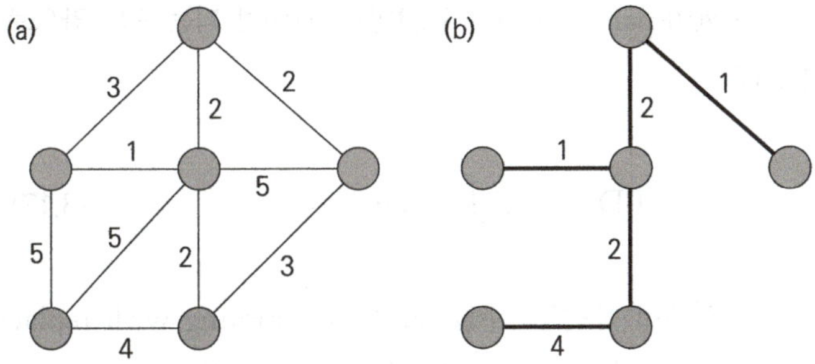

[그림 3.9] 최소신장나무(minimum spanning tree)의 개념도

회색 원은 종(種)을 표시하며, N차원의 형질공간에서 종의 배치를 간략하게 2차원으로 나타낸다. 때문에 종끼리를 이어주는 선의 길이(유클리드 거리나 고어 거리로 구함)가 2차원 평면상의 장단(長短)과는 일치하지 않는다. (a) N차원의 형질공간에서 모든 종을 연결하는 선(가지). (b) 모든 종을 묶는 연결선 중에 선의 길이 합이 최소가 되는 트리(나무)를 '최소신장나무'라고 한다.

질값의 범위가 됨)을 가리킨다. FE_{ve}는 군집내 종수에는 의존하지 않는다. 최소신장나무에서 모든 종간 거리가 동일할 때 FE_{ve}는 최대값 1이 된다.

3.3.3 기능적 다양도 지표

기능적 다양도 지표는 종마다 취할 수 있는 형질값이 어느 정도의 변동이 있으며, 어느 정도 편향하는지를 정량화한 것이다. 즉, 형질의 다차원 공간 양끝에 종 배치 또는 그런 종이 가진 양(혹은 양쪽 모두)이 치우쳐 있을수록 기능적 다양도가 높아진다. 기능적 균재도처럼 이 지표도 종수에는 꼭 비례하지 않는다. 기능적 다양도는 생태계 기능성이나 환경변화에 대한 취약성, 군집에 대해 기능적인 특이종이 어느 정도 우점하는가에 대한 지표가 된다.

(1) Rao's quadratic entropy(Rao의 지수를 이용한 기능적 다양도)

Rao's quadratic entropy(FD_{rao} : Rao, 1982; Botta-Dukat, 2005; Ricotta, 2005)는 기능적 다양도 지표 중에서 가장 자주 쓰이는 지표이다. FD_{rao}는 군집

에서 모든 종의 페어(pair)사이 거리(3.3.1항)를 페어가 되는 종의 양으로 가중해 구한다(식 3.17).

$$FD_{Rao} = \sum_{j=1}^{S}\sum_{k=1}^{S} d_{jk}p_j p_k \qquad (3.17)$$

이 지표는 군집에서 복원임의추출(random sampling with replacement)을 실시한 2개체간 형질 상이도의 기댓값을 나타낸다(Ricotta and Moretti, 2011). 종이 완전하게 다를 때(즉, 종다양성의 정량화에서 전제) d_{jk}가 모두 1이 되고(3.3.1항), FD_{Rao}는 단지 군집에서 무작위로 복원추출한 2 개체가 다른 종이 되는 확률을 나타내기 때문에 심슨의 다양도(1−D : 식 3.4)와 같아진다. 즉, FD_{Rao}는 심슨의 다양도를 일반화한 지수라고 말할 수 있다. 이 값은 군집에서 상대우점도가 높은 종(p_jp_k가 더 커짐)이 다른 종과 크게 다른 형질을 가질(d_{jk}가 더 커짐) 때 큰 값을 얻는다. 여러 개의 형질을 고려할 수 있는 기능적 다양도의 다차원 지표(식 3.17처럼 1차원에서도 적용 가능)로 종간 거리 계산에 고어(Gower) 거리를 이용하여, 다양한 성질의 형질 데이터를 적용할 수 있다.

(2) Functional dispersion index(기능적 분산도 지표)

Functional dispersion index(FD_{is} : Laliberté and Legendre, 2010)는 N차원의 형질 공간에서 모든 종의 좌표중심과 종별 좌표까지의 거리 평균값을 각 종의 양으로 가중한 지표이다(그림 3.10). 때문에 FD_{Rao}와 개념적으로 비슷하고, 강하게 상관하는 것이 지적되었다(Laliberté and Legendre, 2010). FD_{is}는 다음과 같이 계산할 수 있다. 먼저 종의 양으로 가중한 모든 종의 좌표 중심의 벡터 c는 식 3.18로 구할 수 있다.

$$c = [c_i] = \frac{\Sigma_{j=1}^{S} A_j t_{ji}}{\Sigma_{j=1}^{S} A_j} \qquad (3.18)$$

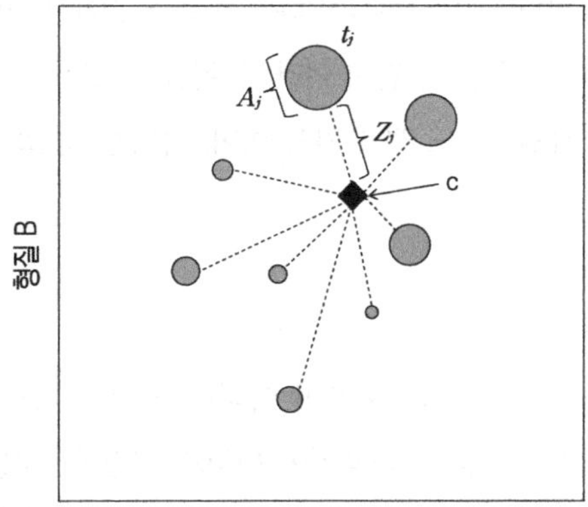

[그림 3.10] 기능적 분산도(functional dispersion : FD_{is})의 산출식 구성요소 개념도
간략화를 위해 2차원으로 표현한다. t_j는 종 j의 형질공간에서 좌표, A_j는 종 j의 양, c는 종별 양으로 가중한 모든 종의 좌표 중심의 벡터, Z_j는 종 j의 중심까지 거리이다. 그림 중의 원의 크고 작음은 종의 양을 나타낸다. 계산식은 본문 참조.
Laliberté and Legendre(2010)를 일부 수정.

여기서, A_j는 종 j의 양, t_{ji}는 종 j에 대한 형질 i의 값, S는 군집을 구성하는 종 수이다. 즉, 식 3.18은 형질값이 연속적이라는 것을 전제로 한다.

때문에 형질 데이터 속에 질적 데이터(명목척도, 순서척도 등)가 들어있는 경우는 고어(Gower) 거리행렬(식 3.11)로 계산한다. 그 거리행렬을 이용한 주좌표분석(PCoA : 2.3절 참조)에서 얻은 종별 좌표축상의 스코어를 새로운 형질값으로 이용한다(이 기법의 상세한 해설은 Laliberté and Legendre, 2010 참조). 종 j의 중심까지의 거리를 Z_j로 했을 때 FD_{is}는 식 3.19로 구할 수 있다.

$$FD_{is} = \frac{\Sigma_{j=1}^{S} A_j Z_j}{\Sigma_{j=1}^{S} A_j} \tag{3.19}$$

FD_{is}도 중심에서 멀어진 (즉, 형질이 다른 종과 비교해 특이한 정도)종의 양이 클 때 큰 값을 얻는다. FD_{Rao}와 같이 여러 개 형질을 고려할 수 있는 기능적 다양도의 다차원 지표(1차원에서도 적용 가능)이며, 다양한 성질의 형질 데이터를 적용할 수 있다.

3.3.4 기능적 다양성에 관한 연구사례

교란에 따른 종다양성의 영향뿐만이 아니라 기능적 다양성도 아울러 검증해야 교란에 의해 생태계 및 그 기능성이 어떻게 재편되는지를 이해할 수 있다. Baraloto *et al.*(2012)는 프랑스령 기아나의 저지대 열대우림에서 골라베기(택벌)가 종다양성과 기능적 다양성에 미치는 영향을 조사했다. 종다양성은 종수 및 종의 균재도지수(샤논의 균재도)로, 기능적 다양성은 FR_v(convex hull volume) 및 FE_{ve}(기능적인 균재도의 지수)로 정량화했다. 그 결과, 종수 및 FR_v는 골라베기로 생긴 숲틈과 골라베기를 실시하지 않은 서식지 군집에서는 차이를 볼 수 없었다(그림 3.11a). 한편, 종의 균재도 및 FE_{ve}는 숲틈의 군집에서 높아졌다(그림 3.11b). 특히, FE_{ve}는 골라베기를 실시하지 않은 서식지에서 현저하게 낮아졌다. 이런 결과는 교란에 따른 생태계 영향을 종다양성뿐만 아니라 기능적 다양성을 통해서도 검증할 수 있음을 시사한다. 택벌림에서 생물다양성 및 생태계 기능성 유지에는 적절한 골라베기와 벌채강도 관리(reduced impact logging : RIL)가 필수불가결하다고 볼 수 있다.

생물종 감소에 따른 생태계 기능성이나 존속성 변화를 예측하는 것으로 생태계의 취약성을 평가할 수 있다. 그림 3.6처럼 환경 변화에 따르는 종 소실에 의해 기능적 다양성이 감소하지 않은 군집은 취약성이 상대적으로 낮은 반면, 감소하기 쉬운 군집은 취약성이 높다고 볼 수 있다. Sasaki *et al.*(2014)는 아오모리현(青森県) 핫코다산계(八甲田山系)에 분포하는 다수의 고산습원을 대상으로 습원식물군집의 종 조성의 데이터와 출현종의 형질데이터를 수집했다. 이 형질은 잎높이, 잎의 페놀로지, 개화시기, 종자산포유형, 화분매개유형 등 습원식물군집의 기능, 번식 및 생존을 좌우하는 14종류였다. 종의 공간분포 패턴으로 추측되는 종소실

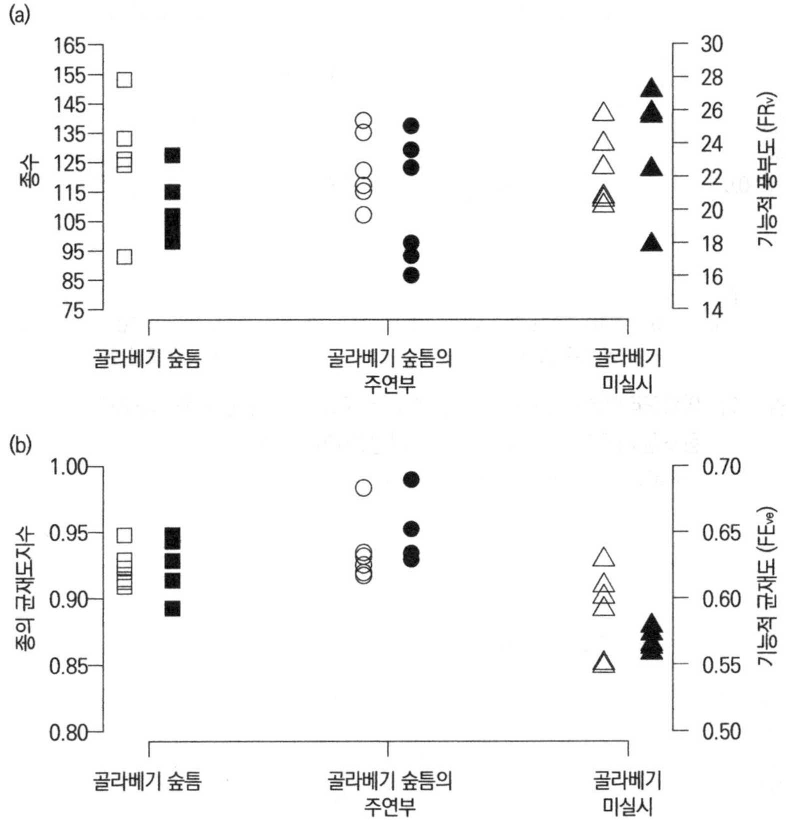

[그림 3.11] 프랑스령 기아나의 저지대 열대우림에서 골라베기가 종다양성 및 기능적 다양성에 미치는 영향을 검증한 결과

골라베기로 생긴 숲틈과 그 주연부, 골라베기를 실시하는 않은 서식지 비교.

(a) 종수(흰색 기호)와 기능적 풍부도(검정색 기호) 차이.

(b) 종의 균재도지수(흰색 기호)와 기능적 균재도(검정색 기호)의 차이.

Baraloto *et al.*(2012)를 일부 수정.

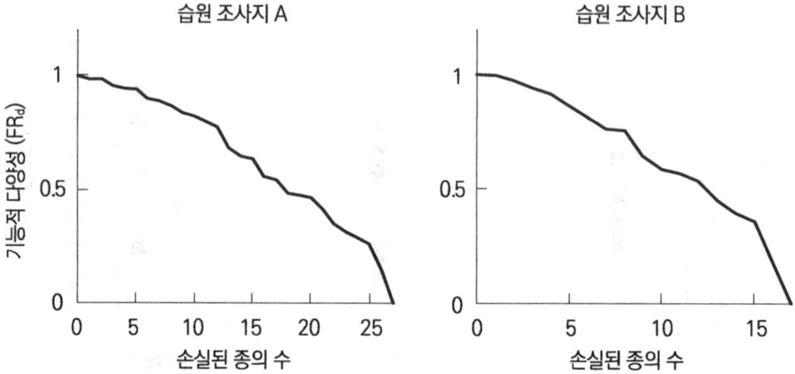

[그림 3. 12] 아오모리현(青森県) 핫코다산계(八甲田山系)의 습원식물군집에서 종소실 시뮬레이션에 의한 기능적 다양성(FR_d) 변화.

Sasaki *et al.*(2014)의 결과를 발췌해 일부 수정.

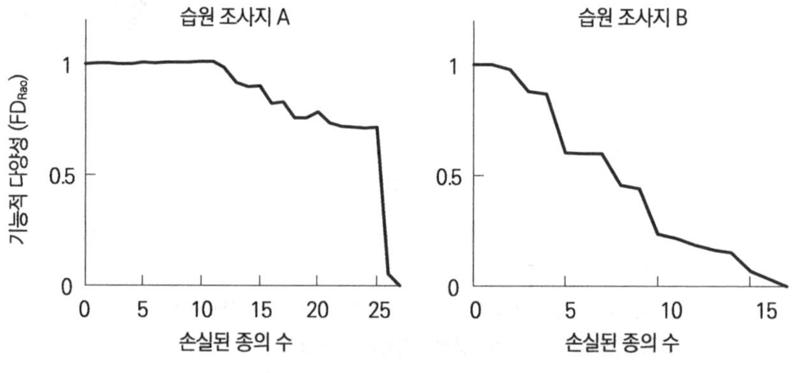

[그림 3. 13] 아오모리현(青森県) 핫코다산계(八甲田山系)의 습원식물군집에서 종소실 시뮬레이션에 의한 기능적 다양성(FD_{Rao})의 변화

습원 조사지 A와 B는 그림 3.12와 동일. Sasaki *et al.*(2014)의 결과를 발췌해 일부 수정.

시나리오(Sasaki *et al.*, 2012)를 시뮬레이션해 보는 것으로써 장래에 발생가능한 종소실이 습원식물군집의 기능적 다양성(FR_d 및 FD_{Rao}에 의한 정량화)에 미치는 영향을 예측했다. 그 결과, FR_d는 모든 습원에서 종소실에 비례하여 기능적 다양성이 줄어들었다(그림 3.12 : Sasaki *et al.*, 2014의 결과 일부). 이 결과는 기능적 풍부도 지표(3.3.1항)인 FR_d가 종수와 강하게 상관하기 때문일 것이다. 시뮬레이션에 의한 FD_{Rao}의 변화 패턴은 습원 조사지에 따라 크게 다르고, 그 패턴은 2가지로 크게 나눠졌다(그림 3.13 : Sasaki *et al.*, 2014의 결과 일부). 습원 조사지 A에서는 어느 정도의 종수 감소까지 FD_{Rao}가 줄어들지 않았다. 한편, 습원 조사지B에서는 종소실에 비례하여 FD_{Rao}가 감소했다. 이 대조적인 결과는 종소실에 따른 생태계 기능성의 영향이 군집에서의 종형질 및 종이 가진 양의 종간 차이에 좌우되는 것을 시사한다. 습원 조사지 A와 같은 패턴을 볼 수 있는 곳에서는 장래 환경변화에 대한 습원의 취약성이 상대적으로 낮다. 반면 습원 조사지 B와 같은 패턴을 보이는 곳은 취약성이 높다는 것이 기능적 다양성의 관점으로 평가할 수 있다.

생물다양성과 생태계 기능의 관계 연구에서도 기능적 다양성을 이용한 연구사례가 늘어나는 추세다. 3.2.3항에서도 언급했듯이 이런 연구에서 보통 기능적 다양성은 생태계 기능을 설명하는 변수가 된다. Weigelt *et al.*(2008)는 독일 예나(Jena)에서 실험적으로 만든 초본군집(파종으로 종수 및 기능군 수준을 조작했음)을 이용해 종수·기능군의 수·기능적 다양성(FD_{Rao})과 지상부 생산량의 공간적 안정성(변동계수로 나타냈는데 이것은 표준편차/평균값으로 계산)의 관계를 검증했다. 종수·기능군의 수와 생산량의 안정성 사이에는 관계성이 보이지 않았지만, 기능적 다양성과 생산량의 안정성 사이에는 정(+)의 상관관계(변동계수가 커질수록 안정성이 낮기 때문에 그래프상 회귀직선 기울기는 부(-)가 됨)를 나타냈다(그림 3.14). 즉, 이 결과는 군집에서 기능적 다양성도 생태계 기능의 안정성에 공헌하는 중요한 생물다양성 요소 중 하나라는 것을 시사한다.

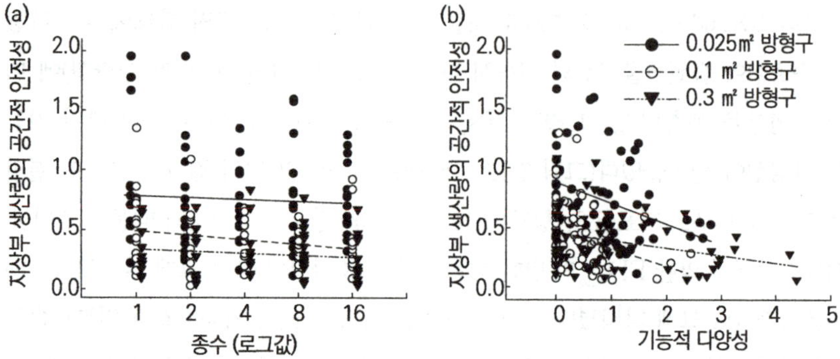

[그림 3.14] 독일 예나(Jena) 초원 실험지에서의 다양성(종수와 기능군의 수를 파종으로 조작)과 지상부 생산량의 공간적 안정성과의 관계

공간적 안정성은 변동계수(=표준편차/평균값)로 산출했기 때문에 값이 높을수록 안정성이 낮다. (a) 종수와 생산량의 공간적 안정성과의 관계. (b) 기능적 다양성(Rao 지표로 계산)과 생산량의 공간적 안정성과의 관계. 생산량의 공간적 안정성은 종수에 의존하지 않았다. 한편, 기능적 다양성이 높을수록 공간적인 생태적 지위가 상보적으로 작동해, 생산량의 공간적 안정성은 높아졌다. 어떤 결과도 방형구 크기에는 의존하지 않았다. Weigelt *et al.*(2008)을 일부 수정.

Box 3.3

▸ 개체간 형질 차이를 고려한 기능적 다양성의 정량화

3.3절에서 소개한 기능적 다양성지수는 종별 형질의 평균값 또는 종별 양에 따라 가중된 형질 평균값을 근거로 산출된다. 그러나 종별 개체 형질은 환경기울기에 따른 국소적응이나 표현형 가역성(phenotypic plasticity), 동종·이종 개체간의 상호작용 등에 의해 많든 적든 변동한다. 종내 형질변이(intraspecific trait variability)가 종간 형질변이(interspecific trait variability)보다 무시할 수 없을 정도로 큰 경우, 종내 형질변이를 고려한 기능적 다양성의 정량화는 군집 및 생태계 기능성에 대한 종내 형질변이의 역할을 생각할 때 중요하다(de Bello *et al.*, 2011; Albert *et al.*, 2012). 즉, 2개의 조사지점에서 종조성 및 종별 양의 분포가 같아도 각 지점에서 종내 형질변이 정도가 다르면 군집 전체의 실질적인 기능적 다양성은 다를 가능성이 크다. 개체간의 특성 차이를 고려하여 군집 전체의 기능적 다양성은

종내의 형질 다양성과 종간 형질의 다양성으로 나눌 수 있다. 이 군집 전체의 기능적 다양성은 Rao's quadratic entropy($\mathrm{FD_{Rao}}$: 3.3.3항)을 기반으로 나타낼 수 있다 (de Bello *et al.*, 2011).

$$\sum_{a=1}^{N_{ind}} \sum_{b=1}^{N_{ind}} P_a P_b \frac{d_{ab}^{\ 2}}{2} = \sum_{j=1}^{N_{sp}} \sum_{k=1}^{N_{sp}} p_j p_k \frac{d_{jk}^{\ 2}}{2} + \sum_{j=1}^{N_{sp}} p_j \sum_{aj=1}^{N_{indj}} \sum_{bj=1}^{N_{indj}} \frac{1}{N_{indj}} \frac{1}{N_{indj}} \frac{d_{abj}^{\ 2}}{2}$$

좌변의 N_{ind} 군집에 포함된 모든 개체수, P_a 및 P_b는 각 개체 a와 b가 속하는 종의 상대우점도, d_{ab}는 개체 a와 b 사이의 형질 비유사성을 나타낸다. 즉, 모든 개체 페어(쌍) 사이의 비유사성을 각각의 개체가 속하는 종의 상대우점도로 가중치를 보탠 값이 된다. 우변 제1항의 N_{sp} 군집에 포함된 종수, p_i 및 p_k는 각각 종 j와 k의 상대우점도, d_{jk}는 종 j와 k 사이의 형질 비유사성이다. 우변 제2항의 N_{indj}는 샘플된 종 j의 개체수, d_{abj}는 종 j의 개체 a와 b 사이의 형질 비유사성이다. 즉, 위 식에서 우변의 제1항은 종간의 형질 다양성, 제2항은 종의 형질 다양성을 나타낸다.

어느 일정의 넓은 공간스케일에서 식물군집을 대상으로 할 때 군집 사이의 종조성 차이(즉, β다양성)이 커지기 때문에 종간의 형질변이가 종의 형질변이보다 커지는 경우가 더 많다(Albert *et al.*, 2011). 또한 특정 군집에 포함된 종이 많을수록 야외에서 개체를 기반으로 형질의 데이터를 수집하는 데 필요한 노력은 커진다. 그러나 Albert *et al.*(2011)가 지적한 바와 같이, 특히 군집집합(community assembly) 패턴 및 프로세스 형질이나 생태적 지위의 진화 등을 이해할 때 종의 형질변이를 고려하는 것이 바람직하다고 본다. 위에 언급한 것 외에도 종의 형질변이를 포함해서 고려한 기능적 다양성 지수가 제안됐다. 자세한 내용은 해당 관련문헌(예를 들어, Cianciaruso *et al.*, 2009, Schleuter *et al.*, 2010)을 참조하기 바란다.

3.4 종의 계통정보를 고려한 다양성 정량화

계통적 다양성(phylogenetic diversity)은 종간 진화적인 관계, 즉 계통 정보를 고려한 다양성의 지표이다. 앞서 언급한 기능적 다양성이 종의 차이를 형질의 차이에 근거해 표현했는데 이 계통적 다양성은 종의 차이를 계통적 차이를 기초로 한다. 생물의 계통관계가 조상으로부터 나눠지는 나무형태로 표현한 것을 계통수(phylogenetic tree)라고 한다(그림 3.15).

계통수는 잎(leaves 혹은 tips), 가지(branches) 및 그 길이(branch length), 마디(nodes), 뿌리(root)로 구성된다. 계통수의 말단인 잎에 각각의 종이 배치된다. 어느 2종에 주목했을 때, 각각의 종에서 세로로 늘어나는 가지가 처음에 연결

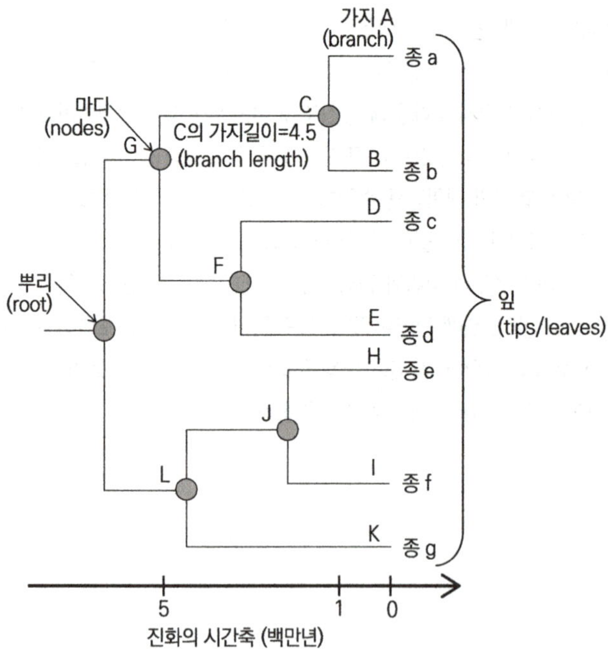

[그림 3. 15] 계통수(phylogenetic tree)와 그 구성요소

한 곳까지의 길이(많은 경우 100만 년 단위의 연대로 나타냄)의 합계가 종간의 계통적 거리이다(그림 3.15의 계통수의 세로축은 거리에 관계하지 않음). 종래 계통수 작성에는 생물형태에 근거하는 형태학적 기법, 화석 기록 등을 이용한 고생물학적 기법 등이 이용되었다. DNA의 해석기술이 발달한 현재는 분자생물학적 기법이 빈번히 이용되고 있어 DNA의 염기배열 데이터를 기초로 분자 계통수(molecular phylogeny 혹은 molecular phylogenetic tree)를 구성할 수 있다. 상세한 계통수의 작성 방법은 Felsenstein(2004)을 참조하기 바란다.

계통적 다양성은 주로 생물다양성 보전의 가치를 군집(혹은 종)에 부여하거나, 군집집합(community assembly)의 패턴 메카니즘을 이해하려는 목적으로 다루었다. 예를 들어, 전자는 종래의 종수가 아니라 계통적 다양성 평가로 보전을 우선해야 할 군집(혹은 지역)을 특정하려는 시도였다(Forest *et al.*, 2007). 후자는 군집이 어떤 환경조건에 제한되는데 '계통적으로 근친종이 그 환경조건에 내성을 가졌을때 군집내 종군에는 계통적 편향이 보이지 않을까'라는 가설 검증을 실시했다(Mayfield and Levine, 2010). 계통적 다양성도 기능적 다양성처럼 다양한 지표가 개발되었다. 다음에서 대표적인 지표에 초점을 맞춰 각각 설명한다.

3.4.1 계통적 다양성 지표

계통적 다양성 계산에 필요한 정보는 대상으로 하는 식물군집의 종조성과 군집을 구성하는 종에 관한 계통정보이다. 계통적 다양성 지표들은 계산 수식이나 개념보다 계통정보로부터 얻어진 어떤 파라미터를 쓰는가에 따라 차이를 보인다. 계통수에서 가지길이 일부를 정량적으로 얻지 못한 경우는 계통수의 모든 가지길이를 1로 해서 계통적 거리를 추출하거나(node-based tree), 계통정보가 기록된 종에 좁혀 계통적 거리를 추출해 계통적 다양성을 정량화한다.

(1) Faith's PD(계통수 가지길이의 총합)

Faith's PD(Faith, 1992)는 FD_d(3.3.1항)의 정량화 순서에 기초한 계통적 다양성 지표로서 계통수의 가지길이를 합쳐 구할 수 있다(식 3.20).

$$\text{Faith's PD} = \sum_{b=1}^{B} L_b \qquad (3.20)$$

L_b는 가지 b의 가지길이, B는 계통수의 가지 수이다. 또한 가지 b에 관련된 종 또는 종군의 양에 대한 평균값 A_b로 가중하면, 식 3.21처럼 양을 고려한 Faith's PD를 구할 수 있다(Barker, 2002).

$$\text{Faith's PD(abundance weighted)} = B \times \frac{\Sigma_{b=1}^{B} L_b A_b}{\Sigma_{b=1}^{B} A_b} \qquad (3.21)$$

군집에 새로운 종이 더해지면 계통수가 커지기 때문에 이 지표는 기본적으로 종수와 정(+)의 상관관계에 있다. 단, 다른 군집간을 비교해 보면 종수가 같아도 한쪽의 군집을 구성하는 종군 계통이 치우쳐 있으면 편향이 없는 군집보다 값이 커진다.

(2) Mean phylogenetic distance(종간 계통적 거리의 평균값)

Mean phylogenetic distance(MPD)는 Rao's quadratic entropy(FD_{Rao})와 같은 지표이다(Rao, 1982). MPD는 군집에서 모든 종의 페어(pair)간 계통적 거리(그림 3.15)를 짝이 되는 종의 양으로 가중하여 나타낸다(식 3.22).

$$\text{MPD} = \sum_{j=1}^{S}\sum_{k=1}^{S} \mathrm{d}_{jk} p_j p_k \qquad (3.22)$$

여기서 d_{jk}는 종 j와 k간 계통적 거리이며, p_j와 p_k는 종 j와 k의 상대우점도이다. 즉, 이 지표는 군집에서 무작위로 복원 추출한 2개체간의 계통적 거리의 기댓값을 나타낸다. d_{jk}=1일때 식 3.22는 심슨의 다양도 지수(1−D : 식 3.4)로 같아진다는 점을 3.3.3항에서 언급했다. 즉, Rao's quadratic entropy를 이용하는 것으로 종다양성, 기능적 다양성, 계통적 다양성이라는 3가지 생물다양성을 통합적으로 정량화할 수 있다(Devictor *et al.*, 2010). 이 값은 군집에서 상대우점도가 높은 종(p_jp_k가 더 커짐)이 다른 종과 계통적으로 먼 친척일 때(d_{jk}가 더 커짐)큰 값이 된다. 종의 양에 관한 정보가 없는 경우(혹은 모든 종의 양이 동일한 경우)도 계산이 가능하다.

(3) Mean nearest neighbor distance(종별 최근친종과의 계통적 거리 평균값)

상기 2개 지표가 계통수 전체에 주목한 지표인 반면, mean nearest neighbor distance(MNND : Webb, 2000)는 계통수 말단 정보에 주목한 지표로 종별 가장 근친한 종과의 계통적 거리 평균값으로 나타내진다. 종의 양도 고려하여 식 3.23으로 나타날 수 있다.

$$\text{MNND(abundance weighted)} = \sum_{j=1}^{S} \min(d_{jk})p_j \qquad (3.23)$$

$\min(d_{jk})$는 종 j와 가장 근친한 종과의 계통적 거리, p_j는 종 j의 상대우점도이다. MNND의 값이 작을수록 계통적으로 근친종이 많은 군집에 존재한다는 것을 시사한다.

3.4.2 계통적 다양성에 관한 연구사례

종래 생물다양성 보전에 있어 대상지 우선순위를 결정할 때 근거 자료가 종다양성 평가였다. 그러나 최근 생물다양성에 관한 정량화 기법이 발전함에 따라 보전 우선순위를 선정할 때 대상지의 생물다양성을 다각적 측면에서 평가하는 것이 중요하다는 점에 이견은 없다. Forest *et al.*(2007)는 남아프리카공화국 케이프의 식생을 대상으로 종다양성과 계통적 다양성의 공간 분포(크기 25㎞×27㎞의 그리드(격자)를 기초로 했음)를 조사했다. 식물분류학상 다양성(taxonomic diversity) 지표로서 속(屬, Genus)의 개수를, 계통적 다양성 지표로서 Faith's PD를 이용했다. 그 결과, 속 개수의 공간분포 패턴은 계통적 다양성 패턴과 매우 부합했고, 동부보다 서부쪽이 속 개수도 계통적 다양성도 높은 경향을 보였다(그림 3.16a, b). 그러나 속(屬)에 대한 계통적 다양성의 국지가중회귀모형

(locally-weighted Regression)의 잔차(殘差, residual)의 공간분포를 보면, 부(-)의 잔차가 되는 그리드가 서부에 집중하는 한편, 정(+)의 잔차가 되는 그리드가 동부에 집중해 있었다(그림 3.16c).

또, 케이프 전체를 구성하는 속(屬) 중에 무작위로 각 그리드를 구성하는 속 개수와 같은 개수를 추출해, 각 그리드의 계통적 다양성 기댓값을 구했다. 그러자 계통적 다양성의 기댓값보다 실측값이 낮은 그리드가 서부에 치우쳐 있었다(그림 3.16d). 이것은 서부 식물상에는 근친하는 속이 상대적으로 많이 들어있는 것을 시사하는 반면, 동부는 속 개수가 서부보다 적은데 비해 계통적으로 다양하고 근친하는 속이 상대적으로 적은 것을 의미한다. 즉, 종분화(種分化)가 상대적으로

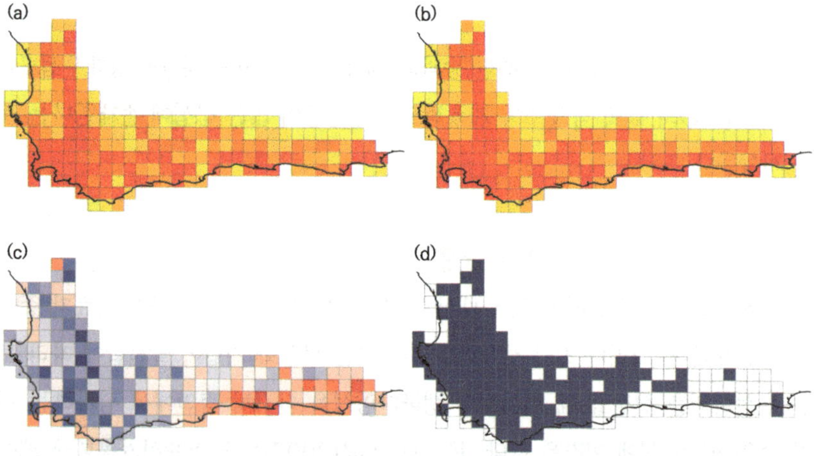

[그림 3.16] 남아프리카공화국 케이프의 식생을 대상으로 종다양성과 계통적 다양성에 관한 공간 분포(크기 25㎞×27㎞의 그리드(격자)를 기초로 했음)를 조사한 결과
(a) 식물의 속 개수에 관한 공간분포 패턴. 노란색에서 붉은색으로 변해가는 것에 따라 그리드값이 커진다. (b) 계통적 다양성의 공간분포 패턴. 노란색에서 붉은색으로 변해가는 것에 따라 그리드값이 커진다. (c) 속 개수에 대한 계통적 다양성의 회귀(국소회귀모형에 의함) 잔차의 공간분포 패턴. 부(-)의 잔차가 커질수록 더 푸른색을 띄고, 정(+)의 잔차가 커질수록 더 붉은색을 나타낸다. (d) 계통적 다양성의 기댓값(본문 참조)보다 실측값쪽이 낮은 그리드(청색 그리드)의 공간분포 패턴. Forest *et al.*(2007)를 수정

최근에 이루어진 서부의 식물상이라는 점을 알 수 있다. 계통진화의 역사에서 생긴 다양성을 보전한다는 기준에서 본다면, 서부보다 동부의 식물상을 우선적으로 보전하는 것이 바람직하다.

계통적 다양성에 주목하는 것으로 군집 집합의 패턴과 그 메카니즘을 추정할 수 있다. Cadotte *et al.*(2010)는 미국 캘리포니아주의 초본식물이 우점하는 여러 개의 대상지에서 식생조사를 실시해, 군집의 외래종군과 재래종군의 계통구조 차이를 검증했다. 계통적 다양성으로서 종의 양에 따른 가중이 없는 Faith's PD, MNND, MPD를 이용했다. 재래종군과 외래종군도 종군의 종수가 증가함에 따라 계통적 다양성(Faith's PD)은 늘어났다. 그러나 외래종군의 계통적 다양성은 모든 대상지의 외래종군(외래종의 풀(pull))으로부터 무작위로 선택된 종군의 계통적 다양성 기댓값보다 낮은 경향을 보였다(그림 3.17a). 반면, 재래종군의 계통적 다양성은 대체로 기댓값과 차이가 없고, 일정한 종수 수준 이상에서는 오히려 기댓값보다 높은 경향을 나타냈다(그림 3.17b). MNND 및 MPD에서도 동일한 경향을 보였는데 특히, 낮은 종수 수준에서 기댓값보다 계통적 다양성이 크게 동떨어지게 낮았다. 즉, 외래종군은 국지적으로 계통적 근친종이 더 많이 모여 구성되는데 비해 재래종군은 계통적으로 훨씬 더 다양한 종으로 구성되는 것을 의미한다. 조사한 여러 개의 대상지 전체의 계통적 다양성을 조사구 스케일(α다양성 : PD_α), 조사구간 스케일(β다양성 : PD_β), 조사대상지 전체의 스케일(γ다양성 : PD_γ)에 덧셈분할(加法分割, additive partitioning)(3.5.1항) 하면, 외래종군의 PD_γ에 대한 PD_β의 비율은 PD_α비율과 크게 변하지 않았지만, 재래종군의 PD_γ에 대한 PD_β의 비율은 PD_α비율을 크게 웃돌았다(그림 3.18). 외래종군의 α다양성이 높다는 것은 침입해 정착하기 쉬운 외래종의 계통군(系統群, clade : 공통선조에서 진화한 생물군)이 퍼질 가능성을 시사한다.

한편 재래종군은 넓은 공간스케일(대상지 전체의 스케일)에서의 환경 필터링(국소적인 환경요인에 의한 생물종 정착과 성장의 제한)의 영향에 의해 계통적인 갱신이 커졌다고 생각된다. 이와 같이 재래종군과 외래종군의 군집집합 패턴은 이런 종군의 진화역사를 반영한다고 생각할 수 있다. 훗날 외래종의 침입이 진행되

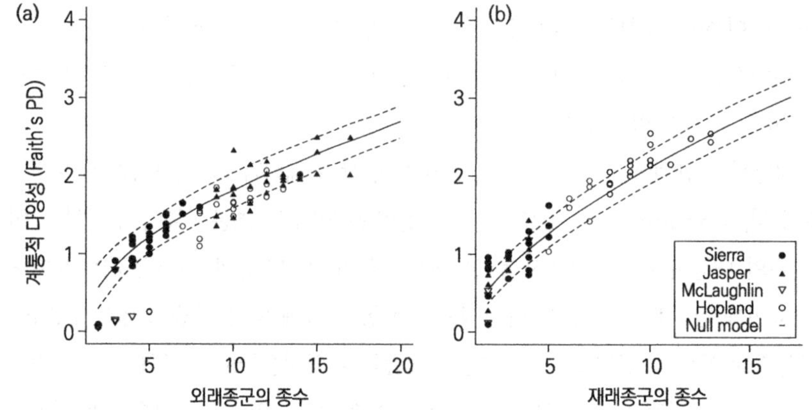

[그림 3. 17] 미국 캘리포니아주 초본군집에서의 외래종군과 재래종군의 계통적 다양성 (Faith's PD)을 조사한 결과

(a) 외래종군의 종수와 Faith's PD의 관계, (b) 재래종군의 종수와 Faith's PD의 관계. 기호는 각 대상지를 나타낸다. 그림 안의 실선은 각각의 종수 수준으로 모든 대상지의 외래종군(혹은 재래종군)에서 무작위로 선택된 종군의 계통적 다양성의 평균 기댓값을 나타낸다. 점선은 95%의 신뢰구간. Cadotte *et al.*(2010)를 일부 수정.

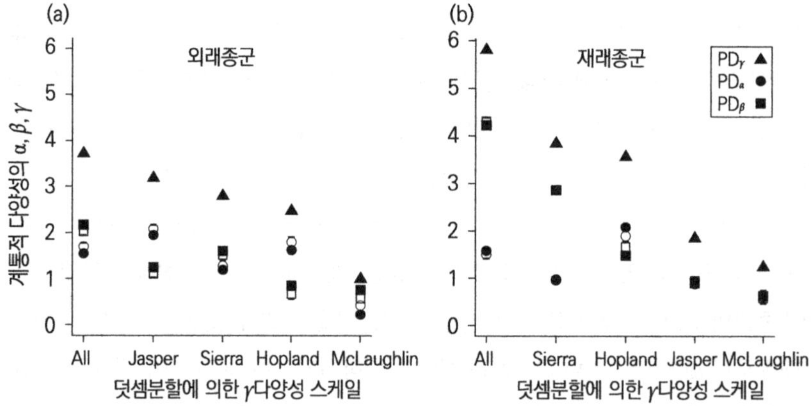

[그림 3. 18] 미국 캘리포니아주 초본군집에서의 외래종군과 재래종군의 계통적 다양성의 덧셈분할 결과

조사한 여러 개의 조사지 전체(All) 또는 각각의 조사지(Sierra, Hopland, Jasper, McLaughlin)에서의 계통적 다양성, 조사구 전체 스케일(α다양성 : PD_α), 조사구간 스케일(β다양성 : PD_β), 조사구 스케일(γ다양성 : PD_γ)에 덧셈분할(3.5.1항)을 실시했다. 검은색 기호는 실측값을, 흰색 기호는 덧셈분할의 대상이 된다. 각각 γ다양성의 스케일에서의 계통적 다양성의 α 및 β의 기댓값 평균값을 나타낸다. Cadotte *et al.*,(2010)를 일부 수정.

면, 지역전체 식물군집에서 계통적인 균질화(phylogenetic homogenization)로 이어질 우려가 있다.

생물다양성과 생태계 기능의 관계 연구에서도 계통적 다양성 지표로서의 유효성이 주목된다. Flynn *et al.*(2011)은 초원·초지에서 조사한 29개의 생물다양성 실험데이터를 대상으로 계통적 다양성 및 기능적 다양성이 미치는 지상부 생체량 효과를 확인했다. 기능적 다양성의 정량화 분석에는 FD_d(3.3.1항)를, 계통적 다양성에는 Faith's PD를 썼다. 그 결과, 계통적 다양성 및 기능적 다양성이 주는 지상부 생체량 효과가 강하지 않았지만, 생태계 기능을 설명하는 유효한 지표라는 점을 밝혔다(그림 3.19). 특히, 야외에서 모두 측정할 수 없는 형질(혹은 중요하지만 측정이 곤란한 형질)의 종간 차이가 계통적 다양성으로 파악되는 경우, 기능적 다양성보다 계통적 다양성쪽이 생태계 기능을 잘 설명하는 유효한 지표가 될 수 있다(Cadotte *et al.*, 2011). 종다양성, 기능적 다양성, 계통적 다양성이라는 다양성 지표를 포괄적으로 이용함에 따라 생물다양성 소실이 생태계 기능에 미치는 영향을 더 깊게 이해할 수 있지 않을까 싶다.

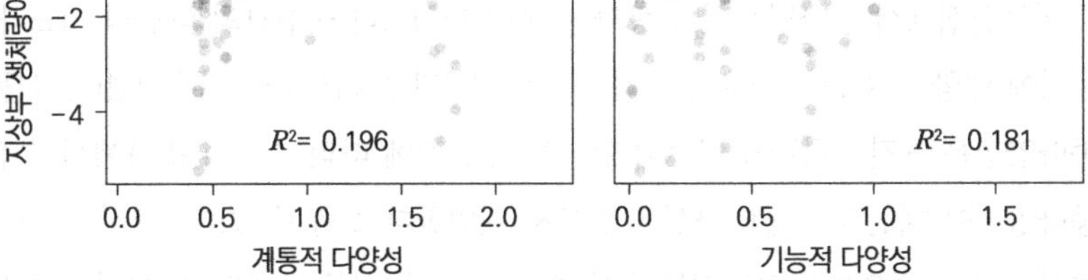

[그림 3.19] 계통적 다양성 (a) 및 기능적 다양성 (b)의 증가에 따른 지상부 생체량의 실제 증가 효과
29개의 초원·초지에서 조사한 생물다양성 실험데이터를 이용한 결과.
Flynn *et al.*(2011)을 일부 수정.

3.5 다양성의 공간스케일

군집의 공간스케일이 커질수록 군집내 종은 많아진다. 이 종수와 면적의 관계는 종의 멸종과 이입에 관한 생태학이나 생물지리학의 고전적 과제이며, 지금까지 수많은 연구가 이루어졌다. 종수와 면적의 관계에서 알 수 있듯이, 보통 종다양성은 공간스케일에 의존하기 때문에 소면적에서 다양성이 높았던 군집이 대면적에서도 다양성이 높아진다고는 할 수 없다. 예를 들어, 일정한 소면적에서 건조초원의 종수가 열대우림보다 많다 하더라도, 일정한 대면적에서 보면 열대우림의 종수가 건조초원보다 많아진 경우도 있다. 이 다양성의 공간스케일 의존성을 이해하기 위한 중요한 개념이 α, β, γ다양성이다. 일반적으로 최소조사단위(방형구 등) 크기에서의 다양성을 α다양성이라고 하며, 대상 지역 전체의 다양성을 γ다양성이라고 부른다. 조사 방형구간이나 조사 대상지간 등 종조성의 차이에서 생기는 다양성을 β다양성이라고 한다. 특히, β다양성은 종의 공간분포 패턴을 반영하며, 그 뒷배경에는 어떤 생태적인 프로세스(멸종·이입, 경쟁배제, 촉진작용 등)가 작용한다. 요즈음 해석기술이 발달함에 따라 다양성의 공간요소(α, β, γ다양성) 평가나 종의 공간분포 패턴과 그 뒷배경이 되는 생태학적 메카니즘 검증이라는 연구가 크게 진전되고 있다. 이 절에서는 다양성의 공간요소, 종수–면적 관계, 다양성의 공간패턴에 관련된 해석기법에 대해 연구사례를 들며 해설한다.

3.5.1 다양성의 공간요소(α, β, γ다양성)

식물군집에서 종다양성의 정량화를 통해 지역이나 군집간의 다양성 비교나 다양성에 영향을 주는 환경요인을 검증하는 연구가 오래전부터 이루어졌다. 식물의 종다양성은 공간스케일에 의존해 형성하여, 군집에 따라 소면적 조사에서 수집된 종다양성이 대면적의 종다양성을 반드시 대변한다고 할 수 없다. 요사이 생물다양성 보전의 중요성이 강조되는 흐름 속에서 공간스케일을 고려한 다양성 평가나 보전계획이 필요하다(1.4절 참조). 이곳에서는 다양성 지표 중 하나인 '종수'를 이용해 공간스케일을 생각할 때 중요한 개념인 α, β, γ다양성에 대해 논의하고자 한다.

식물종수는 지역이나 환경에 따라 크게 달라진다는 것이 경험적으로 알려져 있다. 아르헨티나 초원에서는 조사구 1㎡에 89종의 식물(Cantero *et al.*, 1999)이 분포하고, 코스타리카 산림에서는 조사구 10㎡에 233종이 생육하는 환경이 존재했다(Whitmore *et al.*, 1985). 효고현(兵庫県) 남동부의 계단식 논두렁에 형성된 반자연 초지(5.4절 참조)에서는 조사구 0.5㎡에 평균 17종 정도가, 조사구 1㎡에서는 평균 22종 정도의 식물종이 자랐다. 이처럼 식물종수는 면적, 환경이나 지역마다 달라진다는 것을 간파할 수 있다. 식물의 종다양성을 정량화하려면, 공간스케일마다 다양한 종이 다른 패턴에 따라 모여있다는 것을 고려해야 한다. α, β, γ다양성의 개념이 최근 여러 가지로 다양해져 많은 수식과 해석이 존재하지만(Tuomisto, 2010; Anderson *et al.*, 2011), 그 중에서 대표적인 것을 소개한다.

우선 다양성의 공간스케일에 대해 생각하기 위해 지역과 조사 대상지를 가정하자(표 3.3). 지역 A에서는 조사지 1, 2, 3에 각각 3종이 분포해 지역 전체가 9종이다. 지역 B는 조사지마다 각각 3종이 생육해, 지역 A의 조사지와 종수는 동일하지만 지역 전체에서는 3종으로 지역 A보다 적다. 지역 C는 조사지마다 2종씩 분포해, 지역 전체에서는 4종이다. 마지막으로, 지역 D는 조사지마다 5, 3, 4종으로 지역 전체로는 9종이 자란다. 이런 차이에서 어느 지역을 '종이 다양하다'라고 할 수 있을까? 이 차이를 해석할 때 중요한 개념이 α, β, γ다양성이다.

[표 3.3] 지역 조사지별로 생육하는 식물종.
알파벳은 각각 종을 나타낸다.

지역	식물종		
	조사지 1	조사지 2	조사지 3
A	ⓐⓑⓒ	ⓓⓔⓕ	ⓖⓗⓘ
B	ⓐⓑⓒ	ⓐⓑⓒ	ⓐⓑⓒ
C	ⓐⓑ	ⓑⓒ	ⓒⓓ
D	ⓐⓑⓒ ⓓⓔ	ⓓⓔⓕ	ⓕⓖ ⓗⓘ

(1) α다양성(alpha diversity)

α다양성은 어느 특정 군집에 생육하는 식물의 다양성을 가리킨다. 조사구를 기준으로 식물종수를 비교하는 경우, 어느 특정 면적의 방형구를 설정해(예로 10㎡), 그 중에 생육하는 식물종수를 α다양성으로 한다. 표 3.3에서 보면, 지역 A, B에서는 α다양성은 3종씩, 지역 C에서는 2종, 지역 D에서는 평균 4종이 된다. 조사구 크기나 환경조건에 따라 α다양성은 크게 변한다. 때문에 식물다양성을 비교할 때 조사하는 면적을 통일하는 것이 중요하다(1.4절 참조). α다양성(Whittarker, 1975)은 군집 혹은 조사구를 기초로 다양성을 평가할 때에 자주 쓰이는 개념이다.

(2) γ다양성(gamma diversity)

α다양성의 집합체가 어느 지역 혹은 군집에 생육·생식하는 모든 종수·종다양성이며, γ다양성이라고 정의한다(Whittaker, 1975). 지역 A 및 D에서의 γ다양성은 9종, 한편 지역 B는 3종이다. 이와 같이 α다양성과 γ다양성은 각 지역마다 다른 패턴이 검출된다. 이것들은 β다양성을 고려하는 것으로 밝혀진다.

(3) β다양성(beta diversity)

β다양성이란 어느 군집과 군집간, 지역과 지역간 혹은 조사지와 조사지간에 있어서 어느 정도 다양성이 다른지를 수치로 평가하는 것이다. Whittaker (1975)는 환경기울기에 따른 종조성의 변화를 β다양성 개념으로 평가했다. β다양성의 개념이 아직도 발전하고 있으며, 그 정의도 매우 광범위하다(Tuomisto, 2010; Anderson *et al.*, 2011). 그 중에서 식물의 종다양성을 효과적으로 평가 가능한 대표적인 2가지를 소개한다.

β다양성에는 곱셈 기법(multiplicative partitioning of species diversity : Whitterker, 1975)과 덧셈 기법(additive partitioning of species diversity : Veech *et al.*, 2002)이 있다. 전자를 β_w, 후자를 β_{add}로서 수식은 각각 다음과 같다.

$$B_w = \gamma / \alpha \tag{3.24}$$

$$B_{add} = \gamma - \alpha \tag{3.25}$$

여기서 α 및 γ는 각각 상술한 개념이다. 이 단순한 식에서 유도된 β다양성은 γ다양성에 대한 α다양성의 '비율'과 '절대값'인 것을 알 수 있다. 여기서 가정한 지역과 조사지(표 3.3)를 이용하고, 공간스케일을 고려한 식물다양성의 차이를 생각해 보자. 우선 각각의 군집에서 α, β_w, β_{add}, γ의 값을 계산한다. 여기에서는 β다양성에 관해서는 수식(β_w : 식 3.26, β_{add} : 식 3.27)을 이용해 지역내의 조사지 수를 N, i를 조사지의 ID로서 4지역에 대하여 각각의 다양성 값을 산출했다(표 3.4).

$$B_w = \gamma / \overline{\alpha} \tag{3.26}$$

$$B_{add} = \frac{1}{N} \sum_{i=1}^{N} (\gamma - \alpha_i) \tag{3.27}$$

결과, α다양성에 관해서는 지역 D가 가장 높고, β_w, β_{add}는 지역 A가 가장 높았다. 지역 B, C 및 D에서 β_w와 β_{add}는 반드시 서로 상관하지 않음을 시사한다. α뿐만 아니라 β를 고려하는 것이 γ다양성 평가에 중요하다는 것을 알 수 있다. β_w는 지역내 조사지마다 종수가 바뀌는 '비율'을 구한 값이며, β_{add}는 어느 조사지에 존재하지만 그 외의 조사지에 존재하지 않는 종의 '종수의 절대값'을 구한 것이다.

연구에서 밝히고자 하는 목적에 따라 적절한 지수를 써야 한다. 경우에 따라서는 양쪽 모두의 지수를 써서 식물다양성의 논의가 필요하다.

식물의 종다양성 평가에서 지역마다 3곳의 조사지만을 골랐지면, 표 3.4에서 나타낸 γ다양성이 적합하다. 그러나 현실세계에서는 지역내 혹은 군집내 식물의 종다양성을 명확히 파악하기 위해 가능한 많은 조사지를 조사한다. 계산한 β_w가 불변한다고 가정하면, 조사지 개수 증가에 따라 지역 A가 D보다 많은 종을 포함한 지역이라고 평가할 수 있다.

[표 3.4] 표 3.3의 데이터에서 얻은 지역마다의 α, β_w, β_{add}, γ의 값

지역 \ 다양성	α	β_w	β_{add}	γ
A	3.0	3.0	6.0	9.0
B	3.0	1.0	0.0	3.0
C	2.0	2.0	2.0	4.0
D	4.0	2.25	5.0	9.0

소개한 β다양성의 지수는 군집이나 조사구간의 불균질성을 종수 기준으로 산출하는 것이다. 하지만 종조성의 불균질성에 대해서는 유사도지수 혹은 상이도지수로 불리는 지수가 존재한다(2.2절 참조). 유명한 지수로서는 종을 기초로한 Sørensen, Jaccard 지수가 있으며, 개체를 가미한 Bray-curtis, Chao-Sørensen 지수 등이 있다.

이상으로 특정지역에서 공간스케일의 다양성을 평가하는데 중요한 지표인 α, β, γ다양성에 대해 설명했다. 덧붙여, β다양성의 종수뿐만 아니라 종의 교체 즉, 종조성이 지역, 군집이나 조사지마다 차이를 파악하기 위한 종의 공간분포 패턴에 대한 지표(turnover, nestedness, checkerboard 등)는 3.5.3항에서 설명한다. 또, 지역에 존재하는 종을 모두 정량화하는 것은 현실세계에서는 불가능에 가깝다(인력과 시간을 대규모로 투입하면 혹시 가능할지도 모름). 때문에 지역 혹은 군집의 γ다양성을 추정하는 기법인 'rarefaction curve'가 제안되었다. 이것에 대해서는 Box 3.4에서 설명한다.

3.5.2 종수-면적 관계

종수와 면적의 관계(species-area relationship)는 생태학에서 흥미로운 주제로 논의의 중심에 서있고, 지금까지 수많은 연구보고와 함께 화제거리를 제공했다. Rosenzweig(1995)에 의하면 Watson(1859)이 처음으로 종수와 면적의 관계에 대해 언급했다. 이 연구에서 영국 서리(Surrey)지역에서 그레이트 브리튼섬

(Great Britain) 전체에서 종수-면적 관계를 명확하게 밝혔다.

몇 개의 반증을 제외하면, 통상 넓은 면적이 좁은 면적보다 더 많은 종이 산다는 것을 경험적으로 알 수 있다(예를 들어, Watson, 1859; Dony, 1963; Huston, 1994; Rosenzweig, 1995). 여기서 대표적인 연구사례를 소개한다.

Dony(1963)는 영국 잉글랜드 남동부에 위치한 하트퍼드셔(Hertfordshire) 지역에서 그레이트 브리튼섬까지 면적이 서로 다른 지역에서 식물의 종수와 면적의 관계를 밝혔다. 그 관계를 식 3.28로 나타낸다.

$$S = cA^{z} \qquad (3.28)$$

S는 종수, z는 기울기 계수, A는 면적, c는 절편이다. X축, Y축에 대해 로그 변환한 수치를 이용한 직선회귀는 식 3.29로 나타낼 수 있다.

$$\text{Log}\,S = z\log A + \log c \qquad (3.29)$$

상기 2개의 식이 보통 많이 쓰이며, 직선회귀가 가능하여 식 3.29가 연구에 더 자주 쓰인다. 이런 파라미터가 쉬우면서 적절하게 종수-면적의 관계를 설명할 수 있다(그림 3.20).

또한 Cowling *et al.*(1989)이 남아프리카에서 조사한 데이터를 Rosenzweig (1995)가 그림으로 표현한 것을 소개한다(그림 3.21). 이 그림에서는 5곳의 생태계마다 종수-면적 관계를 나타냈다. 모든 환경에서 면적이 커지는 것에 따라 종수는 많아지는 경향을 알 수 있다. 다만, 핀보스(Fynbos, 관목식생)와 그 이외의 생태계에서는 약간의 기울기(z값) 차이와 절편(c값)이 다름이 밝혀졌다. 따라서 어느 나라나 지역 안에서도 식물군집의 환경조건이 달라져, 종수-면적의 관계에서 차이가 생길 것이다. 종수-면적의 관계에 대해 한층 더 발전적인 내용은 Rosenzweig(1995)나 Triantis *et al.*(2003)를 참조하길 바란다.

종수-면적 관계에 대한 생각은 생물다양성 평가나 그 형성기작 해명에서 중요

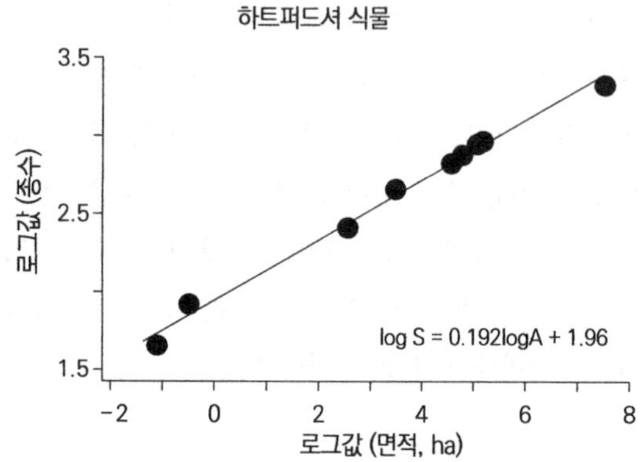

[그림 3.20] 하트퍼드셔(Hertfordshire)에서의 식물종수와 면적의 관계. Rosenzweig(1995)를 일부 수정.

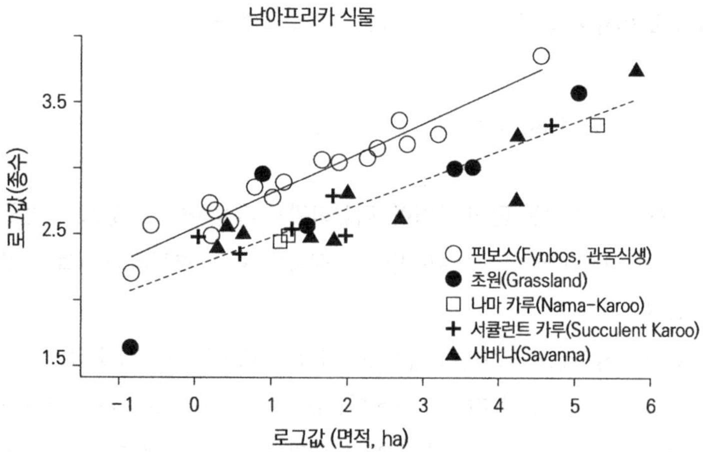

[그림 3.21] 남아프리카에서 환경별 식물종수와 면적의 관계. Rosenzweig(1995)를 일부 수정.

하다. 또한 조사방법을 결정할 때에도 필요하다. 공간스케일을 고려한 식물종다양성 평가를 실시할 때에 중요해지는 것이 데이터의 '해상도(grain)'이다(1.4절 참조). 비교하는 데이터별 조사면적이 차이가 나면 정량적인 평가를 실시하기 어렵다. 식물군집의 특징을 종수나 종다양성지수 등을 이용해 정량적으로 평가하기 위해선 적절한 조사면적을 설정할 필요가 있다. 따라서 지역이나 군집간에 α, β, γ다양성을 비교할 때는 '면적'이라는 공간 파라미터를 고려하는 것이 매우 중요하다.

Box 3.4

▸ γ다양성 추정 (rarefaction curve에 의한 해석)

광역적인 지역에서 생물다양성(γ다양성)을 알려면, 이 지역을 모두 조사해야 한다. 종수-면적 관계를 파악하려면 엄청난 수고와 시간이 필요하고, 모든 종을 정량화하는 것은 현실상 어렵다. 그렇기 때문에 많은 샘플(특정 면적을 설정한 조사구 등)을 수집해, 여기에서 면적에 대한 종수의 누적 증가를 추정하는 기법인 'rarefaction curve'를 이용하고, 지역 또는 군집의 γ다양성을 밝히는 시도가 있었다.

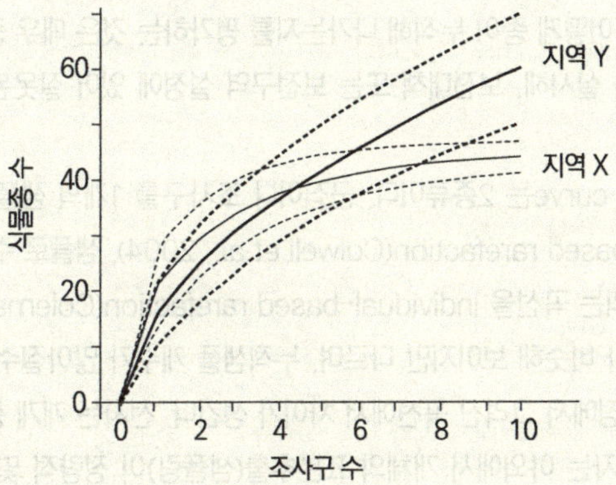

그림. Rarefaction curve를 이용해 각 지역의 종수를 평가한 결과

여기에서는 rarefaction curve(Colwell *et al.*, 2004)에 대해 가상의 지역 X, Y를 이용해 소개한다. 이 2개의 지역에서 식물의 종다양성을 비교할 때 지역 X, Y에서는 각각 10곳의 조사구를 조사했다고 가정해, 가상데이터를 구축했다. 여기에서는 1곳의 조사구를 1개의 샘플로 해서 rarefaction curve를 작성했다. 지역 X, Y에서 α다양성의 평균값은 각각 21.5종, 16.5종으로 지역 X가 더 컸다. 한편, 지역별 γ다양성은 X가 44종, Y가 60종으로 α다양성과 달리, 지역 Y쪽이 더 컸다. 이것으로 조사구를 1~10까지 추가 계산해 나감에 따라 누적종수는 1개의 군집보다도 2, 3배로 늘어가는 것을 알 수 있다(그림).

그 결과, 조사구 수가 적은 경우(3 이하)에서는 누적종수의 증가 기울기가 급하고, 지역 Y보다 지역 X의 식물종이 더 많았다. 그러나 조사구를 더 늘려 누적종수를 추적하면, 지역 X에서는 서서히 식물종의 증가율이 감소해 최종적으로 더 이상 증가하지 않는 포화상태가 예상된다. 즉, 10곳 이상 조사하더라도 지역의 종수는 늘어나지 않을 것이다. 반면, 지역 Y에서는 조사구 수를 늘리는 것으로 식물종이 증가하는 경향을 보였다. 또, 조사구 수 4를 넘는 근처에서 누적종수가 지역 X보다 많아져 역전되었다. 이 'rarefaction curve'는 지역이나 어느 군집의 γ다양성을 추정하는데 매우 유용한 방법이다.

이 결과로 지역에서의 생물다양성 보전을 제언할 수 있다. 지역 Y의 α다양성은 X보다 낮기는 하지만, 많은 조사구를 평가함에 따라 γ다양성이 증가하는 경향으로 더 넓은 지역을 보전하는 것이 중요하다. 이처럼 다른 지역(군집)을 비교할 때 조사구 수(군집 수)에 대해서 어떻게 종이 누적해 나가는지를 평가하는 것은 매우 중요하다. α다양성만으로 해석을 실시해, 보전대책 또는 보전구역 설정에 있어 잘못된 의사결정으로 이어질 수 있다.

Rarefaction curve는 2종류이다. 군집이나 조사구를 1개의 샘플로 평가하는 경우를 sample-based rarefaction(Colwell *et al.*, 2004), 샘플로 수집한 모든 개체수를 이용해 그리는 곡선을 individual-based rarefaction(Coleman, 1982) 이라고 한다. 2가지가 비슷해 보이지만 다르며, 누적샘플 개수가 많아질수록 근사값이 되지만, 누적의 가정에서 그려진 곡선에서 차이가 생긴다. 전자는 개개 종의 공간분포에 영향을 받고, 후자는 야외에서 개체의 표본추출(샘플링)이 정량적 및 무작위로 실시되느냐에 영향을 받는다. 대표적인 연구로 다양한 생물 개체수를 정량화해, sample-based rarefaction과 individual-based rarefaction의 비교한 연구사례(Gotelli and Colwell, 2001)가 있다. 식물에서는 종별 개체수를 정량화 가능한 것과 곤란한 것이 있다. 예를 들어, 수목 개체를 정량화 가능한 생태계에서는 individual-based rarefaction이 유효하며, 초본식물이 우점하는 초원생태계 등에서 각각 조사구의 개체수를 파악하기 어렵기 때문에 sample-based rarefaction이 유효할 것이다. 이런 'rarefaction curve'는 요즈음 컴퓨터 기술이 발전해 그리는 것이 쉽고, 향후 식물다양성 평가에 매우 효과적인 방법일 것이다.

3.5.3 다양성의 공간 패턴

어느 지역에서 군집간 β다양성은 종의 공간분포 패턴을 반영한다. 종의 공간분포 패턴은 군집생태학이나 생물지리학의 이론에 의해 크게 4가지로 구분된다. 이것들은 중첩구조(nestedness)로 되는 패턴(그림 3.22a), 서양장기판(checkerboard) 패턴(그림 3.22b), 종의 갱신(species turnover)에 의한 패턴(그림 3.22c, d), 무작위 패턴(그림 3.22e)이다(Leibold and Mikkelson, 2002; Almeida-Neto *et al.*, 2007; Ulrich and Gotelli, 2013).

무작위 패턴은 중첩구조(nestedness), 서양장기판, 종 갱신패턴 등과 어느 것에도 들어맞지 않는 공간적으로 규칙성이 없는 패턴이다. 종의 공간분포 패턴 해석은 종의 유·무(또는 재·부재) 데이터를 기본으로 한다.

중첩구조는 종수가 작은 군집이 더 큰 군집의 부분집합이 되는 구조를 가리킨다(그림 3.22a). 도서(섬) 생태계를 모델로 한 중첩구조 이론에 의하면, 군집의 중첩구조는 군집으로의 종이입과 멸종의 프로세스로부터 귀결된다고 본다. 다시 말해 섬들의 경우에는 면적이 큰 섬은 환경수용력이 높기 때문에 더 많은 종을 수용할 수 있는 반면, 작은 섬은 국지멸종에 의해 종을 많이 수용할 수 없다. 또 육지

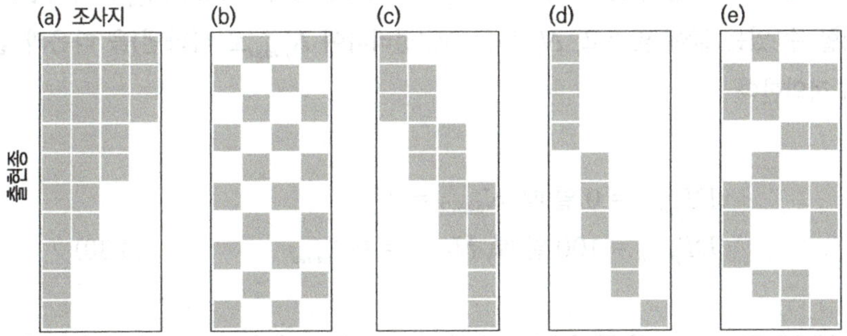

[그림 3.22] 예측되는 종의 공간분포 패턴

(a) 중첩구조(nestedness)로 된 패턴. (b) 서양장기판(checkerboard) 패턴.

(c, d) 종 갱신(species turnover)에 의한 패턴. (e) 무작위 패턴.

에 가까운 섬은 육지로부터 생물종 이입확률이 높으므로 더 많은 종이 유입될 수 있다. 이것에 의해 중첩구조가 형성된다. 게다가 보통 큰 면적의 섬은 다양한 서식 환경을 가지기 때문에 생태적 지위가 다른 생물종을 많이 수용한다고 예측 가능하다. 중첩구조의 이론적 배경에 대한 상세한 생태학적인 메카니즘 해설은 Ulrich *et al.*(2009)를 참조하기 바란다.

지금까지 중첩구조를 검증하는 방법이 몇 개정도 제안되었는데 여기에서서는 통계적으로 강인성이 검증된 NODF(nestedness metric based on overlap and degreasing fill)라는 기법을 소개한다(Almeida-Neto *et al.*, 2008). NODF는 종의 유·무 데이터에서 각각의 행(行)과 열(列)을 채우는 종수의 감소(decreasingfill : DF), 그리고 행간 및 열간의 짝(pair)에서 출현종이 겹치는 비율(paired overlap : PO)에 근거해 계산된다.

우선, 종의 유·무 데이터(m행×n열로부터 됨)를 각각 행과 열의 출현종수의 소계(marginal total : MT)에 근거하고, 행은 더 상위의 행이 소계가 커지도록, 열은 더 왼쪽으로 배치되는 열의 소계가 커지도록 재배열한다. i행과 j행의 짝(i행은 j행보다 상위에 있음)에 대해서 DF_{ij}는 $MT_i > MT_j$ 때 100으로 해, $MT_i \leq MT_j$ 때 0으로 한다. k열과 l열의 짝(k열은 l 열보다 왼쪽에 있음)에 대해서도 마찬가지다. PO_{ij}는 j행의 어느 열의 1(종이 존재)에 대해서 i행의 어느 열도 1인 비율로 한다. PO_{kl}도 이처럼 구할 수 있다. DF_{ij} 혹은 DF_{kl}(정리하여 DF_{paired}로 나타냄)이 취할 수 있는 값에 맞추고, N_{ij} 혹은 N_{kl}(정리하여 N_{paired}로 나타냄)을 다음과 같이 정의한다.

$$
\begin{aligned}
&DF_{paired} = 0 \text{ 일 때, } N_{paired} = 0 \\
&DF_{paired} = 100 \text{ 일 때, } N_{paired} = PO_{paired}
\end{aligned}
\qquad (3.30)
$$

NODF는 N_{paired}의 합계를 행 및 열 짝의 총수로 나눠 식 3.31과 같이 구할 수 있다.

$$\mathrm{NODF} = \frac{\Sigma N_{paired}}{\frac{n(n-1)}{2} + \frac{m(m-1)}{2}} \qquad (3.31)$$

그림 3.23은 4행×4열로 되어 있는 단순한 종조성 데이터에 대한 NODF의 계산 예이다. 그림 3.23b처럼 종조성이 완전한 중첩구조가 되어 있을 때 NODF는 최대값 100을 취한다. 중첩구조가 강할수록 NODF는 높은 값을 갖는다. 다만, 실제 군집의 종조성 데이터에서 완전한 중첩구조(nestedness)를 볼 수 있는 경우는 거의 없다(Davidar *et al.*, 2002; Louzada *et al.*, 2010; Sasaki *et al.*, 2012).

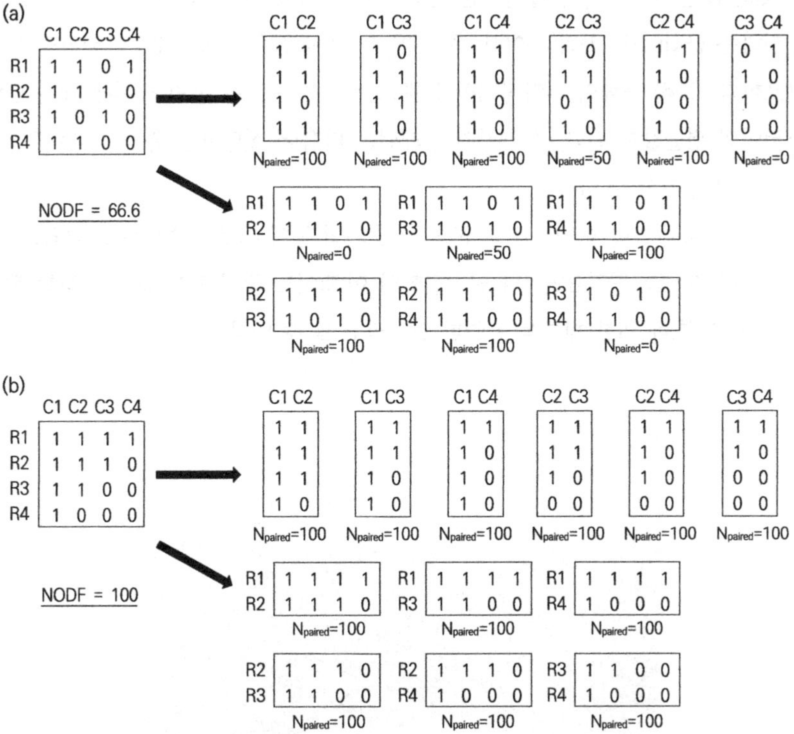

[그림 3.23] 4행× 4열로 되는 종조성 데이터에 대한 NODF(nestedness metric based on overlap and decreasing fill)의 계산 개념도(상세한 계산방법은 본문 참조)
(a) 불완전한 중첩구조인 경우, (b) 완전한 중첩구조의 경우

서양장기판 패턴(그림 3.22b)은 군집간에 종분포가 상보적 관계로 되는 패턴으로 경쟁배제가 강하게 일어난다는 것을 의미한다. 그림 3.22b의 예는 종조성 데이터에서 행과 열이 모두 상보적 관계로 되어 완전한 서양장기판 패턴(Diamond, 1975)이 된다. 이때 상기의 NODF(식 3.31)값은 최소값 0이 된다(즉, 중첩구조가 존재하지 않음). 임의의 종 *i* 및 *j*의 짝(페어)에 대한 서양장기판 분포의 스코어(CS_{ij} : Stone and Roberts, 1990)는 식 3.32로 나타낼 수 있다.

$$CS_{ij} = (R_i - S)(R_j - S) \qquad (3.32)$$

R_i와 R_j는 종 *i* 및 *j*가 출현하는 군집(조사지)의 수, S는 종 *i* 및 *j*가 양쪽 모두 출현하는 군집(조사지)의 수이다. 즉, CS_{ij}가 큰 값일수록 종 *i* 및 *j*는 배타적으로 분포한다. 군집 전체의 서양장기판 분포의 스코어는 모든 종의 페어에 대한 CS 스코어의 평균값이 된다. 서양장기판 패턴은 다음에 설명하는 종갱신 패턴의 극단적인 예라고 할 수 있다.

종갱신 패턴(그림 3.22c, d)은 군집별 몇 개의 종이 새로운 종으로 교체되는 것을 시사한다. 즉, 환경요인이나 군집집합의 이력(어느 종이 먼저 군집에 정착했는가 하는 이력)에 의한 제한을 반영한 결과라고 볼 수 있다.

[그림 3.24] 아오모리현(青森県) 핫코다산계(八甲田山系)에 펼쳐진 고산 습원군(필자 촬영). 산림에 둘러싸여 습원이 다수 산재해 있다.

여기에서는 종갱신 지수의 하나인 β_{SIM}(Simpson-based multiple-site dissimilarity : Baselga, 2010)을 소개한다.

$$\beta_{SIM} = \frac{[\Sigma_{i<j}\min(b_{ij},b_{ji})]}{[\Sigma_i S_i - S_T] + [\Sigma_{i<j}\min(b_{ij},b_{ji})]} \qquad (3.33)$$

b_{ij} 및 b_{ji}는 각각 군집(조사지) i에는 출현하지만 군집 j에는 출현하지 않는 종의 수, 군집 j에는 출현하지만 군집 i에는 출현하지 않는 종수이다. S_i는 군집 i에서의 종수, S_T는 모든 군집의 종수(즉, γ다양성)이다. 군집간 종갱신 가능성이 클수록 큰 값을 갖는다. 그림 3.22d처럼 군집간에 종이 완전하게 갱신되면(즉, β다양성이 최대가 되는 패턴), β_{SIM}은 최대값 1을 취한다. 덧붙여, 이 경우도 중첩구조가 존재하지 않기 때문에 NODF(식 3.31)는 0이 된다. 반대로, 완전한 중첩구조(그림 3.23b)의 경우, β_{SIM}은 최소값 0을 취한다(즉, 종갱신이 전혀 없음). 종갱신에서는 그 밖에도 다양한 지수가 제안되었으며, 자세한 내용은 Baselga(2010)를 참조하기 바란다.

고산습원처럼 공간적으로 파편화된 조각(패치)에 생육하는 식물군집(그림 3.24)에서 그 구조가 종종 중첩구조(nestedness)를 보이기도 한다. Sasaki *et al.* (2012)는 아오모리현(青森県) 핫코다산계(八甲田山系)의 고산습원에서 식물군집이 무작위로 구성된 종조성과는 유의미하게 다른 중첩구조를 가졌는지를 확인했다. 습원 조사지마다 얻은 30개 방형구(6개의 트란섹트방법으로 배치한 5개의 방형구)의 데이터를 한 덩어리로 해서 식물종의 유·무 데이터를 작성해, 출현종×습원 조사지(98종×28조사지)의 유·무 종조성 데이터를 작성했다. 중첩구조 해석을 위해 개발된 ANINHADO라는 프로그램(Guimaraes and Guimaraes, 2006)을 이용해 NODF를 산출했다. 중첩구조의 유의성은 어느 조사지가 종 i를 포함한 확률 및 어느 종이 조사지 j에 포함되는 확률에 따라 무작위로 1000회 구성한 종조성 데이터(귀무모형 : null model)의 NODF와 실제 종조성 데이터의 NODF를 비교하는 것으로 검증했다. 즉, 종(행)×조사지(열)의 데이터에서 i행 j열이 1(종이 존재)이 되는 확률(P_{ij})을 식 3.34로 했다.

$$P_{ij} = \left(\frac{N_i}{C} + \frac{N_j}{R}\right)\frac{1}{2} \tag{3.34}$$

N_i 및 N_j는 각각 행 i 및 열 j의 1의 총수, C 및 R은 각각 종조성 데이터의 열 총수 및 행 총수이다. 귀무모형의 작성에는 여기서 나타낸 조건 이외에도 다양한 조건이 제안되었기 때문에 사용법과 주의점은 관련 문헌을 참조하기 바란다(Bascompte *et al.*, 2003; Ulrich and Gotelli, 2007; Ulrich *et al.*, 2009 등). 유의미한 중첩구조를 확인한 후, 중첩구조의 배열(중첩구조에서 더 상위가 되는 습원 조사지에서 하위 습원 조사지까지의 차례)과 환경요인이나 공간변수와의 관계를 해석하는 것으로 중첩구조가 종소실 프로세스를 반영하고 있는지를 검증했다. 그 결과, 핫코다(八甲田)의 식물군집은 무작위로 구성되는 군집조성과는 유의무하게 다른 중첩구조(그림 3.25)를 나타냈다($P < 0.001$). 그림에서 알 수 있듯이 지역에 출현하는 식물종의 대부분을 포함한 상위 습원과 일부 종밖에 포함하지 않는 하위 습원이 존재한다. 이런 중첩구조의 계층을 순위 지어(최상위 습원을 1위, 최하위 습원을 28위), 습원 조사지의 순위와 습원의 공간배치나 환경요인의 관계를 해석했는데 습원 조사지의 순위는 pH 및 각 습원 조사지의 주위에 있는 습원의 공간적인 응집도(주위에 습원이 얼마나 많은가에 대한 정도)로 설명되는 것을 알 수 있었다(그림 3.26). 이 결과는 pH가 낮을수록 환경조건이 극단적이기 때문에 종을 많이 포함하지 못하고, 또한 대상으로 하는 습원이 국소적으로 다른 습원에서 떨어져 있을수록 개체군의 존속성이 낮아지기 때문에 종을 많이 포함하지 못함을 시사한다. 즉, 습원식물군집의 중첩구조는 종소실 프로세스를 반영한다고 생각할 수 있었다.

이상과 같이, 종의 공간분포 패턴에 주목한 해석을 실시하는 것으로 지역의 식물군집에서의 다양성을 형성하는 생태학적인 메카니즘을 추정할 수 있다. 여기서, 중요한 것은 중첩구조, 서양장기판 분포, 종갱신 패턴은 서로 배타적인 패턴은 아니라는 것이다(Baselga, 2010). 종갱신과 종의 소실·이입 프로세스 밸런스로 이런 패턴이 형성될 수 있다.

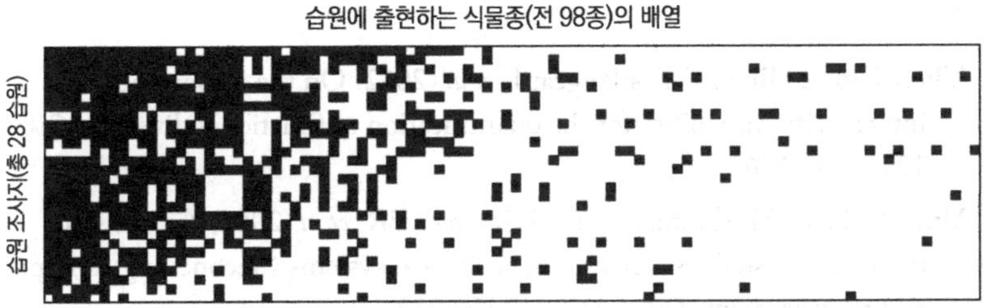

[그림 3.25] 아오모리현(青森県) 핫코다산계(八甲田山系)의 습원식물군집에서 볼 수 있는 중첩구조(통계적으로 유의한 결과, NODF=42.63, $P<0.001$).

조사한 습원 조사지 수(28)×출현종수(98)의 총 2744 셀로 된 매트릭스(matrices). 공백의 셀은 종이 없음(무)을, 검정색 셀은 종이 존재(유)하는 것을 나타낸다. 대체로 매트릭스에서 더 하위에 있는 습원에서의 출현종은 상위에 있는 습원에도 출현해, 중첩구조를 형성하는 것을 읽을 수 있다. Sasaki *et al.*(2012)를 일부 수정.

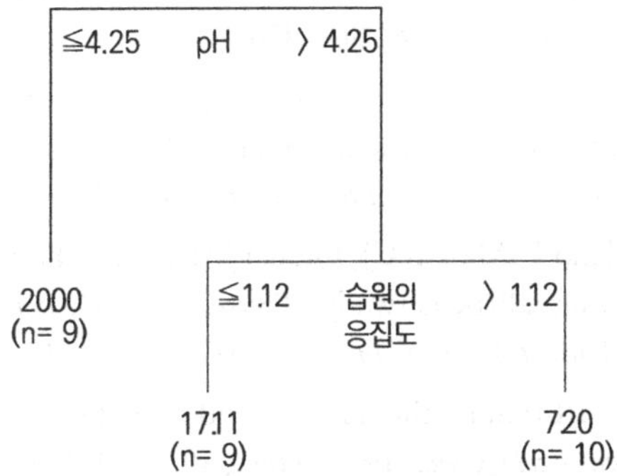

[그림 3.26] 아오모리현(青森県) 핫코다산계(八甲田山系)의 습원식물군집의 중첩구조(그림 3.25)에서 습원 조사지의 순위(중첩구조의 최상위에 있는 습원을 1위, 최하위를 28위로 했음)와 환경요인의 관계를 회귀나무(regression tree)를 이용해 해석한 결과.

순위를 결정하는 환경요인, 가지의 끝에는 그 요인으로 조건 분기에 의해 분류된 습원 조사지의 순위의 평균값(n은 분류된 조사지 수)이 기록된다. 우선 pH가 상대적으로 낮은(4.25 이하) 습원일수록 종을 많이 포함할 수 없다(중첩구조의 하위가 되기 쉬움)라고 해석할 수 있다. pH가 상대적으로 높은(4.25보다 높음) 습원에서도 공간적 응집도(주위에 습원이 얼마나 많은가 정도)가 낮을수록 종을 많이 포함하지 못하고 한편, 응집도가 높을수록 종을 많이 포함할 수 있다고 해석 가능하다. Sasaki *et al.*(2012)를 일부 수정.

* 인용문헌

Albert CH, de Bello F, Boulangeat I, *et al.*(2012) On the importance of intraspecific variability for the quantification of functional diversity. *Oikos*, 121 : 116–126

Almeida-Neto M, Guimaraes P, Guimaraes PR, *et al.*(2008) A consistent metric for nestedness analysis in ecological systems : reconciling concept and measurement. *Oikos*, 117 : 1227–1239

Almeida-Neto M, Guimaraes PR, Lewinsohn TM(2007) On nestedness analyses : rethinking matrix temperature and anti-nestedness. *Oikos*, 116 : 716–722

Anderson MJ, Crist TO, Chase JM, *et al.*(2011) Navigating the multiple meanings of β diversity : a roadmap for the practicing ecologist. *Ecology Letters*, 14 : 19–28

Baraloto C, Hérault B, Paine CET, *et al.*(2012) Contrasting taxonomic and functional responses of a tropical tree community to selective logging. *Journal of Applied Ecology*, 49 : 861–870

Barker GM(2002) Phylogenetic diversity : a quantitative framework for measurement of priority and achievement in biodiversity conservation. *Biological Journal of the Linnean Society*, 76 : 165–194

Bascompte J, Jordano P, Malian CJ, Olesen JM(2003) The nested assembly of plant-animal mutualistic networks. *Proceedings of the National Academy of Sciences of the United States of America*, 100 : 9383–9387

Baselga A(2010) Partitioning the turnover and nestedness components of beta diversity. *Global Ecology and Biogeography*, 19 : 134–143

de Bello F, Lavorel S, Albert CH, *et al.*(2011) Quantifying the relevance of intraspecific trait variability for functional diversity. *Methods in Ecology and Evolution*, 2 : 163–174

Botta-Dukát Z(2005) Rao's quadratic entropy as a measure of functional diversity based on multiple traits. *Journal of Vegetation Science*, 16 : 533–540

Cadotte MW, Borer ET, Seabloom EW, *et al.*(2010) Phylogenetic patterns differ for native and exotic plant communities across a richness gradient in Northern California. *Diversity and Distributions*, 16 : 892–901

Cadotte MW, Carscadden K, Mirotchnick N(2011) Beyond species : functional diversity and the maintenance of ecological processes and services. *Journal of Applied Ecology*, 48 : 1079–1087

Cantero JJ, Partel M, Zobel M(1999) Is species richness dependent on the neighbouring stands ? an analysis of the community patterns in mountain grasslands of central Argentina. *Oikos*, 87 : 346- 354

Cianciaruso MV, Batalha MA, Gaston KJ, Petchey OL(2009) Including intraspecific variability in functional diversity. *Ecology*, 90 : 81–89

Coleman BD, Mares MA, Willig MR, Hsieh YH(1982) Randomness, area, and species richness. *Ecology*, 63 : 1121–1133

Colwell RK, Mao CX, Chang J(2004) Interpolating, extrapolating, and comparing incidence–based species accumulation curves. *Ecology*, 85 : 2717–2727

Cornwell WK, Schwilk DW, Ackerly DD(2006) A trait–based test for habitat filtering : convex hull volume. *Ecology*, 87 : 1465–1471

Cowling RM, Gibbs RGE, Hoff man MT, Hilton TC(1989) Patterns of plant species diversity in Southern Africa. In : Huntley BJ(ed), *Biotic diversity in southern Africa : concepts and conservation*, 19–50. Oxford University Press

Davidar P, Yogananad K, Ganesh T, Devy S(2002) Distributions of forest birds and butterflies in the Andaman islands, Bay of Bengal : nested patterns and processes. *Ecography* 25 : 5–16

Devictor V, Mouillot D, Meynard C, *et al.*(2010) Spatial mismatch and congruence between taxonomic, phylogenetic and functional diversity : the need for integrative conservation strategies in a changing world. *Ecology Letters*, 13 : 1030–1040

Diamond JM(1975) Assembly of species communities. In : Cody ML, Diamond JM(eds), *Ecology and evolution of communities*, 342–444. Belknap Press

Diaz S, Noy–Meir I, Cabido M(2001) Can grazing response of herbaceous plants be predicted from simple vegetative traits ? *Journal of Applied Ecology*, 38 : 497–508

Dony JG(1963) The expectation of plant records from prescribed areas. *Watsonia*, 5 : 377–385

Faith DP(1992) Conservation evaluation and phylogenetic diversity. *Biological Conservation*, 61 : 1–10

Felsenstein J(2004) *Inferring Phylogenies*. Sinauer Associates

Flynn DFB, Mirotchnick N, Jain M, *et al.*(2011) Functional and phylogenetic diversity as predictors of biodiversity–ecosystem–function relationships. *Ecology*, 92 : 1573–1581

Forest F, Grenyer R, Rouget M, *et al.*(2007) Preserving the evolutionary potential of floras in biodiversity hotspots. *Nature*, 445 : 757–760

Gotteli NJ, Colwell RK(2001) Quantifying biodiversity : procedures and pitfalls in the measurement and comparison of species richness. *Ecology Letters*, 4 : 379–391

Guimaraes PR, Guimaraes P(2006) Improving the analyses of nestedness for large sets of matrices. *Environmental Modelling and Software*, 21 : 1512–1513

Hubbell SP(1979) Tree dispersion, abundance, and diversity in a tropical dry forest. *Science*, 203 : 1299–1309

Huston MA(1994) *Biological diversity : the coexistence of species in changing landscapes*, 15–63. Cambridge University Press

Kattge J, Diaz S, Lavorel S, *et al.*(2011) TRY–a global database of plant traits. *Global Change Biology*, 17 : 2905–2935

黒川紘子 他, 植物の形質調査法, 共立出版(in press)

Laliberté E, Legendre P(2010) A distance–based framework for measuring functional diversity from multiple traits. *Ecology*, 91 : 299–305

Leibold MA, Mikkelson GM(2002) Coherence, species turnover, and boundary clumping : elements of meta–community structure. *Oikos*, 97 : 237–250

Loreau M, Hector A(2001) Partitioning selection and complementarity in biodiversity experiments. *Nature*, 412 : 72–76

Louzada J, Gardned T, Peres C, Barlow J(2010) A multi–taxa assessment of nestedness patterns across a multiple–use Amazonian forest landscape. *Biological Conservation*, 143 : 1102–1109

Magurran AE, McGill BJ(eds)(2011) *Biological diversity : frontiers in measurement and assessment*. Oxford University Press

Mason NWH, Mouillot DM, Lee WG, Wilson JB(2005) Functional richness, functional evenness and unctional divergence : the primary components of functional diversity. *Oikos*, 111 : 112–118

Matsuzaki SS, Sasaki T, Akasaka M(2013) Consequences of the introduction of exotic and translocated species and future extirpations on the functional diversity of freshwater fish assemblages. *Global Ecology and Biogeography*, 22 : 1071–1082

Mayfield MM, Levine JM(2010) Opposing effects of competitive exclusion on the phylogenetic structure of communities. *Ecology Letters*, 13 : 1085–1093

Mori AS, Furukawa T, Sasaki T(2013) Response diversity determines the resilience of ecosystems to environmental change. *Biological Reviews*, 88 : 349–364

Mouchet M, Guilhaumon F, Villéger S, *et al.*(2008) Towards a consensus for calculating dendrogram– based functional diversity indices. *Oikos*, 117 : 794–800

Mouillot D, Mason NWH, Dumay O, Wilson JB(2005) Functional regularity : a neglected aspect of functional diversity. *Oecologia*, 142 : 353–369

Petchey OL, Evans KL, Fishburn IS, Gaston KJ(2007) Low functional diversity and no redundancy in British avian assemblages. *Journal of Animal Ecology*, 76 : 977–985

Petchey OL, Gaston KJ(2006) Functional diversity : back to basics and looking forward. *Ecology Letters*, 9 : 741–758

Petchey OL, Gaston KJ(2007) Dendrograms and measuring functional diversity. *Oikos*, 116 : 1422– 1426

Petchey OL, Gaston, KJ(2002) Functional diversity(FD), species richness and community composition. *Ecology Letters*, 5 : 402–411

Pielou EC(1969) *An Introduction to Mathematical Ecology*. Wiley–Interscience

Podani J, Schmera D(2006) On dendrogram–based measured of functional diversity. *Oikos*, 115 : 179– 185

Podani J(1999) Extending Gower's general coefficient of similarity to ordinal characters. *Taxon*, 48 : 331–340

Rao CR(1982) Diversity and dissimilarity coefficients : a unified approach. *Theoretical Population Biology*, 21 : 24–43

Reiss J, Bridle JR, Montoya JM, Woodward G(2009) Emerging horizons in biodiversity and ecosystem functioning research. *Trends in Ecology and Evolution*, 24 : 505–514

Ricotta C(2005) A note on functional diversity measures. Basic and Applied Ecology, 6 : 479–486

Ricotta C, Moretti M(2011) CWM and Rao's quadratic diversity : a unified framework for functional ecology. *Oecologia*, 167 : 181–188

Rosenzweig ML(1995) *Species diversity in space and time*, 8–49. Cambridge University Press

Sasaki T, Katabuchi M, Kamiyama C, *et al.*(2012) Nestedness and niche–based species loss in moorland plant communities. *Oikos*, 121 : 1783–1790

Sasaki T, Katabuchi M, Kamiyama C, *et al.*(2014) Vulnerability of moorland plant communities to environmental change : consequences of realistic species loss on functional diversity. *Journal of Applied Ecology*, 51 : 299–308

Sasaki T, Okubo S, Okayasu T, *et al.*(2009) Two–phase functional redundancy in plant communities along a grazing gradient in Mongolian rangelands. *Ecology*, 90 : 2598–2608

Schleuter D, Daufresne M, Massol F, Argillier C(2010) A user's guide to functional diversity indices. *Ecology*, 80 : 469–484

Simpson E(1949) Measurement of diversity. *Nature*, 163 : 688–688

Stone L, Roberts A(1990) The checkerboard score and species distributions. *Oecologia*, 85 : 74–79

Tilman D, Reich PB, Knops J, *et al.*(2001) Diversity and productivity in a long–term grassland experiment. *Science*, 294 : 843–845

Triantis KA, Mylonas M, Lika K, Vardinoyannis K(2003) A model for the species–area–habitat relationship. *Journal of Biogeography*, 30 : 19–27

Tuomisto H(2010) A diversity of beta diversities : straightening up a concept gone awry. Part1. Defining beta diversity as a function of alpha and gamma diversity. *Ecography*, 33 : 2–22

Ulrich W, Almeida–Neto M, Gotelli NJ(2009) A consumer's guide to nestedness analysis. *Oikos*, 118 : 3–17

Ulrich W, Gotelli NJ(2007) Null model analysis of species nestedness patterns. Ecology, 88 : 1824–1831

Ulrich W, Gotelli NJ(2013) Pattern detection in null model analysis. *Oikos*, 122 : 2–18

United Nations Environment Programme(UNEP)(1992) *Biodiversity Country Studies : Exective Summary*. New York, UNEP.

Veech JA, Summerville KS, Crist TO, Gering JC(2002) The additive partitioning of species diversity : recent revival of an old idea. *Oikos*, 99 : 3–9

Veen GF, Blair JM, Smith MD, Collins SL(2008) Influence of grazing and fire frequency on small- scale plant community structure and resource variability in native tallgrass prairie. *Oikos*, 117 : 859–866

Villéger S, Mason NWH, Mouillot D(2008) New multidimensional functional diversity indices for a multifaceted framework in functional ecology. *Ecology*, 89 : 2290–2301

Watson HC(1859) *Cybele Britannica, or British plants and their geographical relations*. Longman & Company

Webb CO(2000) Exploring the phylogenetic structure of ecological communities : an example for rain forest trees. *American Naturalist*, 156 : 145–155

Weigelt A, Schumacher J, Roscher C, Schmid B(2008) Does biodiversity increase spatial stability in plant community biomass? *Ecology Letters*, 11 : 338–347

Weiher E(2011) A primer of trait and functional diversity. In : Magurran AE, McGill BJ(eds), *Biological diversity : frontiers in measurement and assessment*, 175–193. Oxford University Press

Whitmore TC, Peralta R, Brown K(1985) Total species count in a Costa Rican tropical rain forest. *Journal of Tropical Ecology*, 1 : 375–378

Whittaker RH(1975) Communities and Ecosystems, 2nd ed. Macmillan

Wilson EO(1988) *Biodiversity*. National Academy Press

Wright IJ, Reich PB, Westoby M, *et al.*(2004) The worldwide leaf economics spectrum. *Nature*, 428 : 821–827

제4장 식물군집 데이터를 이용한 회귀분석

생태학 야외조사법 시리즈 3

4.1 서론

회귀분석(regression analysis)은 목적이 되는 변수(응답변수 또는 종속변수)가 설명요인이 되는 변수(설명변수 또는 독립변수)에 의해 어느 정도 설명되는지를 분석하는 것이다. 제2장에서 해설한 군집의 서열 및 분류법은 군집의 종조성과 환경요인 데이터의 대응관계를 나타내는 방법이다. 이에 비해 회귀분석은 결과가 되는 요인의 수치와 원인이 되는 요인의 수치의 관계성을 나타내는 식을 적용하여 통계 모형으로 표현하는 방법이다. 통계 모형은 관측데이터의 패턴을 설명하는 틀이다. 따라서 회귀분석에서는 종속변수-독립변수간에 명확한 인과관계를 상정하는 것이 특징이다. 회귀분석을 통해 여러 변수간의 정량적인 관계를 결정함으로써 인과관계의 검증이나 예측을 가능케 한다. 또한 상관(correlation)분석과 이 분석을 혼동하는 경우가 많은데 상관분석은 변수간의 상호관계 정도를 조사하는 방법이고 변수간에 인과관계를 상정하고 있지 않다(市原, 1990).

생태학 분야에서는 회귀분석을 다음의 경우에 적용할 수 있다(Jongman *et al.*, 1995).

- **추정** : 군집 혹은 종에 대한 환경요인의 최적치나 적응범위 등의 파라미터(매개변수)를 추정한다
- **평가** : 여러 환경요인 중에서 군집 혹은 종의 변화(반응)에 기여하는 환경변수를 추출·평가한다

[표 4. 1] 본 장에서 다루는 다양한 회귀모형 및 그 특징

회귀모형	취급 가능한 변수의 수	확률분포	데이터 타입	모형의 특징
선형회귀 단순회귀·다중회귀	종속변수 : 1 독립변수 단순회귀 : 1 다중회귀 : 2이상	등분산의 정규분포	양적변수 (연속값)	종속변수-독립변수간의 선형관계 검증
일반화선형모형 일반화선형혼합모형(GLMM)	종속변수 : 1 독립변수 : 1이상	다양한 확률분포	양적변수 (연속값·이산값) 질적변수	오차구조·연결함수의 선택을 통해 다양한 데이터를 이용한 종속변수 - 독립변수간의 선형· 비선형인 관계를 검증. GLMM에서는 무작위 효과를 취급하는 것이 가능
구조방정식모형	3개 이상의 변량	등분산의 정규분포 (모형의 발전을 통해 다양한 확률분포도 취급할 수 있게 됨)	양적변수 (연속값·이산값) 질적변수	변량간의 인과관계 검증. 각각의 변수에 대한 직접적, 간접적인 효과를 검증 가능

- **예측** : 환경요인 데이터로부터 군집 혹은 종의 변화(반응)를 예측한다

특히, 식물군집 데이터를 이용한 회귀분석은 오래 전부터 종의 분포를 규정하는 환경요인의 추정이나 평가, 거기에 기초를 두는 종의 분포 예측 등에 쓰여져 왔다(Guisan *et al.*, 1998, 2002).

최근에는 이 장의 뒷부분에서 설명하는 일반화선형모형의 보급과 발전, 계산기 능력 향상으로 다변량 데이터로 이루어진 다양한 식물군집 데이터에 회귀분석을 적용할 수 있다. 이로 인해 종의 분포역 추정과 더불어 생물다양성-생태계 기능 관계의 모형 구축, 광역·장기 관측자료의 활용, 미래의 환경 변화나 기후변화에 대한 식물군집의 변화 예측 등 생태학의 많은 과제를 회귀분석으로 분석하고 있다.

다양한 회귀분석 방법들이 제안되었는데 각각 취급하는 변수의 수나 유형, 적

용 가능한 확률분포의 종류나 모형의 복잡함 등에 따라 적용 가능한 방법이 달라진다(표 4.1). 식물군집 데이터 분석에 쓰이는 주요 회귀분석으로는 단순 모형에서 복잡한 모형 순에 따라 선형회귀, 일반화선형모형, 일반화선형혼합 모형 및 구조방정식모형을 대표로 들 수 있다. 선형회귀분석(linear regression model, 線形回歸分析)은 좁은 의미의 회귀분석이며 가장 고전적인 방법이다. 일반화선형모형(generalized linear model : GLM) 및 일반화선형혼합모형(generalized linear mixed model : GLMM)은 선형회귀를 확장해, 더 폭넓은 데이터를 통일된 틀 하에서 취급할 수 있도록 한 방법이며, 현재 회귀분석의 주류를 이루고 있다. 구조방정식모형은 회귀분석과 상관분석을 통해 인과관계를 나타내는 개념 체제를 검증하는 모형이며, 현재 발전 중인 방법이다. 또한 이 장에서는 다루지 않지만 보다 발전적인 방법으로 종속(응답)변수-독립(설명)변수간의 비선형 관계를 다루는 비선형회귀나 다변량 데이터를 종속변수로 한 다변량 회귀분석 등도 있다.

이 장에서는 회귀분석을 먼저 군집 데이터에서 종속변수(응답변수)와 독립변수(설명변수)를 추출하는 방법에 대해 설명한다(4.2절). 이어서 선형회귀(4.3절), 일반화선형모형(4.4절), 일반화선형혼합모형(4.5절), 구조방정식모형(4.6절) 순으로 연구 사례를 들면서 설명한다. 덧붙여 회귀분석의 일반적인 내용에 대해서는 많은 전문도서가 출판되어 있기 때문에 이곳에서는 식물군집 데이터에 대한 회귀분석 적용에 초점을 맞추어 설명한다.

4.2 종속변수와 독립변수

회귀분석에서 종속변수 y와 독립변수 $x_1, x_2, \cdots$ 의 관계성은 회귀식 4.1로 나타낼 수 있다.

$$y = \beta_0 + \beta_1 x_1 + \beta_2 x_2 + \cdots + e \quad (4.1)$$

β_0는 절편, β_1, β_2, …는 기울기로 불리고, e는 종속변수 y의 편차(잔차, 오차)를 나타낸다. 회귀분석이란 종속변수–독립변수간의 관계를 나타내는 파라미터 β_0, β_1, β_2,…를 관측데이터에 기반해 추정하는 것이다. 또한 결과가 되는 종속변수를 세로축, 원인이 되는 독립요인을 가로축으로 해, 관측데이터를 그림으로 나타낸 것이 산포도(scatter plot)이다(그림 4.1). 종속변수 및 독립변수의 관측데이터를 회귀식에 적용하는 절차는 다음과 같다.

- 관측데이터 확인과 회귀모형 특정
- 회귀모형의 파라미터 추정
- 회귀모형의 타당성 확인

여기서는 관측데이터에 따라 회귀모형을 특정하기 위한 첫 단계로 군집 데이터에서 종속변수 및 독립변수를 추출하고, 데이터의 성질이나 특징을 확인하는 방법에 대해 설명한다.

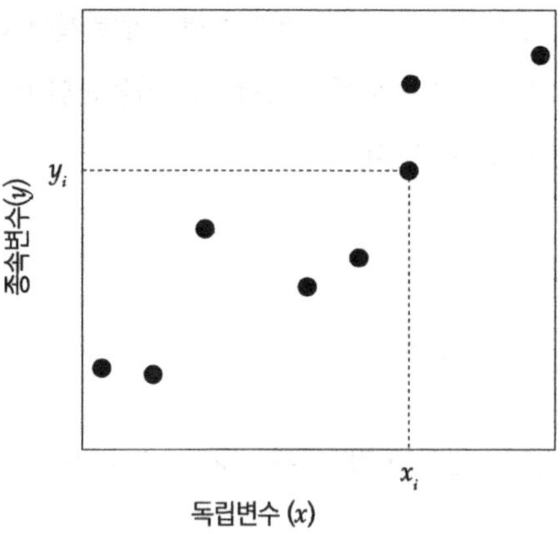

[그림 4.1] 종속변수 y와 독립변수 x의 관계성을 나타내는 산포도
점선은 어느 지점 i에서의 종속변수 y_i및 독립변수 x_i의 값을 나타낸다.

4.2.1 군집데이터에서 종속변수 추출

회귀분석에서 종속변수는 식 4.1에 나타낸 바와 같이 편차(잔차, 오차) e를 포함한 값으로 생각할 수 있다. 회귀분석에서는 이런 종속변수가 어떠한 확률분포를 따르는지를 가정해서 다룬다. 이후 회귀모형에서 종속변수의 편차를 나타내는 확률분포에 대해 해설하고, 그 다음 다변량 데이터로 이루어진 식물군집 데이터를 종속변수로 추출하는 방법을 소개한다.

(1) 종속변수의 확률분포

환경요인 등의 독립변수가 특정한 값을 갖게 되더라도 종속변수의 관측치는 특정 1개의 값만 얻어지는 것이 아니라 가장 일어나기 쉬운 값을 중심으로 흩어져 얻어진다(粕谷, 2012). 이것을 수식에서 나타내면 식 4.1을 수정해 식 4.2가 된다.

$$y = y\text{의 기대치} + e$$
$$y\text{의 기대치} = \beta_0 + \beta_1 x_1 + \beta_2 x_2 + \cdots \qquad (4.2)$$

이런 편차를 동반하는 변수는 확률변수라고 한다. 회귀분석에서는 종속변수의 격차를 '확률분포(probability distribution)'로 표현한다. 확률분포는 '확률변수가 취할 수 있는 값'과 '각각의 값을 가질 확률'의 대응관계를 나타내는 것이다. 확률분포는 가로축에 확률변수(여기에서는 종속변수 y), 세로축에 확률밀도로 하여, 그림 4.2처럼 나타낼 수 있는데 확률분포의 곡선이 차지하는 면적이 확률을 의미한다. 예를 들어, y_i와 y_{i+1}의 사이의 면적은 y가 $y_i \sim y_{i+1}$의 값을 가질 확률을 나타내며, 분포곡선이 차지하는 면적을 모두 더하면 1이 된다. 이와 같이 면적이 값의 범위를 나타내는 함수는 확률밀도함수라고 한다. 확률분포에는 확률변수가 취할 수 있는 값의 범위와 거기에 해당하는 확률(예를 들어, 2라는 값을 가질 확률이 0.5 등)이 다른 다양한 분포의 종류가 있다. 식물군집 데이터에 쓰이는 주요 확률분포에는 정규분포, 포아송분포, 이항분포, 감마분포 등을 들 수 있다(표 4.2). 확률분포는 각각 수식에서 정의되고, 파라미터의 값을 바꾸는 것으로 분포 형태가 변화

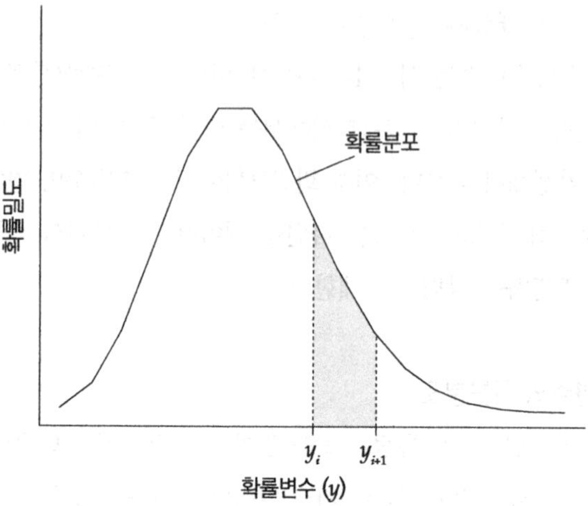

[그림 4.2] 확률분포를 통해 나타내는 확률변수 y와 확률밀도의 대응관계
y_i와 y_{i+1} 사이의 면적이 종속변수가 y_i에서 y_{i+1}의 값을 갖는 확률을 나타낸다.
粕谷(2012)를 일부 수정.

한다. 다음에서 주요 확률분포의 특징에 대해 해당하는 식물군집 데이터를 예시하면서 소개한다.

① **정규분포**(normal distribution)

가우스분포(gaussian distribution)라고도 한다. 정규분포 변수가 취할 수 있는 값은 마이너스(–)에도 플러스(+)에도 무한대의 범위에서 변화하는 연속값이다(표 4.2). 정규분포는 좌우 대칭의 밀도 함수이며(그림 4.3a), 2개의 독립적인 파라미터, 평균 μ와 분산 σ^2을 갖는다. 또한 확률분포의 평균은 데이터의 기댓값이다. 정규분포에서 평균이 μ, 분산이 σ^2일때 y가 되는 확률 $P(y|\mu, \sigma^2)$은 식 4.3과 같이 나타낸다.

$$P(y|\mu, \sigma^2) = \frac{1}{\sqrt{2\pi\sigma^2}} \exp\left\{-\frac{(y-\mu)^2}{2\sigma^2}\right\} \tag{4.3}$$

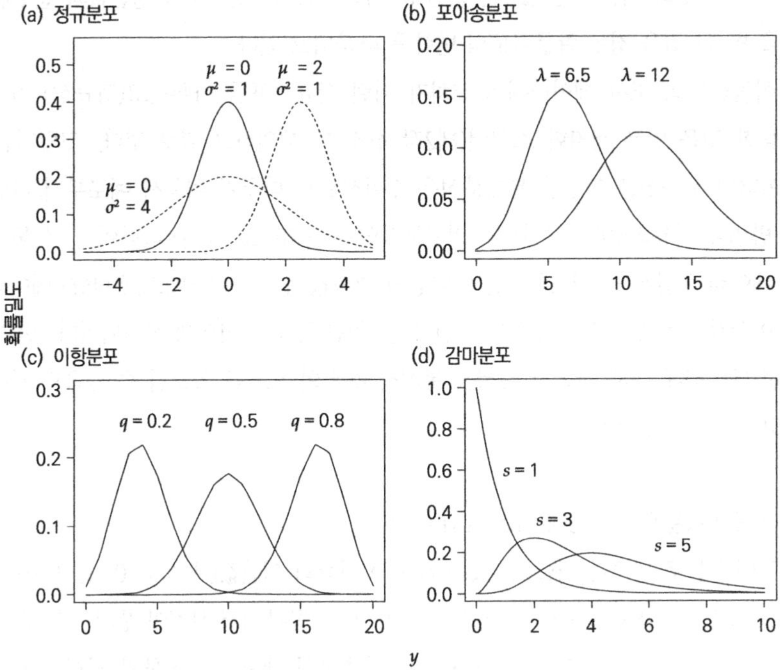

[그림 4.3] 다양한 확률분포에서 y와 확률 밀도의 대응관계

(a) 정규분포에서의 평균 μ 및 분산 σ^2,

(b) 포아송분포에서의 평균 λ,

(c) 이항분포에서의 발생확률 q,

(d) 감마분포에서의 형상 파라미터 s를 변화시켰을 때의 확률분포의 변화를 나타낸다.

[표 4.2] 종속변수 데이터의 특징에 따른 확률분포의 선택 (∞ : 무한대)

확률분포	정규분포	포아송분포	이항분포	감마분포
데이터 유형	연속값	이산값	이산값 2치화 가능한 질적값	연속값
값의 하한/상한 식물군집 데이터의 예	−∞ / +∞ 서열화 스코어	0 / +∞ 개체수, 종수	0 / 유한 종의 유·무, 발아의 생체량 유·무, 실생의 생·사	0 / +∞ 생체량

그림 4.3a의 예는 평균 μ=0, 분산 σ^2=1의 정규분포를 각각 평균값과 분산값만을 변화시켰을 경우 확률밀도의 변화를 나타내고 있다.

식물군집의 조사 데이터에서 편차가 이런 정규분포를 따른다고(정규성) 가정 가능한 것은 일부 서열화 스코어(제2장 참조)를 제외하고 별로 없다. 그렇지만, 데이터의 정규성을 가정한 통계분석은 수학적으로 다루기 쉬워서 예로부터 다양한 방법에 이용되었다. 고전적인 회귀분석인 선형회귀도 그 중 하나이다. 식물군집 데이터로 말하면, 선형회귀는 0 이상의 연속값에서 바이오매스(생체량) 데이터나 이산값(측정값이 불연속적으로 변하는 값)인 종수 데이터에 적용되었다. 한편, 이런 데이터에 대해 정규성 가정은 통계적 추론의 오류를 일으킬 수 있음도 지적되고 있다(久保, 2012).

② **포아송분포**(Poisson distribution)

포아송분포 변수가 취할 수 있는 값은 0 이상의 이산값(예 : y=0, 1, 2, …)이다(표 4.2). 포아송분포의 확률밀도는 어느 시간·공간에서 사건이 생기는 확률 등에 잘 이용되어 파라미터는 평균 λ이다. 식물군집 데이터는 식물의 개체수나 종수 데이터가 해당한다. 이런 데이터는 카운트 데이터(또는 이벤트 데이터)라고도 불린다. 포아송분포에 대해 평균이 λ일때 y가 되는 확률 $P(y|\lambda)$는 식 4.4으로 나타내진다.

$$P(y|\lambda) = \frac{\lambda^y \exp(-\lambda)}{y!} \qquad (4.4)$$

$y!$: y의 계승 $(1\times2\times3\times\cdots\times y)$

포아송분포는 평균과 분산이 동일하기(평균=분산=λ) 때문에 평균 λ의 값이 주어지면 분포의 형태를 결정할 수 있다. 그림 4.3b의 예를 들어, 종수의 평균 λ가 6.5 및 12 일 때, y가 0부터 각각의 값을 가질 확률을 나타내고 있다.

③ **이항분포**(binomial distribution)

이항분포 변수가 취할 수 있는 값은 0 이상의 상한을 갖는 이산값이다(표 4.2). 이항분포의 확률밀도는 n회의 시행으로 사건이 생기는 확률을 나타내며, 파라미터는 사건이 발생하는 확률 $q(0 \leq q \leq 1)$이다. 식물군집 데이터로 말하면, 어떤 종의 유·무나, 종자수, 실생수(實生數) 등 사건 유무(예를 들어, 발아의 유·무, 생·사)의 데이터가 해당한다. 이항분포에서 n 중 y개로 사건이 생기는 확률 $P(y|n, q)$는 식 4.5로 나타내진다.

$$P(y|n,q) = {}_nC_y q^y (1-q)^{n-y} \qquad (4.5)$$

그림 4.3c의 예를 들어, 종자수 n이 20일때, 발아확률 q를 0.2, 0.5, 0.8로 변화시켰을 경우의 확률밀도 변화를 나타내고 있다. 사건이 발생하는 회수 y의 평균은 '어느 y'×'어느 y를 취하는 확률'을 모두 합계한 것으로 $\Sigma_{y=1}^{n} y\,{}_nC_y q^y (1-q)^{n-y} = nq$가 되고, 분산은 $nq(1-q)$가 된다. 이것으로 이항분포는 n이 커질수록 그 분산은 정규분포에 가까워지는 성질이 있다.

④ **감마분포**(gamma distribution)

감마분포 변수가 취할 수 있는 값은 0 이상의 정(正)의 연속값(예 : y=0.5, 2.3, 5.0, …)이다(표 4.2). 감마분포의 확률분포는 2개의 파라미터, 형상 파라미터 s 및 척도 파라미터 γ를 갖고, 확률밀도 함수는 표 4.6으로 나타내진다.

$$P(y|s,\gamma) = \frac{\gamma^s}{\Gamma(s)} y^{s-1} \exp(-\gamma y) \qquad (4.6)$$

$\Gamma(s)$는 감마함수이며, 평균은 $\frac{s}{\gamma}$, 분산은 $\frac{s}{\gamma^2}$이다. 그림 4.3d 의 예는 s를 1, 3, 5로 변화시켰을 경우의 확률밀도 변화를 나타내고 있다. 식물군집 데이터는 현존량 데이터, 흉고단면적 등의 식물 크기나 형태를 나타내는 데이터 등이 대표적이다. 연속값 데이터는 취할 수 있는 값의 하한이 0의 경우에도 정규분포가 적용될

수 있지만, 이런 데이터는 정규분포보다 감마분포로 나타내는 편이 적절하다(久保, 2012).

확률분포에는 앞에 설명한 것 외에도 베타분포, 부(-)의 이항분포, 다항분포 등 다양한 종류가 있다. 예를 들어, 베타분포 변수가 취할 수 있는 값은 0~1의 범위의 연속값이며, 식물군집 데이터에서는 피도 데이터가 이에 해당한다. 부(-)의 이항분포는 제로(0)의 값을 과하게 포함한 데이터를 시작으로 한 과대 분산 데이터(4.5절)에 적용된다. 다항분포는 이항분포를 확장한 것이라서 3개 이상의 수준(카테고리)으로 된 데이터를 표현할 수 있다. 확률분포나 확률 밀도에 대한 더 자세한 설명은 Sokal and Rohlf(1995), 粕谷(1998, 2012)나 蓑谷(2009) 등을 참고하기 바란다.

(2) 다변량의 단순화 또는 요약

식물군집 데이터는 회귀분석의 종속변수로 주로 군집의 종수나 생체량 데이터가 사용된다. 최근에는 식물군집의 종조성이나 군집이 갖는 기능이라는 다변량 데이터로 나타나는 복잡한 정보를 회귀분석의 종속변수로 이용하려는 시도를 볼 수 있다. 여기에서는 연구 목적에 따라 적합한 종속변수를 추출하기 위해 종조성 데이터 요약이나 종형질 정보와 관련 지어 식물군집의 특성을 나타내는 변량을 쓰는 방법, 생태계 기능 및 안정성 등 식물군집 상태를 나타내는 변량을 이용하는 방법을 소개한다.

① 군집의 특성을 나타내는 변량

- **서열화 스코어 활용**

여러 개의 식물군집간 종조성(species composition, 種構成) 정보를 회귀분석의 종속변수로 직접 다루고 싶을 때 서열분석(제2장 참조)을 통해 종조성 데이터를 단순화한 변량을 활용하는 방법이 있다(그림 4.4a). 서열분석을 통해 종조성 데이터를 정량적 요약으로 얻어진 변량의 주요축의 값을 종속변수로 하여, 군집간 종조성의 차이나 유사성을 분석할 수 있다. 또한, 서열분석을 통한 종조성 데이터

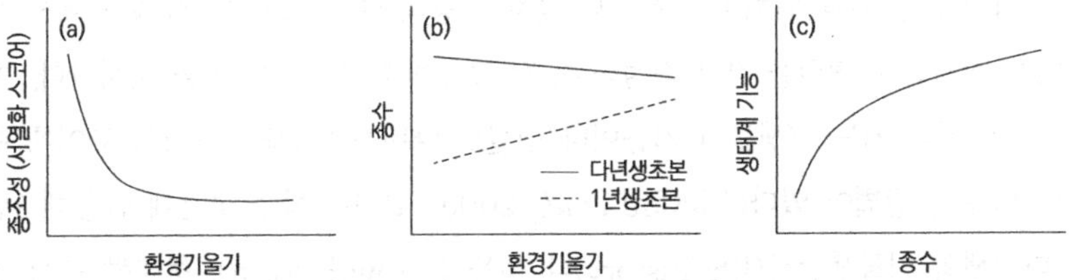

[그림 4.4] 식물군집 데이터를 이용한 회귀분석의 여러 종속변수
(a) 종조성을 나타내는 서열화 스코어, (b) 기능군마다 그룹화한 종수, (c) 생태계 기능

요약은 데이터가 갖는 정보가 사라질 수 있으므로(加藤, 1995), 추출하는 서열화 스코어가 환경기울기에 대한 종조성 변화를 명확하게 파악할 수 있을지를 기여율 등으로 판단해 이용해야 한다(2.3절 참조).

서열화 스코어를 종속변수, 환경기울기나 어느 사건의 경과시간 등을 독립변수로 회귀분석을 실시하여, 환경기울기나 시간에 따른 종조성의 변화 패턴을 분석할 수 있다. 예를 들어, 몽골초원의 초본식물군집을 대상으로 이루어진 연구(Sasaki *et al.*, 2008)는 종조성 데이터를 서열화한 스코어를 종속변수로, 방목 기울기(방목 거점으로부터의 거리)를 독립변수로 회귀분석을 실시해, 방목 기울기에 따른 종조성의 변화 패턴을 밝혔다. 5.2절에서 더 자세하게 설명한다. 또, 식물군집 데이터를 취급한 예는 아니지만, Banks-Leite *et al.*(2014)는 브라질 산림지대에서 비파편화 산림(원생림)의 종조성에 대한 파편화 산림의 종조성 유사도를 복수의 생물군(포유류, 조류, 양서류, 척추동물)을 대상으로 산출했다. 이 연구에서는 생물군별 유사도지수를 종속변수에, 산림율을 독립변수로 회귀분석을 실시하여, 산림 파편화에 따른 생물군집의 변화패턴을 검증하였다. 군집간 종조성의 유사성을 회귀분석의 종속변수에 이용한 연구사례는 4.3.3항에서도 소개한다.

- **식물의 종형질을 이용한 그룹화**

식물군집의 반응에 대해 구성종의 특성을 관련시켜 검증하고 싶은 때, 종속변수 데이터를 주목하는 종형질(3.3절 참조) 별로 그룹화하여 이용하는 방법이 있다(그림 4.4b). 이를 위해서는 종수나 생체량 등의 데이터를 수집할 단계에서 주목하는 식물의 종형질을 각각 측정하여, 각 그룹에 대해 회귀분석을 실시한다. 예를 들어, 식물 기능군(생물의 기능이나 형질로 나눠지는 종의 그룹)의 차이에 주목해 나누는 방법이 있다(McGill *et al.*, 2006). 초본군집은 교란에 반응해 1년생/다년생의 식물생활사(life history)나 생육형(growth form), 형태적 특징 및 번식양식 등이 깊게 관련되는 것이 잘 알려져 있다(McIntyre *et al.*, 1999). 식물의 종형질에 근거해 종속변수를 그룹화한 회귀분석이 많은 연구에 적용되어 4.4.4항의 연구사례도 소개한다.

② 군집 상태를 나타내는 변량

- **생태계 기능이나 안정성 표현**

요즘 군집생태학에서는 생태계 기능(ecosystem function)이나 생태계 안정성(ecosystem stability)등 '군집상태'를 평가해, 이를 회귀분석의 종속변수로 이용함으로써 이들이 유지되는 메카니즘과 규정요인(어떤 상태를 좌우하는 요인), 생물 다양성과의 관계성을 해명하는 연구가 시도되고 있다(3.2절 참조).

'생태계 기능'은 생태계내 상호작용에 의한 물질의 생산·분해·순환으로 대표되는 과정이며, 군집의 생산성을 나타내는 생체량·물질순환을 지표로서 토양질소 농도변화 등으로 표현할 수 있다(Cardinale *et al.*, 2012). 이들 생태계 기능의 '양'이나 '속도'를 종속변수로 두고, 생물다양성(정량화 기법은 제3장 참조)을 독립변수로 하여 회귀분석을 적용하여, 종다양성 증가에 따라 생태계 기능이 향상되는 것을 나타낼 수 있다(그림 4.4c). 또, 특정 생태계 기능만이 아닌 복수의 생태계 기능을 '다면적 기능(multi-functionality)'(Maestre *et al.*, 2012)으로 정량화하여 종속변수에 이용한 연구사례도 있다(4.3.3항).

생물다양성 증가는 생태계 기능뿐만이 아니라 '생태계 안정성'에도 기여한다고 생각된다(Loreau *et al.*, 2002; Tilman *et al.*, 2006). 생태계 안정성은 생태계 기능의 양이나 속도를 안정화하는 성질이다(Tilman, 1996). 예를 들어, Isbell *et al.*(2009)은 인위적으로 종수를 조작한 초본군집에서 군집의 생체량이나 풍부도의 장기적인 안정성, 즉 '시간적 안정성(temporal stability index)'을 평가해 종속변수로 이용함으로써 종다양성이 높을수록 연간 식물의 생체량 변동성이 작아지는 것을 밝혔다.

이상과 같이 식물군집의 특성이나 상태를 나타내는 변량을 회귀분석의 종속변수로 활용하여, 복잡한 생태계 구조나 과정을 더 깊게 이해할 수 있게 되었다. 다만, 식물군집 데이터가 갖는 정보를 요약해, 단순화시키는 과정에서 많은 군집정보가 손실된다. 경우에 따라 부적절한 데이터 요약에 의해 추출된 변량을 회귀분석에 이용하여, 의미가 없는 결과나 경향을 이끌어내기도 한다. 때문에 군집데이터 요약 과정에서는 명확한 가설이나 과학적 근거에 입각한 검토나 논의가 중요하다.

4.2.2 독립변수 유형

식물군집 데이터를 이용한 회귀분석에서 독립변수로서 생물적인 요인·비생물적인 요인(환경요인)이 함께 다루어진다. 생물·비생물 요인이 가지는 정보는 어떤 '척도(scale)'에 의해 데이터에 값을 대응시켜 표현된다. 척도에는 양적척도, 서열척도, 명목척도가 있는데 양적척도는 정량적 변수이고, 서열(순서)척도와 명목척도는 정성적 변수이다. 회귀분석에서는 회귀모형 종류에 따라 다룰 수 있는 독립변수의 유형이 다르다. 다음에서 그 유형에 대해 설명한다.

- **양적척도**(quantitative scale) : 측정의 순서나 차이에도 의미가 있는 측정값을 정량적으로 나타낼 수 있는 수치이다. 예를 들어, 환경요인이라면 해발고도나 토양질소량 등이, 생물요인이라면 식물의 크기나 생체량 등이 될 수 있다. 양적척도는 얻을 수 있는 값에 따라 연속값과 이산값으로 나눌 수 있다. 고전적인 회귀분석인 선형회귀에서는 종속변수·독립변수 모두 양적 변수만을 처리할 수 있다.

- **서열척도(순서척도, ordinal scale)** : 주어진 수치의 대소관계에서만 의미를 갖는 척도를 말한다. 즉, 값의 순서는 의미를 갖지만, 값의 차이는 의미를 갖지 않는다. 환경기울기나 교란 강도에서 순서를 매길 수 있는데 정량적으로 측정하기 어려울 때 주로 쓰인다. 예를 들어, 건습 정도에 따른 생태계 유형(건조/반건조/습윤 생태계)이나, 들불이나 방목압(放牧壓) 등의 교란 강도 순서(고/중/저 혹은 강/중/약)를 편의적으로 1, 2, 3, … 등으로 표시해 쓰인다.

- **명목척도(nominal scale)** : 값의 순서나 차이에도 의미를 갖지 않는 정성적(질적)인 데이터이다. 대상을 그 특성에 따라 카테고리로 분류하여 기호를 부여한 것이다. 예를 들어, 인위적으로 처리한 환경조건(무처리/질소 투입/인산 투입)이나 관리법(무처리/들불/풀베기) 등을 들 수 있다. 또, 순서를 매길 수 없는 생태계의 환경조건(예를 들어, 능선/계곡) 등의 데이터도 명목척도로 수집한다.
  명목척도로 구한 독립변수는 회귀분석에서 0이나 1의 값을 갖는 더미(dummy) 변수로 이용된다(Agresti, 1996; 藤井, 2010). 예를 들어, 3 수준의 관리법(무처리/들불/풀베기)의 경우, 들불 유무(0/1) 및 풀베기 유무(0/1)라는 2개의 변수를 작성할 수 있는데 무처리(들불 유무=0, 풀베기 유무=0), 들불(1, 0), 풀베기(0, 1)로 표현된다.

앞에서 설명하는 것처럼, 데이터가 갖는 정보량은 양적척도, 서열척도, 명목척도 순에 따라 감소한다. 해발고도 데이터를 예로 들면, 양적척도로 얻은 데이터는 서열척도나 명목척도로 바꿀 수 있지만, 명목척도나 서열척도로 얻은 데이터를 양적 데이터로 변환할 수 없다(표 4.3). 독립변수 데이터를 어떤 척도로 수집할지는 독립변수의 요인이나 측정 노력에 따라 달라질 수 있으나, 가능한 정보량이 많은 척도로 수집하는 것이 바람직하다. 다음은 표 4.1에 언급한 단순회귀모형에서 더 복잡한 모형 순서대로 설명한다.

[표 4.3] 다양한 척도로 얻어진 독립변수 데이터. 해발고도 데이터를 예로 나타낸다.

	해발고도		
양적척도	815m	1204m	2236m
서열척도	3	2	1
명목척도	저	중	고

4.3 선형회귀

선형회귀(linear regression model : LM)는 가장 고전적인 회귀분석이며, 종속변수-독립변수간의 선형 관계를 분석하는 모형이다. 선형회귀의 특징은 종속변수·독립변수 모두 양적변수를 다루며, 데이터 편차가 분산의 동일한 정규분포(등분산성 정규분포)에 따르는 것을 가정한다. 또한 정규성을 가정한 분석에서 독립변수에 명목척도로 얻은 질적 변수를 이용하는 경우의 방법은 분산분석(analysis of variance : ANOVA)이라고 하며, 회귀분석과는 구별된다. 여기서는 단순선형회귀와 다중선형회귀에 대해 기술하고, 이것들을 활용한 연구사례에 대해 해설한다.

4.3.1 단순선형회귀

단순선형회귀(simple linear regression)는 종속변수 y와 어느 1개의 독립변수 x_1간의 선형 관계를 검증하는 가장 단순한 회귀모형이다.

$$y = \beta_0 + \beta_1 x_1 + e \tag{4.7}$$

식물군집 데이터를 이용한 단순선형회귀는 주로 균질화된 실험환경하에서 주목하는 1개의 환경요인만을 변화시켰을 때 식물군집 반응을 검증하는데 주로 썼다. 이런 검증은 미국 미네소타주 시더 크리크(Cedar Creek)(그림 1.9 참조)

에서 일련의 환경처리실험을 시작으로 해 많은 연구가 이루어졌다(예를 들어, Tilman and Wedin, 1991).

여기에서는 토양 질소량의 변화에 대한 식물 생체량의 반응을 단순선형회귀를 이용해 확인했다. 빈영양 토양의 시험지에서 어느 다년생 초본의 단일 군집(monoculture)을 설정해, 토양 질소량을 0~900(㎎·kg^{-1})의 범위 내에서 시비 처리하여, 2년 후의 지상부 생체량을 측정했다. 토양 질소량과 얻은 생체량 데이터를 산포도로 나타내면, 토양 질소량이 높을수록 생체량이 단순 증가하는 정(正)의 선형 관계가 형성하는 것처럼 보인다(그림 4.5a). 실제로 그러한 관계가 형성되는지, 단순선형회귀를 적용해 검증했다. 생체량-토양 질소량간의 관계를 회귀식으로 나타내면 다음과 같다.

$$\text{생체량 기대치} = \beta_0 + \beta_1 \times \text{토양 질소량}$$

단순선형회귀의 파라미터 추정은 종속변수의 편차가 등분산성의 정규분포에 따르는 것을 가정하고 있기 때문에 '최소자승법(최소제곱법 : least square method)'을 통해 이루어진다. 최소자승법을 통한 파라미터 추정은 관측데이터에

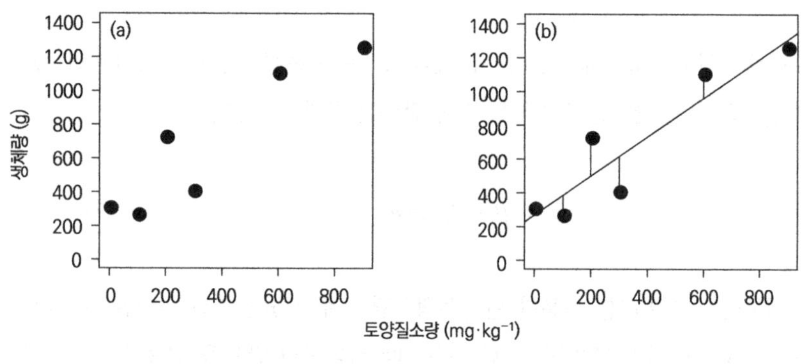

[그림 4.5] 초본군집의 식물생체량-토양질소량의 관계
(a) 산포도, (b) 최소자승법을 통해 추정된 단순선형 회귀직선과 잔차(수직선)

가장 적용이 좋은 β_0 및 β_1을 찾아내는 것이다(Sokal and Rohlf, 1995). 최소자승법에 대해서는 Box 4.1을 참조하기 바란다. 식물생체량–토양 질소량의 예에서는 최소자승법을 통해 다음과 같이 추정되었다(그림 4.5b).

$$\text{생체량의 기대치} = 267.2 + 1.2 \times \text{토양 질소량}$$

추정된 회귀식을 풀어 읽어보면, 토양질소량이 1단위 증가하면 식물생체량이 1.2배씩 늘어나는 것을 알 수 있다.

최소자승법을 통해 추정된 회귀식이 의미가 있는 회귀인지, 즉 회귀의 유의성은 기울기 β_1이 유의하게 0에서 다른지에 의해 검정된다(市原, 1990). 또한, 추정된 회귀식이 관측데이터에 어느 정도 적합한지를 검토할 때 결정계수(coefficient of determination : R^2)를 따지는 경우가 많다(Box 4.1). 그림 4.5b의 회귀식에서 R^2값이 0.85였다. 야외조사로 얻은 데이터는 환경요인의 불균일성이나 식물종의 개체 차이 등 다양한 요인에 영향을 받아 데이터 편차가 커져 R^2값이 낮아지는 경우가 많다.

식물군집 데이터를 이용한 단순선형회귀는 앞의 사례처럼 단순화된 환경의 군집생산성 추정 등에 이용되었다. 그러나 여러 환경요인과 생물간 상호작용이 복잡하게 관여하는 생태적 과정을 다루는 최근의 군집생태학 연구에서는 단순선형회귀를 적용한 사례가 줄어들고 있다. 한편, 군집의 복잡한 정보를 나타내는 변량(종속변수)을 단순선형회귀에 적용하여, 복잡한 생태적 과정을 단순하게 패턴화하려는 연구도 시도되고 있다(4.3.3항).

Box 4.1

▸ 최소자승법과 결정계수

최소자승법은 관측데이터에 가장 적합한 파라미터값을 찾아내는 방법이다. 관측(측정)으로 얻은 N개의 점 전체에 대해, 관측치 y_i(i=1, 2,⋯, N)와 회귀직선상 추정치 Y_i와의 차(회귀잔차)를 구한다. 회귀 잔차는 그림 4.5b에서 검은 점으로 나타낸 '어느 토양질소량에서의 생체량 관측치'로부터 '회귀직선' 사이에 수직에 그은 실선 길이를 말한다. 최소자승법은 이 잔차를 제곱해 합산하여(잔차제곱합 : residual sum of squares) 최소로 하는 가장 확실한 값(최확값)을 구하는 방법이다.

$$\text{잔차}^2 = (y_i - Y_i)^2 = (y_i - (\beta_0 + \beta_1 x_{1i}))^2 \qquad (1)$$

추정된 회귀식의 결정계수 R^2는 식 2를 통해 산출된다.

$$R^2 = \frac{\Sigma(Y_i - y\text{의 평균})}{\Sigma(y_i - y\text{의 평균})} \qquad (2)$$

y_i : i번째의 y의 관측치

Y_i : i번째의 Y의 회귀직선상의 값

R^2 값은 0~1까지 얻어지고, 관측치가 회귀직선상에 줄을 서듯이 가까워질수록 1에 가까워져 추정 회귀식의 적합도가 높다고 판정한다.

4.3.2 다중선형회귀

다중선형회귀(multiple linear regression)는 2 이상의 독립변수를 가지는 선형 회귀모형이다.

$$y = \beta_0 + \beta_1 x_1 + \beta_2 x_2 + \cdots + e \qquad (4.8)$$

다중선형회귀에서의 β_0는 회귀정수, β_1, β_2, ⋯는 편회귀계수라고 불린다. 독립

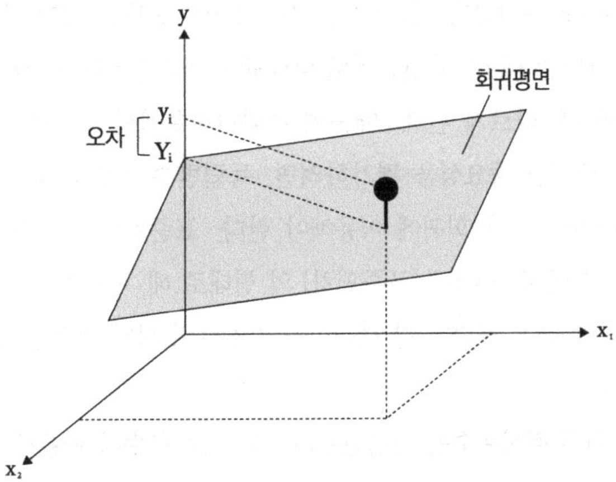

[그림 4.6] 다중회귀($y=\beta_0+\beta_1x_1+\beta_2x_2$)에서 최소자승법의 이미지
독립변수로 회귀평면이 만들어지고, 종속변수에서 회귀평면의 회귀잔차(Y_i-y_i)를 구할 수 있다.

변수간에 상호작용이 일어나는 경우, 회귀식에서의 독립변수는 곱 $x_1 \times x_2$의 형태로 표현된다. 상호작용은 어느 독립변수의 효과가 다른 독립변수의 값에 의해 달라지는 것을 말한다. 예를 들어, 군집의 생산성에 빛과 토양수분량의 2개 환경요인이 주는 영향을 생각했을 때 토양수분량 변화에 대한 생산성 반응이 빛 조건에 따라 다르면, 독립변수간에 상호작용이 있다고 말할 수 있다.

식물군집 데이터를 이용한 다중선형회귀는 주로 군집의 반응에 대한 복수의 환경요인 중에서 규정요인(어떤 상태를 좌우하는 요인)을 추출하려는 목적으로 이용되었다(예를 들어, Tilman, 1996).

다중선형회귀에서 파라미터 추정은 단순선형회귀와 마찬가지로 최소자승법으로 이루어진다. 다중선형회귀에서 최소자승법은 독립변수의 수에 따라 회귀평면(독립변수가 3개 이상일 때에는 초회귀평면)이 만들어진다(그림 4.6). 이어서 관측치 y_i에서 회귀평면상의 값 Y_i에 대한 잔차를 산출해, 잔차제곱합(residual sum of squares)이 최소가 되는 회귀정수와 편회귀계수를 구한다(Sokal and Rohlf, 1995). 여기서 추정된 편회귀계수 β_1, β_2, …의 값은 각 독립변수 x_1, x_2,

…의 측정 범위나 스케일에 의존한다. 예를 들어, 토양질소량을 독립변수로 할 때, ㎎단위로 나타낸 데이터와 g단위로 나타낸 데이터를 이용한 경우는 편회귀계수의 값이 1000배 다르게 된다. 때문에 편회귀계수에서 종속변수 y에 대한 각 독립변수의 상대적인 중요성을 평가하려면, 독립변수간 단위의 차이를 '표준화(standardization)'한 후 회귀에 이용해야 한다. 표준화란 데이터를 [(각 변수의 데이터)–(각 변수의 평균치)] / [표준편차] 의 형태로 해, 평균이 0, 분산이 1의 형태로 변환하는 것이다. 표준화 한 데이터를 기초로 추정된 계수는 '표준화 편회귀계수'라고 한다.

다중선형회귀의 결정계수는 독립변수의 수가 증가할수록 자유도가 커짐으로써 R^2값이 높아 외관상 적합도가 좋아지는 경향이 있다. 이런 단점을 개선한 것이 식 4.9처럼 자유도가 조정된 결정계수를 이용하는 것이다.

$$\widehat{R^2} = 1 - \frac{n-1}{n-k-1}(1-R^2) \qquad (4.9)$$

결정계수(Box 4.1, 식 2)를 데이터의 수 n과 자유도(독립변수의 수 k)로 보정하여, 독립변수 증가에 따라 자유도가 커짐을 막기 위해 패널티를 부여하고 있다.

- **다중공선성(多重共線性)**

  여러 개의 독립변수를 다루는 다중회귀분석은 독립변수간에 강한 상관관계가 작동하여 생기는 다중공선성(multicollinearity)을 고려할 필요가 있다. 다중회귀분석은 독립변수가 많을수록 외관의 예측 정도가 쉽게 향상되는 현상(과잉적합)이 생긴다. 그러나 독립변수간에 강한 상관관계가 있는 경우, 종속변수에 대한 독립변수의 효과가 서로 겹치는 것으로 영향이 없는 것처럼 보여, 독립변수 계수가 데이터의 극히 몇 안 되는 차이로 크게 변하는 등 파라미터 추정의 정밀도가 낮아진다. 이런 독립변수의 다중공선성은 식물군집 데이터의 분석에서도 자주 지적되는 문제이다(Graham, 2003).

  독립변수간의 다중공선성을 확인하려면, 회귀를 실시하기 전에 먼저 독립변수끼리의 산포도를 작성해 변수간의 상관관계를 확인하는 것이 중요하다. 다중공선성을 정량적으로 평가하는 지표 하나에 분산확대계수(variance inflation factor : VIF)가 있다. VIF는 어느 j번째의 독립변수를 다른 모든 독립변수로 회귀했을 때의 결정계수를 R^2으로 했을 때 식 4.10에 의해 산출된다.

$$\mathrm{VIF}_j = \frac{1}{1-R_j^2} \tag{4.10}$$

이것으로 독립변수간 다중상관계수에 근거해 계수추정치의 표준오차를 평가한다. VIF가 10 이상일 때 경험적으로 독립변수간에 다중공선성이 존재한다고 판단한다(Montgomery and Peck, 1992).

독립변수간의 다중공선성을 회피하는 방법은 다중공선성을 나타내는 독립변수의 어느 한 쪽을 제외하는 방법과 독립변수 정보를 요약해 쓰는 방법이 있다. 전자는 관측한 모든 요인을 독립변수로 이용하는 것이 아니라 상관이 강한 변수 가운데 어느 것이든 한쪽을 제외하고 회귀를 실시하는 방법이다. 후자는 상관이 강한 여러 개의 변수를 주성분 분석(PCA)이나 주좌표분석(PCoA)등의 서열분석(2.3절 참조)으로 정보를 요약하여 쓰는 방법이며, 관측한 모든 요인을 독립변수로 다루고 싶은 경우에 유용하다. 이 방법은 주성분화 된 축 중에 설명력이 높은 주요 축을 골라서 독립변수로 쓰는 것인데 정보가 사라진 가능성이 있으므로 주의가 필요하다(2.3절 참조). 후자의 방법을 이용한 연구사례에 대해서는 4.5.3항에서 소개한다.

4.3.3 선형회귀를 이용한 연구 사례

먼저 군집간 종조성의 유사성을 종속변수로 한 단순선형회귀를 써서, 습지복원사업에 따른 식생복원 패턴을 검증한 연구사례(Meyer *et al.*, 2010)를 소개한다. 이 연구는 미국 네브라스카주의 하반(河畔)습지에서 회복 사업을 실시한 후에 경과년수가 서로 다른 6개 복원습지와 3개 자연습지를 대상으로 3년간 식생조사를

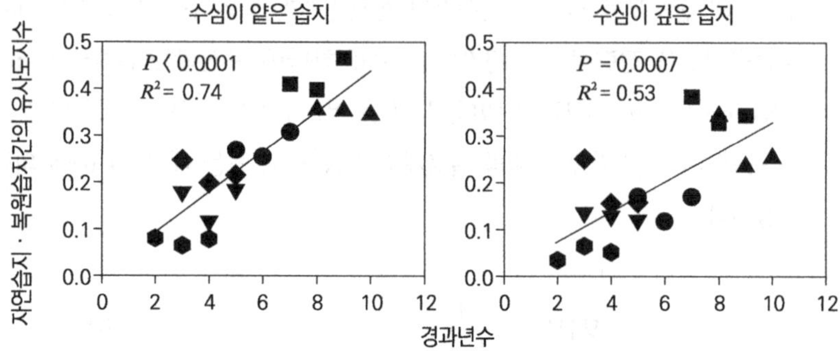

[그림 4.7] 미국 습지에서 복원사업의 경과년수에 따른 식생복원 정도(유사도지수)를 단순선형 회귀로 검증한 결과.
추정된 회귀식에서 P는 유의확률, R^2는 결정계수를 나타낸다. Meyer *et al.* (2010)를 일부 수정.

실시했다. 자연습지에서 종조성의 피도 평균값을 비교(대조구)로 해서, 각 복원습지와의 퍼센티지 유사도(2.2절 참조)를 산출해, 이 유사도를 종속변수, 복원 후의 경과년수를 독립변수로 단순선형회귀를 적용했다. 그 결과, 경과년수에 따라 유사도가 단순 증가하는 정(+)의 선형 관계를 보였다(그림 4.7). 즉, 경과년수에 따라 복원습지의 종조성이 자연습지에 가까워짐이 나타났다. 이 연구사례처럼 종조성 데이터를 요약한 변량을 회귀분석의 종속변수로 이용함으로써 식생변화나 복원 패턴, 그 규정요인을 검증할 수 있다.

다음은 더 발전적인 사례인데 식물군집이 갖는 생태계의 다면적 기능(4.2.1절)을 종속변수로 하여 선형회귀를 적용한 연구사례(Soliveres *et al.*, 2014)를 소개한다. 이 연구는 전세계의 건조지인 초원 생태계(16개국 224개 조사구)를 대상으로 하여, 최근 건조초원에서 진행되는 목본식물(주로 관목)의 침입(shrub encroachment)에 따르는 생물다양성의 저하가 생태계의 다면적 기능에 미치는 영향을 확인했다.

생태계 기능을 나타내는 14개 토양변수(예를 들어, 탄소, 질소, 인 등)를 다면적 기능의 지수로 설정하고, 그 변수를 표준화 한 값의 평균을 산출했다. 분석을 위해 다면적 기능의 지수를 종속변수, 상대산림피복율(RWC)을 독립변수로 하여 회귀분석을 실시했다. 또 3개의 생태계(습윤건조지, 반건조지, 건조지생태계)마다 이를 적용해, 선형회귀 및 2차 회귀분석을 실시해 서로 비교했다. 그 결과, 생태계의 다면적 기능은 상대목본피복율에 대해 습윤생태계는 정(+)의 선형관계, 반건조지 생태계는 산봉우리형 관계, 건조생태계는 부(–)의 선형관계를 나타냈다(그림 4.8). 생물다양성–생태계 기능간의 정(+)의 관계성을 검증한 일련의 선행연구(3.2절 참조)에서는 생태계 기능의 양·속도를 종속변수, 생물다양성(종수)을 독립변수로 하여 회귀분석을 적용했다(그림 4.4c). 이런 회귀분석에서 종수가 생태계 기능의 양·속도를 직접적으로 규정하는 원인은 아닐 것이다. 그러나 종수 변화 또는 변화된 구성종의 기능형질이나 그 다양성 등을 통해 생태계 기능의 반응이 생겨났을 것으로 생각된다. 이런 생태적인 과정이나 메카니즘을 내포한 모형을 구축함으로써 복잡한 생태계 메카니즘을 설명하는 생태학 이론을 발전시킬 수 있다.

마지막으로 다중선형회귀분석을 적용한 사례로 염성습지(塩性濕地)에서 식물종 다양성의 규정요인을 여러 환경요인에서 추출한 연구를 소개한다(Gough *et al.*, 1994). 이 연구는 미국 멕시코만에 위치하는 담수, 기수, 염수역에 걸쳐 36개의 염성습지 군집을 대상으로, 지상부 생체량 및 3개의 환경요인(해발, 염성유형,

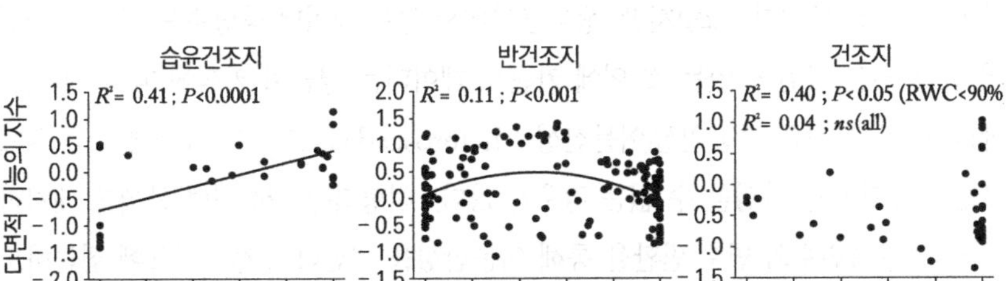

[그림 4.8] 건조지 초원에서 생태계의 다면적 기능 지수와 산림 확대(상대수목피복률 : RWC, %)의 관계를 선형회귀 혹은 2차 회귀분석을 통해 검증한 결과.

추정된 회귀식에서 P는 유의확률이고, R^2은 결정계수를 나타내고 있다.

Soliveres *et al.*(2014)를 일부 수정.

토양유기물량)이 군집의 종수에 미치는 영향을 확인하기 위해 다음 다중회귀식을 적용했다.

$$\text{종수} = \beta_0 + \beta_1 \times \text{생체량} + \beta_2 \times \text{해발} + \beta_3 \times \text{염성 유형} + \beta_4 \times \text{토양유기물양}$$

해발 : 저=1, 중=2, 고=3

염성유형 : 해수=1, 중간=2, 기수=3, 염수=4

여기에서는 해발 및 염성유형 데이터를 모형에 집어넣기 위해 서열척도 값을 썼다. 최소자승법을 통해 추정된 회귀식은 다음과 같다.

$$\text{종수} = -3.90 - 0.001 \times \text{생체량} + 3.10 \times \text{해발} + 0.51 \times \text{염성 유형} + 0.05 \times \text{토양유기물양}$$

지상부 생체량의 편회귀계수는 부(-)의 값, 3 개의 환경요인의 편회귀계수는 정(+)의 값이었는데 이를 통해 염성습지의 종다양성은 생체량보다 그 외의 환경요인(염성 스트레스 등)에 의해 규정되는 것으로 분석됐다. 여기서 설명한 선형회귀에는 몇 가지 제약이 있는데 취급한 변수가 엄밀하게 양적 변수로 한정되는 것과 함께 데이터의 정규성을 가정하고, 종속변수–독립변수간의 선형 관계로 다루어야 한다는 점 등이다. 그렇지만, 생물군집에서 얻은 데이터 상당수는 관측치 범위에 상한 혹은 하한이 있는 것 외에 카운트 데이터는 평균이 커짐에 따라 편차(분산)도 커져, 분산의 불균일성(이분산성 : heteroscedasticity)을 나타내는 등 실제로는 정규분포를 가정할 수 없는 경우가 많다. 선형회귀에서 이런 문제를 대처하기 위해 종속변수의 변수 변환을 통해 이분산성을 개선하여 정규분포에 접근하도록 하는 대책을 강구한다(스네데카(Snedecor)·코쿠란(Cochran), 1972; 市原, 1990). 한편, 데이터의 변수 변환을 통한 정규성 가정은 모형의 검출력(통계적 검정에서 가설이 참이 아닌 것이 감지되는 확률) 저하나 결과 해석의 곤란함을 초래하는 문제점도 지적되었다(예를 들어, Warton and Hui, 2011). 다음에서 소개하는 일반화선형모형은 정규분포 이외의 확률분포를 적용함으로써 이런 문제에 대처할 수 있다.

여기서 기술한 선형회귀에 대한 더 상세한 정보는 市原(1990)나 Jongman *et al.*(1995)을 참고하고, R 통계프로그램에 의한 선형회귀분석 방법은 Crawley (2008)나 Qian(2011) 등에서 자세하게 설명하고 있다.

4.4 일반화선형모형

일반화선형모형(generalized linear model : GLM)은 선형회귀를 확장하고 통일적인 틀 아래에서 취급할 수 있도록 한 방법이며, 최근 회귀분석의 주류를 이루고 있다. GLM은 선형회귀를 기반으로 오차구조(error structure)와 연결함수(link function)라는 요소를 더하면, 정규분포 이외의 확률분포를 처리할 수 있고, 종속변수와 독립변수의 관계성을 조정함으로써 다양한 유형의 종속변수나 독립변수 데이터를 회귀분석에 적용 가능해졌다(粕谷, 2012; 久保, 2012). 식물군집 데이터 분석에서도 GLM의 발전과 보급에 따라 개체수나 종수의 변화(편차)가 큰 카운트 데이터와 종의 유·무(또는 재·부재)라는 범주형 데이터(categorical data) 등 다양한 변량을 회귀분석의 종속변수로 이용하는 분석이 가능해졌다. 아래에 GLM 구성, GLM의 파라미터 추정, 모형선택 및 연구사례 순으로 설명한다.

4.4.1 GLM의 구성

GLM은 종속변수·독립변수에 추가하여 연결함수 및 오차구조라는 2개의 구성요소를 더 추가하여 식 4.11로 나타낼 수 있다.

$$\text{연결함수}(y\text{의 기대치}) = \beta_0 + \beta_1 x_1 + \beta_2 x_2 + \cdots + e \qquad (4.11)$$

관계식의 우변인 독립변수의 일차식은 '선형 예측자(linear predictor)'라고 한다.

'오차구조'는 종속변수의 데이터 편차(잔차, 오차)를 표현하는 역할을 맡는다. 선형회귀는 종속변수 데이터의 격차가 등분산성(等分散性)의 정규분포에 따르는 것을 가정하지만, GLM는 정규분포 이외의 다양한 확률분포를 선택하는 것으로 데이터에 적합한 편차를 표현할 수 있다. 식물군집 데이터 분석에 흔히 쓰이는 확률분포는 이항분포, 포아송분포, 감마분포 등이다(표 4.2).

'연결함수'는 독립변수와 종속변수의 관계성을 변화시키는 역할을 한다. 선형회귀는 종속변수–독립변수간의 선형관계를 다루지만, GLM은 종속변수를 변수변환하는 것 없이, 연결함수를 통해 종속변수–독립변수간의 관계성을 바꿀 수 있다. 연결함수 종류에는 항등(恒等)연결(identity link), 대수연결(log link), 로짓연결(logit link) 등이 있다. 대표적인 연결함수로서 종속변수–독립변수간의 관계성은 다음 식과 같이 된다.

항등연결함수의 경우 : y의 기대치 $= \beta_0 + \beta_1 x_1 + \beta_2 x_2 + \cdots$

대등연결함수의 경우 : $\log(y$의 기대치$) = \beta_0 + \beta_1 x_1 + \beta_2 x_2 + \cdots$

로짓연결함수의 경우 : $\log\left\{\dfrac{y\text{의 기대치}}{(1-y\text{의 기대치})}\right\} = \beta_0 + \beta_1 x_1 + \beta_2 x_2 + \cdots$

항등연결함수에서는 y의 기댓값이 선형 예측자($\beta_0+\beta_1 x_1+\beta_2 x_2+\cdots$)와 동일하고, 선형회귀모형이 된다. 대수연결함수는 y의 기대치 $= \exp(\beta_0+\beta_1 x_1+\beta_2 x_2+\cdots)$로 변형할 수 있어 선형 예측자의 값에 관계없이 종속변수는 정(+)의 값을 얻는다. 로짓연결함수는 y의 기대치 $= 1/\{1+\exp(-\beta_0+\beta_1 x_1+\beta_2 x_2+\cdots)\}$로 바꿀 수 있어 선형 예측자의 값에 관계없이 종속변수의 기댓값은 0과 1사이의 값을 얻는다. 이런 수학적 성질에서 주요 확률분포형에 편리한 연결함수가 정준(正準)연결함수라고 할 수 있다(표 4.4). GLM은 관측데이터에 따라 선형 예측자, 오차구조, 연결함수를 선택함으로써 회귀모형을 특정한다.

[표 4.4] 주요한 확률분포에 대응하는 정준(正準)연결함수

확률분포	정규분포	포아송분포	이항분포	감마분포
연결함수	항등연결	대수연결	로짓연결	역수연결

4.4.2 GLM의 파라미터 추정

GLM은 먼저 얻은 종속변수 데이터에 따라 확률분포를 선택한다. 주요 식물군집 데이터와 대응하는 확률분포는 표 4.2와 같다. 이어 확률분포의 파라미터를 관측데이터를 기반으로 추정한다. GLM의 파라미터 추정은 '최우추정법(最尤推定法, maximum likelihood estimation)'을 통해 이루어진다. 최우추정법의 파라미터 추정은 관측데이터를 가장 얻기 쉬운 $\beta_0, \beta_1, \beta_2, \cdots$를 찾아내기 위함이다. 여기에서 식물군집 데이터 분석에서 중요한 확률분포(포아송분포, 이항분포)를 이용한 GLM을 사례로 최우추정 과정을 설명한다.

(1) 종수데이터를 이용한 포아송회귀

종수와 개체수 등 0 이상의 이산값(카운트 데이터)을 종속변수로 할 경우, 오차구조에 포아송분포를 이용한 GLM(포아송회귀)을 적용할 수 있다. 여기에서 종수를 종속변수, 명목척도로 얻어진 변량을 독립변수로 한 GLM를 사례로 포아송분포의 파라미터 추정 과정을 설명한다. 인위적인 관리로 유지되는 반자연초원에서 관리법의 차이가 초본군집의 종다양성에 미치는 영향을 검증하려 한다. 관리법(들불/들불+풀베기)이 다른 초원 조사지를 각각 3개를 설정해, 각 조사지에 20개의 방형구(면적 1㎡)를 설치하고, 출현하는 식물종수를 조사했다. 조사된 종수를 관리법마다 도식하면, 그림 4.9a처럼 된다. 이런 그림을 상자그림(boxplot)이라고 하는데 양적변수-양적변수의 관계성을 표현하는 산포도보다 양적변수-질적변수의 관계성을 나타내는 경우에 쓰인다. 이 그림에서 초원군집의 종수는 들불 조사지보다 들불+풀베기 조사지에서 더 높은 것으로 보인다.

오차구조로 포아송분포를, 연결함수로 대수연결를 이용한 GLM을 적용하고, 최우법을 통한 파라미터를 추정한다. 여기서 종수의 평균(기댓값)을 λ로 하면,

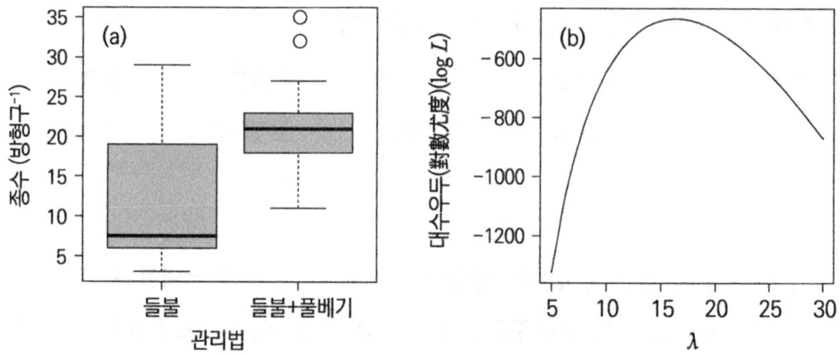

[그림 4.9] 초본군집의 종수에 관리법이 미치는 영향에 대해 포아송분포를 이용한 GLM에 의한 검증 결과
(a) 관리법마다 식물종수를 나타내는 그림상자(boxplot). 상자안의 굵은선이 중앙치, 상자(회색) 위·아래의 선이 사분위수(데이터 전체의 최소값으로부터 25% 및 75%에 해당하는 값)를 나타낸다. (b) 평균종수 λ를 변화시켰을 때의 포아송분포에서 관측데이터의 대수우도(対数尤度, log-likelihood)를 나타낸다.

λ는 다음 식으로 표현할 수 있다.

$$\log(\lambda) = \beta_0 + \beta_1 \times \text{관리법}$$
$$\lambda = \exp(\beta_0 + \beta_1 \times \text{관리법})$$

파라미터 λ는 β_0와 β_1의 함수로 취급할 수 있다. 또한 독립변수가 명목척도인 경우, GLM은 더미변수를 작성해 사용한다(4.2.2절). 이 사례에서는 2 수준의 관리법에 대해 들불=0, 들불+풀베기=1로 취급한다. 종수의 평균(기댓값)이 λ일 때 종수 y가 되는 확률은 포아송분포에 따라 식 4.12로 나타낼 수 있다.

$$P(y \mid \lambda) = \frac{(\exp(\beta_0 + \beta_1\text{관리법}))^y \exp(-(\exp(\beta_0 + \beta_1\text{관리법})))}{y!} \qquad (4.12)$$

이와 같이 확률분포는 어느 파라미터값(λ)에서 관측데이터를 얻어 확률을 구할 수 있다(4.2.1항). 최우법을 통한 파라미터 추정은 이것을 써서, 관측데이터로 얻을 수 있는 확률을 최대화시키는 파라미터를 특정한다. 최우법을 통한 파라미터 추정에 대해서는 Box 4.2를 참조하기 바란다.

종수데이터를 이용한 사례의 추정결과를 표 4.5에 나타낸다. 표 4.5에 나타낸 Z값은 워드(Wald) 통계량으로 불리는 값이며, (계수의 추정치)/(추정치의 표준오차)로 산출된다.

Box 4.2

▸ 최우추정법을 이용한 파라미터 추정

최우추정법은 확률분포를 이용해 관측데이터를 얻을 수 있는 확률을 최대화시키는 파라미터의 값을 추정하는 방법이다. 확률분포는 파라미터의 값을 주는 것으로 확률분포의 형태가 결정되고, 분포의 형태에서 각 관측 데이터를 얻을 수 있는 확률을 구할 수 있다(그림 4.2). 어느 파라미터의 값에 대해 관측데이터를 얻을 수 있는 확률을 우도(尤度, likelihood: L)라고 한다. 우도 L은 파라미터의 평균(기대치)을 λ로 할 때 모든 샘플 i에 대해 y_i를 취할 수 있는 확률 $P(y_i|\lambda)$의 곱으로 구할 수 있다.

$$L(\lambda) = p(y_1|\lambda) \times p(y_2|\lambda) \times p(y_3|\lambda) \times p(y_4|\lambda) \cdots \times p(y_i|\lambda)$$

곱으로 표현되는 것은 $p(y_1|\lambda)$ 또 $p(y_2|\lambda)$ 또 …와 관측데이터 N개의 사건이 동시에 발생하는 것을 의미하기 때문이다. 최우법에서는 우도를 대수 변환한 대수우도(対数尤度) $\log L$을 최대화시키는 λ를 찾아내는 것으로 관측된 데이터가 가장 얻기 쉬운 사건의 확률을 특정한다.

(1) 포아송분포에서 파라미터 추정

종수데이터를 이용한 포아송회귀의 사례에서는 종수의 평균(기대치)이 λ일 때 종수가 y인 확률(식 4.12)을 이용해 대수우도를 산출한다.

$$\log L(\lambda) = \log L(\beta_0, \beta_1) = \Sigma \log \frac{(\beta_0 + \beta_1 \text{관리법})^y \exp(-(\beta_0 + \beta_1 \text{관리법}))}{y!}$$

종수의 평균 λ를 5~30까지 변화시켰을 때 대수우도의 변화를 나타낸 것이 그림 4. 9b이다. 이 사례의 최대 대수우도는 다음의 식과 같다.

$$\log L(\lambda)=\log L(\beta_0=2.48,\ \beta_1=0.54)=-403.0$$

(2) 이항분포에서의 파라미터 추정

희소종의 유·무 데이터에 로지스틱 회귀(logistic regression)를 적용한 사례에서는 출현확률 q일 경우, 희소종 A가 30지점 중 y개의 지점에서 유(有)또는 재(在)가 되는 확률(식 4.13)을 이용해 대수우도를 산출한다.

$$\log L(q)=\log L(\beta_0,\beta_1,\beta_2,\beta_3)=\Sigma\{\log({}_{30}C_y)+y\times\log(q)+(30-y)\times\log(1-q)\}$$

(1)과 같이 대수우도가 최대가 될 때의 β_0, β_1, β_2, β_3를 구한다. 최우추정법에 대해서는 蓑谷(2009) 등이 자세하게 설명하고 있다.

최우법(最尤法)에서는 표본 크기가 클 때에 파라미터의 최우추정치(最尤 推定値)가 정규분포를 따르는 것에 기반하여, 파라미터 구간을 추정할 수 있다. 여기에서는 Z값을 기초로 워드(Wald) 신뢰구간이 구성되고, 어느 값의 범위(예를 들어, 95% 신뢰구간)에 파라미터의 최우추정치가 어느 정도의 확률에 들어갈까(P값)가 구해진다(Dobson and Barnett, 2008; 久保, 2012). 얻은 추정치에서 각 관리법에서의 초본군집의 평균종수를 아래 식에서 얻을 수 있게 된다.

$$\text{들불 조사지}: \exp(2.48+0\times0.54) = 11.9$$

$$\text{들불+풀베기 조사지}: \exp(2.48+1\times0.54) = 20.5$$

이처럼 종수 데이터에 포아송분포를 이용한 GLM을 적용함으로써 실제 데이터의 특징에 맞춘 종수의 추정이나 다양한 척도로 얻어진 독립변수를 모형에 도입할 수 있다.

[표 4.5] 초원군집의 종수에 대한 관리법의 영향을 포아송분포·대수연결함수를 이용한 GLM으로 검증한 추정 결과

관리법은 더미변수를 써서 들불 관리를 0, 들불+풀베기를 1로 취급하였다.

확률분포	계수의 추정치	표준오차	Z값	P값
절편항(切片項)	2.48	0.04	63.17	〈 0.001
관리법(들불+풀베기)	0.54	0.05	10.99	〈 0.001

(2) 종의 유·무 데이터를 이용한 로지스틱 회귀(logistic regression)

식물군집 데이터를 이용한 회귀분석에서는 어떤 종의 유·무(재·부재)나 실생의 생(生)·사(死)라는 명목척도로 얻은 범주형 데이터를 종속변수로 분석하고 싶을 때가 있다. 이런 데이터는 사건이 있음을 1, 없음을 0으로 하는 2진 데이터로 바꾸는 것으로 GLM의 종속변수로 쓸 수 있다(Agresti, 1996). 종자의 발아율이나 실생 생존률이라는 비율 데이터에 대해도 종자수나 실생수가 기존의 경우에는 2진 데이터로 간주해 쓸 수 있다. 이런 2진 데이터에는 오차구조로서 이항분포를, 연결함수로서 로짓연결함수를 이용한 GLM(로지스틱 회귀)을 적용할 수 있다. 여기에서는 희소종의 유·무 데이터를 종속변수로 한 로지스틱회귀를 사례로 이항분포의 파라미터 추정에 대한 과정을 설명한다. 희소종처럼 드물게 출현하는 종의 정보는 여러 번 어느 지점에 대상종 존재 여부의 유·무 데이터로 축적된다. 어느 희소종 A의 분포에 개발이 미치는 영향을 확인하기 위해 개발지로부터의 거리(0, 2, 4, 8, 12㎞)에 따라 각각 10 개의 조사지를 설치해, 각 조사지의 30지점에서 희소종 A의 유·무를 기록했다고 한다. 이런 데이터는 희소종 A의 유·무를 종속변수, 개발지로부터의 거리, 토양조건(습윤/건조) 및 상호작용을 독립변수로 하여 로지스틱회귀를 적용한다. 또한 토양조건은 건조=0, 습윤=1로 한 더미변수를 작성해 쓴다.

이항분포의 파라미터는 발생확률 q이며(4.2.1항), 여기에서는 희소종 A의 출현확률이다. 로지스틱회귀에서는 연결함수가 로짓연결인 것으로, 출현확률 q와 선형 예측자의 관계는 다음과 같이 나타낼 수 있다.

$$\text{logit}\ q=\log\left(\frac{q_i}{1-q_i}\right) = \beta_0+\beta_1\text{거리}+\beta_2\text{토양조건}+\beta_3\text{거리}\times\text{토양조건}$$

$$q=\frac{1}{1+\exp(-(\beta_0+\beta_1\text{거리}+\beta_2\text{토양조건}+\beta_3\text{거리}\times\text{토양조건}))}$$

위 식에서 알 수 있듯이 $0 \leq q \leq 1$이며, 선형 예측자의 값이 작아질수록 q는 0에 가까워지고, 커질수록 1에 가까워진다(그림 4.10a). 출현확률이 q일 때 희소종 A가 30지점 중 y개의 지점에서 존재하게(有) 되는 확률은 이항분포에 따라 식 4.13처럼 나타낸다(식 4.5 참조).

$$P(y|30,q)$$
$$={}_{30}C_y\left(\frac{1}{1+\exp(-(\beta_0+\beta_1\text{거리}+\beta_2\times\text{토양조건}+\beta_3\text{거리}\times\text{토양조건}))}\right)^y$$
$$\left\{1-\frac{1}{1+\exp(-(\beta_0+\beta_1\text{거리}+\beta_2\times\text{토양조건}+\beta_3\text{거리}\times\text{토양조건}))}\right\}^{30-y} \tag{4.13}$$

이것을 기초로 관측데이터를 얻을 수 있는 확률이 최대가 되는 출현확률 q를 최우추정법(最尤推定法)을 통해 특정한다(Box 4.2).

최우추정법에 의해 추정된 회귀식은 아래 식과 같게 된다(그림 4.10b).

$$q=\frac{1}{1+\exp(-(-5.0+0.16\times\text{거리}+2.8\times\text{토양조건}))}$$

이 결과로부터 희소종 A의 출현확률은 개발지에서 거리가 멀수록 높고, 또 건조토양보다 습윤토양에서 높다는 것을 알 수 있다. 또한 이 사례에서 2개의 독립변수(개발지에서의 거리와 토양조건)의 상호작용항(β_3)의 유의성은 나타나지 않았

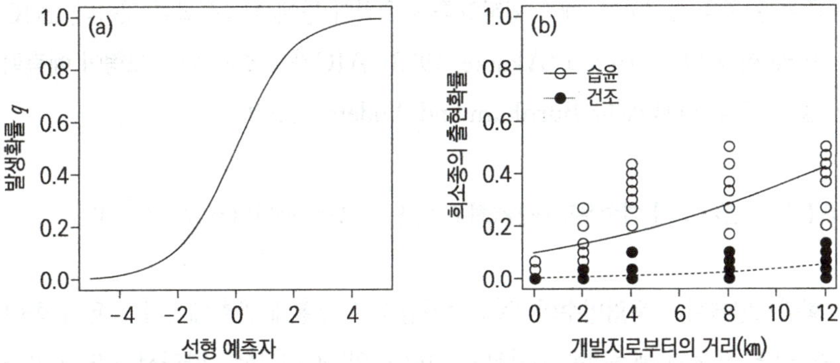

[그림 4. 10] 희소종의 유·무에 개발지로부터의 거리 및 토양조건(습윤·건조)이 미치는 영향에 대해 이항분포를 이용한 GLM에 의한 검증 결과
(a) 로지스틱회귀에서의 선형 예측자의 값의 변화에 따르는 발생확률 q의 변화,
(b) 토양조건별 추정된 개발지에서 거리에 따라 희소종의 출현확률 회귀식

았다. 이처럼 종의 유·무 데이터에 이항분포를 이용한 GLM을 써서 환경기울기나 교란강도에 따른 종의 공간분포를 추정할 수 있다. 종의 유·무 데이터를 이용한 희소종의 분포추정은 종의 보전이나 개체군의 미래예측, 생태계 관리에서 중요한 지식을 제공하고 있다.

4.4.3 AIC기준에 의한 모형 선택

회귀분석에서는 독립변수의 수나 조합을 바꾸는 것으로 여러 모형을 구축할 수 있다. 회귀모형의 구축에서는 가설에 따라 착안한 독립변수로부터 모형을 구축해 가설을 검증하는 방법(hypothesis-driven approach)과 관측데이터로부터 다양한 모형을 구축해 탐색적으로 최적의 모형을 선택하는 방법(data-driven approach)이 있다(Mellert *et al.*, 2011; Wildi, 2013). 어느 쪽이든 여러 회귀모형 중에서 어떤 기준에 따라 최적의 모형을 선택해야 한다. 여기서 모형 선택 기준으로 자주 쓰이는 아카이케(赤池) 정보량 기준(Akaike Information Criterion : AIC)을 소개한다. AIC는 모형의 관측데이터에 적용이 좋음보다 예측이 좋음을 중시하고, 예측 최적화를 최우법의 틀에서 공식화한 것이다. AIC는 아래 식 4.14로 산출되고(Akaike, 1973), AIC가 최소가 되는 모형이 예측력이 높은 모형을 나타낸다(Burnham and Anderson, 2002).

AIC = −2×(최대 대수우도)+2×(최우(最尤) 추정한 파라미터 수) (4.14)

회귀모형에서는 독립변수의 수가 증가할수록 모형에 관측데이터 적용이 좋아지는 반면, 모형의 예측력은 저하하는 경향이 있다(4.3.2항). 따라서 모형에 파라미터 1개를 추가할 때 마다 2를 부가하여 최대 대수우도에 대해 파라미터수 증가의 패널티를 주고 있다. AIC에 의한 모형 선택을 이용한 연구 사례는 4.4.4항 및 4.5.3항에서 소개한다.

4.4.4 GLM을 이용한 연구사례

먼저 고산식물군집을 대상으로 해발고도 기울기에 따른 종다양성 변화 패턴을 검증하기 위해 종형질마다 그룹화한 종속변수를 GLM에 적용한 연구사례(Bruun *et al.*, 2006)를 소개한다. 북극지역 고산식물군집에서 국소적인 종다양성이 중간 고도에서 가장 높아지는 '산봉우리형(unimodal or hump-shaped relationship)'의 변화 패턴을 보일 것으로 예상된다. 이것은 환경조건이 온화한 저지대 영역에서는 생물간의 경쟁관계가 강하게 작용하고, 높은 고도 영역에서는 종공급원(species pool : 어느 국소 군집에 종을 공급하는 군집)이 작아지는 것으로 종수가 낮게 억제되기 때문이다. 이 연구에서는 고도 기울기(수목한계~산정)에 따라 조사구를 설치해, 고산식물군집의 대표적인 기능군(상록, 낙엽성 관목, 활엽초본, 벼과식물 등)별 종수를 측정했다. 분석을 위해 각 기능군에 대해 종수를 종속변수·해발고·미지형을 독립변수로 해, 포아송분포 및 대수연결함수를 이용한 GLM을 적용했다. 그 결과, 모든 기능군의 종수는 해발고도 기울기에 따라 산봉우리형의 변화 패턴을 나타내는 한편, 기능군에 따라 그 패턴이 달라졌다(그림 4.11). 특히, 활엽초본·벼과식물의 종수는 고도 기울기에 따라 산봉우리형

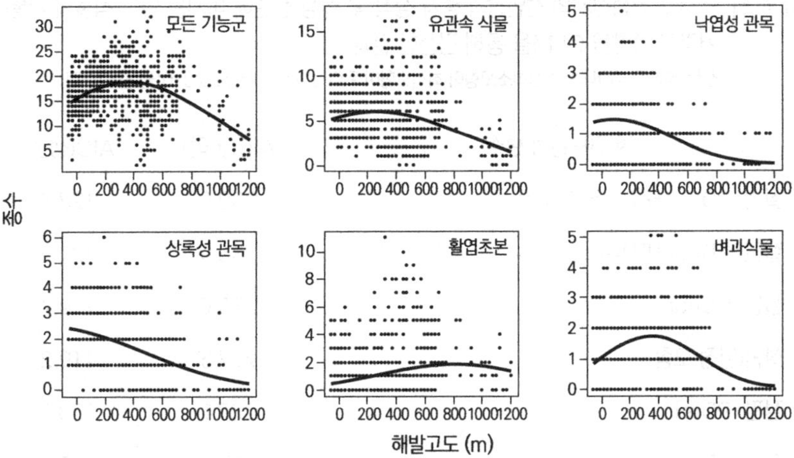

[그림 4.11] 북극지역 고산지대에서의 해발고도 기울기에 따른 식물 기능군별 종수변화 패턴을 GLM에 의해 검증한 결과

굵은선은 추정된 회귀식이고, 해발고도는 수목한계를 0m로 한 값으로 나타냈다.

Bruun *et al.*(2006)을 일부 수정.

의 분포를 보이는 반면, 상록·낙엽성 관목의 종수는 단조롭게 감소하는 경향을 나타냈다.

이 연구는 식물군집의 반응을 기능군별로 검증하였는데 군집 전체적으로 볼 때 '중간 고도지역에서의 높은 생물다양성 패턴'을 나타냈고, 기능군마다 다른 반응에 기인하는 생태적 과정을 찾아냈다.

이어 AIC 모형 선택을 이용한 가설 검증을 통해 식물–식물간 상호작용에 계통관계의 다양성이 주는 영향을 분명히 한 연구사례(Castillo *et al.*, 2010)를 소개한다. 멕시코의 반건조지역 생태계에 발달하는 식생패치(생물이 서식하는 최소 단위 공간)에서는 선인장과(*Neobuxbaumia mezcalaensis*)의 실생(実生) 정착은 식생패치 내의 보모식물(nurse plant : 식물들이 일생을 시작하기에 알맞은 조건이나 보금자리를 만들어주는 식물) 아래에서 촉진되는 것이 알려져 있다. 한편, 식물–식물간에 작동하는 경쟁관계는 계통적 거리가 가까울 때에 약해진다고 생

[표 4.6] 멕시코 식생패치의 선인장과 종자 정착 및 실생 생존에 미치는 인근 식물의 계통적 거리의 영향을 GLM을 통해 검증한 결과

진한 글씨로 나타내는 AIC최소모형이 최적모형이 된다. Castillo *et al.*(2010)을 일부 수정.

회귀모형의 변수	AIC(발아)	AIC(생존)
절편+PDnur+PDrel+PDpat	238.9	123.4
절편+PDnur+PDrel	236.9	121.5
절편+PDnur	**235.0**	119.7
절편(일정 모형)	237.5	**119.2**
절편+PDrel	237.1	120.2
절편+PDpat	237.6	119.8
절편+PDnur+PDpat	237.0	121.5
절편+PDrel+PDpat	238.6	121.8

PDnur : 보모식물, PDrel : 최근접 식물종, PDpat : 모든 식물종과 선인장과 사이의 계통적 거리

각된다. 이 연구에서 다양한 종으로 구성된 식생 패치로 선인장과 파종실험을 실시해, 종의 정착에서 식물-식물간 상호작용의 상대적 중요성을 확인했다. 선인장과 종자발아 유무와 실생 생사를 종속변수로, 선인장과 3종류(보모식물, 최근접 식물종, 식생패치의 모든 종)의 계통적 거리를 독립변수로 하여, 이항분포를 이용한 GLM를 적용했다.

AIC 모형 선택 결과, 종자 발아는 보모식물과 계통적 거리만을 독립변수로 한 모형이, 실생 생존은 절편항 모형이 AIC 최소의 최적모형이 되었다(표 4.6). 종자 발아에 관한 최적모형에서는 보모식물과 계통적 거리 계수가 정(+)의 값이 되어, 계통적 거리가 멀수록 발아율이 높아짐을 나타났다. 이 연구는 여러 종이 공존하는 식생패치의 성립에 작동하는 식물-식물종간의 진화적인 관계의 중요성을 모형 선택에 의한 가설 검증으로 밝히고 있다.

이곳에서 설명한 GLM 및 최우추정법에 대해서는 Dobson and Barnett (2008)이나 Hoffmann(2003)에서 더 자세히 공부할 수 있다. 또한 R 통계프로그램으로 통한 GLM 실행은 Crawley(2008), 粕谷(2012), 久保(2012) 등에서 자세하게 배울 수 있다.

4.5 일반화선형혼합모형

GLM의 보급으로 다양한 식물군집 데이터에 대해 데이터의 특징에 맞는 확률분포를 적용하여 회귀분석을 할 수 있게 되었다. 한편, 관측데이터는 독립변수로 추출한 요인 이외의 다양한 요인의 영향을 받아 불규칙하기 때문에 GLM의 적용이 어려울 때가 있다. 여기서는 독립변수 이외의 요인에 의해 영향을 무작위효과로 통합할 수 있는 일반화선형혼합모형(Generalized linear mixed model : GLMM)에 대해 설명한다. 또한, 끝부분에서 더 확장적인 회귀분석인 일반화가법모형과 계층 베이즈모형에 대해 설명한다(Box 4.3, Box 4.4).

4.5.1 과대분산(過大分散) 데이터

야외조사에서 얻은 데이터는 편차가 커서 관측된 현상의 패턴을 GLM으로 잘 설명할 수 없는 때가 있다(久保, 2012). 특히, 카운트 데이터를 적용하는 포아송분포나 이항분포에서 데이터의 분산(편차)은 평균에 의해 결정되지만(4.2.1절), 관측데이터에서는 이런 확률분포에서 예측되는 것보다 편차가 더 커지는 경우가 많다. 이런 현상을 '과대분산(過大分散, overdispersion)'이라고 한다. 과대분산이 일어나는 원인 중 하나는 독립변수로 추출한 요인 이외의 다양한 미관측 요인의 영향을 받아 관측데이터의 편차가 커지는 것을 들 수 있다. 통계모형에서 독립변수로 취급요인의 영향을 '고정효과(fixed effect)'라고 부르는 반면, 이런 미관측 요인이나 기존 독립변수로 다루지 않는 요인의 영향을 '무작위효과(random effect)' 혹은 '혼합효과'라고 한다. 식물군집 데이터는 종종 관측 연도나 장소, 종이나 개체의 차이라는 많은 무작위효과의 영향을 받고 있다. 예를 들어, 여러 해 동안 계속적으로 얻은 데이터는 강수량 등의 기상조건의 연차에 영향을 받을 것이다. 또, 야외조사에서 최대한 균질 환경을 설정하려고 해도, 지형 요인이나 주변환경 차이 등에 의해 다양한 장소별 차이(블록 차이)의 영향이 포함되어 버린다. 이런 데이터의 과대분산을 처리하려면, 무작위 효과를 통합할 수 있는 GLMM을 적용할 필요가 있다.

또한 데이터에 과대분산이 생기는 또 다른 하나의 원인으로 관측하는 사건이 좀처럼 일어나지 않음으로써 데이터가 0이 많이 포함되는 경우(제로 과잉 데이터)가 있다. 제로 과잉 데이터는 광역 스케일로 수집된 희소종 종수나 실생 발아수 데이터 등의 생태학 데이터에서 자주 관찰된다. 제로 과잉 데이터에서는 오차구조에 부(-)의 이항분포(negative binomial distribution)나 제로 과잉 모형(zero-infrated model)이 적용된다(Hoffmann, 2003; Zeileis *et al.*, 2008).

4.5.2 일반화선형혼합모형

GLMM은 무작위 효과에 의한 데이터의 편차를 GLM에 포함시켜, 독립변수의 효과 추정의 오류를 줄이는 것이다(Zuur *et al.*, 2009). GLMM은 다음 식 4.15, 16으로 나타낸다.

$$\text{연결함수}(y\text{의 기대치}) = \beta_0 + \beta_1 x_1 + \cdots + \gamma_i \qquad (4.15)$$

혹은

$$\text{연결함수}(y\text{의 기대치}) = \{\beta_0 \times (1+\gamma_i)\} + \beta_1 x_1 + \cdots \qquad (4.16)$$

γ_i : 무작위 항

식 4.15는 무작위 효과가 절편항(切片項)에 들어가는 경우이고, 식 4.16은 독립변수항에 들어가는 것이다. 연도, 장소, 종, 개체 등의 i(i=1, 2,⋯)마다 무작위

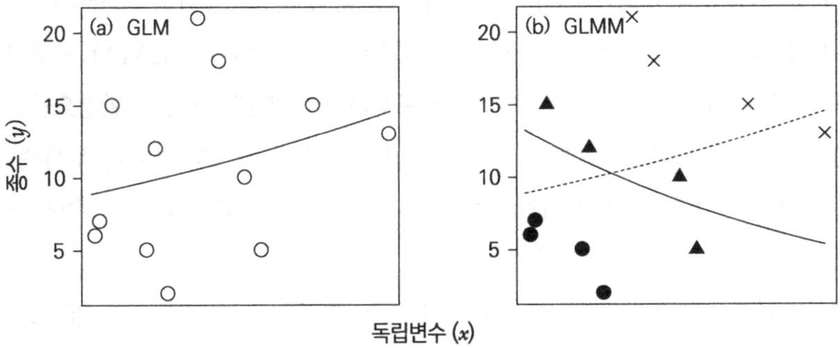

[그림 4.12] 과분산의 종수데이터를 이용한 (a) GLM 및 (b) GLMM을 통한 검증 결과
(b)의 기호 차이는 조사지가 다르다는 것을 나타낸다.

항 γ_i를 추정하는 것으로, 데이터가 과잉되는 편차만큼을 이 변수에 흡수시킬 수 있다(粕谷, 2012). 무작위 효과의 변수 γ_i는 확률분포를 통해 추정되고, 특히 평균 0, 분산 σ^2의 정규분포에 따르면 가정한 확률밀도 $P(\gamma_i|0, \sigma^2)$가 이용되는 경우가 많다. 고정효과가 되는 독립변수가 '연결함수(y의 기댓값)'(식 4.15의 좌변)의 평균(기댓값) 및 분산에 영향을 주는 반면, 무작위 효과는 평균을 0으로 하는 것으로 분산에만 영향을 주게 된다(久保·粕谷, 2006; 久保, 2007).

GLMM의 파라미터 추정은 무작위 효과의 변수 γ_i를 포함하는 것으로 최우법(最尤法)에 의한 우도(尤度) 추정이 복잡해진다. 포아송회귀를 사례로 생각하면, GLMM에서 우도는 포아송분포의 확률밀도 함수 $p(y|\lambda=\beta_0, \beta_1, \gamma_i)$와 무작위 효과의 변수의 확률밀도 $P(\gamma_i|0, \sigma^2)$를 곱하여, γ_i로 적분함으로써 산출된다. γ_i로 적분하는 것으로 연도, 장소 등의 i마다 $P(\gamma_i|0, \sigma^2)$로 가중을 한 후에 기댓값을 추정하게 된다.

구체적으로, 과분산의 종수데이터를 이용하여, 종수 y에 환경요인 x가 미치는 영향을 검증하는 예를 생각해 보자. 3개의 조사지에 각각 4개의 방형구를 설정해, 각 방형구의 식물종수와 환경요인 x를 측정했다. 이런 데이터에 대해 포아송분포와 대수연결함수를 이용한 GLM을 적용하면, 환경요인 x의 증가에 따라 종수가 늘어나는 정(+)의 관계가 나타난다(그림 4.12a). 그런 다음 조사지의 차이(i=1, 2, 3)를 무작위 변수로 통합한 GLMM을 적용한다. GLMM는 조사지마다 무작위 효과에 해당하는 오차분을 추정하여(식 4.15), 종수가 환경요인 x와 부(-)의 관계에 있음이 나타난다(그림 4.12b). 따라서 조사지 차이를 무작위 효과로 통합한 GLMM에서 위치의 차이에 의한 영향을 고려한 다음 종수에 대한 환경요인 x의 영향을 추정할 수 있다

GLMM은 이런 무작위 효과를 제외한 후, 주목하는 요인에 의한 영향을 검증할 수 있다. 회귀모형에 무작위 효과를 도입하는 것과 또 다른 장점은 추정하는 파라미터의 수를 줄이는 것이다. 어느 요인을 고정 효과로 다루는 경우에는 파라미터 추정해야 할 그 만큼 자유도가 줄어든다(Bolker *et al.*, 2009). 한편, 무작위 효과로 취급하는 경우에는 분산을 하나 추정하는 것만으로 자유도는 감소하지 않는다. 어떠한 요인을 고정 효과/무작위 효과로 취급할지가 연구의 목적에 따라 정해지는데 조사 설계를 세우는 단계에서 종속변수에 영향을 줄 수 있는 요인을 고려해, 무작위 효과를 모형에 포함시켜 회귀에 의한 추정의 오류를 방지하는 것이 중요하다(久保, 2012).

4.5.3 GLMM을 이용한 연구사례

먼저 고립 초원의 식물 종다양성을 규정하는 환경요인을 확인하기 위해, 초원간 차이를 무작위 효과로 고려한 GLMM 적용의 연구사례(Löbel *et al.*, 2006)를 소개한다. 이 연구는 스웨덴 전역에 산재하는 크기와 고립성이 다른 다양한 초원 패치에 452개 조사 방형구를 설치해, 식물 기능군별 종수를 측정했다. 종수를 종속변수, 고정효과로서 지역수준의 환경요인(토양pH, 노출암 면적 등), 경관수준의 요인(초원패치의 면적 및 고립성)을 독립변수로 하여 포아송분포와 대수연결함수를 이용한 GLMM을 적용했다. 여기서, 미관측 초원패치간의 차이를 무작위 효과로 다루기 위해 방형구가 속한 초원패치의 아이디(ID)를 무작위 변수로 이용했다. 그 결과, 고립초원의 종다양성에서 지역 환경요인(토양pH)의 중요성을 밝혔다. 이 사례처럼 군집데이터가 측정 위치의 차이에 의한 영향을 받을

것으로 예상되는 경우에는 GLMM의 적용이 필요하다.

이어서, 여러 환경요인을 주성분화로 요약된 변량을 독립변수로 쓰는 것이다. 수초(水草)군집의 종다양성에 대한 종의 분산과정과 지역적 환경요인의 상대적 중요성을 확인한 연구사례(Akasaka and Takamura, 2011)를 소개한다. 이 연구에서는 효고현(兵庫県) 산골짜기에 위치하는 상류에서 하류로 이어지는 31개 저수지에서 수생식물의 유·무 데이터를 수집했다. 종속변수는 부엽식물 및 침수식물에 각각에 대한 어떤 종류의 유·무 데이터이다. 독립변수는 종의 분산과정(물에 의한 산포체 분산)을 나타내는 '상류의 저수지에서 대상종의 유·무', PCA에 의한 주성분 분석(2.3절 참조)으로 추출된 제1축(저수지의 투명도 : PC 1) 및 제2축(산도 : PC 2)을 이용했다. 이것들을 이용하여 저수지의 아이디(ID) 및 식물종 이름을 무작위 요인으로 한 이항분포의 GLMM을 적용했다. AIC 모형 선택의 결과, 부엽식물의 유·무에는 산포체(과실, 종자, 포자 등 새로운 식물을 생기게 하는 식물의 부분)의 분산 및 제1축을 독립변수로 한 모형, 침수식물의 유·무에는 산포체의 분산, 제1축 및 제2축을 독립변수로 한 모형이 AIC 최소의 최적모형이 되었다(표 4.7). 이런 결과에서 부엽식물은 이 식물종이 상류 저수지에 있는 것이 수질보다 중요한 반면, 침수식물에는 수질이 무엇보다 중요하다는 것이 밝혀졌다. 이 연구처럼 식물군집의 반응을 규정하는 요인으로 상관이 강한 여러 환경요인을 다루는 경우에는 환경요인을 주성분화하여 독립변수로 사용하는 것은 효과적인 수단이다.

마지막으로, 종의 정착·침입 성공의 규정 요인을 검증하기 위해 종의 차이를 무작위 효과로 한 GLMM을 적용하고, 종의 경향을 일반화한 연구 사례(Kempel *et al.*, 2013)를 소개한다. 이 연구는 스위스의 초원 16개 조사지에서 토양교란 및 산포체의 도입압(導入圧)(파종한 종자량 차이)을 조작한 실험을 설정하고, 재래종 48종과 외래종 45종을 포함한 다종 파종실험을 실시했다(그림 4.13). 1년 및 3년 후에 종별 정착의 유무를 종속변수, 토양교란·도입압·종형질(예를 들어, 종자무게, 피음내성, 생활사)을 독립변수로 해, 이항분포의 GLMM을 적용했다. GLMM에서는 종의 아이디(ID) 및 실험구획을 무작위 요인으로 모형에 집어넣

[표 4.7] 서로 이어진 저수지에서 수초식물의 어느 종의 유·무에 대한 종의 분산과정(OI) 및 수질(PC1, PC2)에 미치는 영향을 상대적 중요성으로 검증한 결과

로지스틱회귀를 이용한 GLMM에서의 AIC 모형 선택의 결과를 나타낸다. W_p는 독립변수의 상대적 중요성의 평가지수. Akasaka and Takamura(2011)를 일부 수정.

모형	독립변수	계수의 추정치	표준오차	W_p
(a) 부엽식물				
OI+PC1 ; AIC=519.60				
	절편	−1.819	0.432	
	OI	0.383	0.100	0.998
	PC1	0.221	0.136	0.556
	PC2	—	—	0.318
OI ; AIC=520.05				
	절편	−1.840	0.434	
	OI	0.403	0.099	
	PC1	—	—	
	PC2	—	—	
(b) 침수식물				
OI+PC1+PC2 ; AIC=450.49				
	절편	−2.719	0.300	
	OI	0.179	0.088	0.681
	PC1	0.430	0.158	0.927
	PC2	−0.568	0.152	0.990
PC1+PC2 ; AIC=451.97				
	절편	−2.796	0.324	
	OI	—	—	
	PC1	0.469	0.169	
	PC2	−0.596	0.163	

OI : 상류 저수지에서의 대상종의 유·무

PC1, PC2 : 주성분분석(PCA)에 의해 추출된 수질환경을 나타내는 1, 2축

W_p : Akaike parameter weight로 불리는 지수. 선택된 모형 내에서의 독립변수의 상대적 중요도를 평가한다.

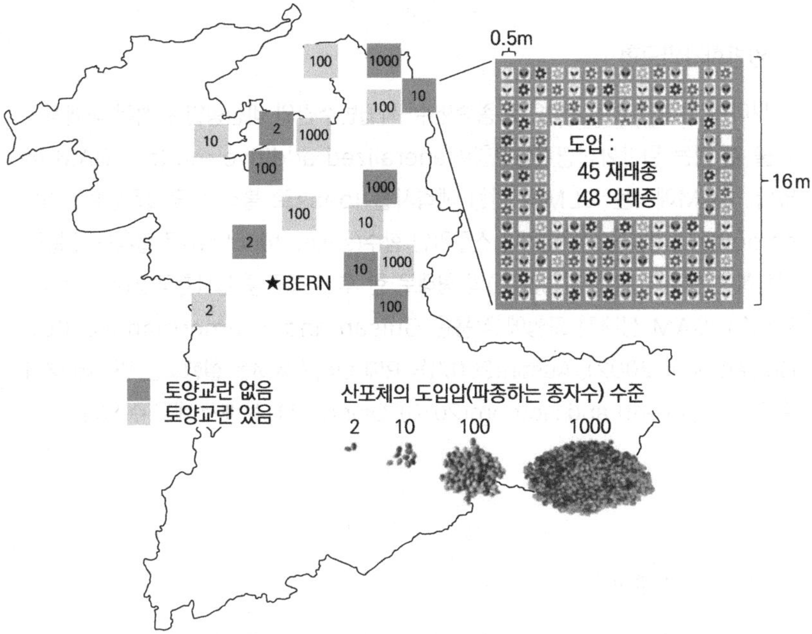

[그림 4.13] 스위스 초본군집에서의 다양한 종자를 도입한 실험설계
토양교란의 유무 및 산포체의 도입압을 조작한 16개의 초원 조사지에서 재래종 45종과 외래종 48종 도입(파종)실험을 실시했다. Kempel *et al.*(2013)을 일부 수정.

었다. 재래종·외래종이 초원에 정착해 자라는 식물종을 일반화하였는데 정착성공에 대한 규정요인의 상대적중요성이 시간(1~3년째)에 따라 산포체 도입압에서 종형질로 변하는 것을 알 수 있었다.

여기서 기술한 GLMM에 대해서는 Zuur *et al.*(2009), 粕谷(2012), 久保(2012) 등에서 R 통계프로그램과 함께 더 자세히 설명하니 참고하기 바란다.

Box 4.3

▸ 일반화가법모형

보다 확장적인 회귀분석으로 종속변수-독립변수간의 비선형인 관계에 대해서도 다룰 수 있는 일반화선형가법모형(Generalized additive model : GAM)이 있다. GAM에서는 GLM의 선형 예측자를 loess로 불리는 평활화(平滑化: smoothing)기법을 이용하거나 스플라인 함수(spline function)로 불리는 구분적 근사하는 함수의 합(가법, 加法)의 형태로 한 후에 회귀를 실시한다(Zuur *et al.*, 2009). GAM 생태계 모형에 적용은 Guisan and Zimmermann(2000), Guisan *et al.*(2002), Austin(2007)등 R에 의해 GAM를 실행하는 방법에 대해 金(2007), Everitt and Hothorn(2010), Qian(2011) 등에서 배울 수 있다.

Box 4.4

▸ 계층 베이즈모형

최근 생물군집을 취급하는 데이터 분석에서 있어 장기적·광역적인 대규모 데이터를 이용한 분석이 활발히 이루어지고 있다. 이런 데이터를 처리하려면, 시간적·공간적인 데이터의 편차나 환경요인간의 관계성, 연차나 개체 차이 등 관측하지 못한 다양한 요인의 영향을 내포한 복잡한 구조를 표현하는 모형을 구축할 필요가 있다.

계층 베이즈모형(hierarchical Bayesian model)은 관측데이터와 비관측데이터를 결합하여, 파라미터의 확률분포를 생성하고, 이 확률분포를 바탕으로 추측을 하는 것이다. 관측하고 있지 않는 무작위 요인을 모형에 넣어 표현하는 것으로, 기존의 요인에 의한 영향을 적절히 추정할 수 있는 것과 동시에, 보다 자유로운 모형 구조를 취급할 수 있는 방법이다.

예를 들어, 영국에서 단편적으로 모은 40만 건에 이르는 식물 개화날짜 기록데이터를 이용해 계층 베이즈모형을 적용한 연구사례(Amano *et al.*, 2010)가 있다. 이 연구에서는 405종을 대상으로 해 250년간 개화시기 변화를 나타내는 지수를 개발하고, 추정된 개화시기지수에서 최근 기후 변화가 개화시기를 앞당기고 있음을 밝혔다. 계층 베이즈모형은 계산기의 고속화·대용량화에 의해 가능하게 된 통계기법이며, 식물군집 데이터에서도 장기 모니터링 데이터나 광역규모의 데이터 분석에 활용이 기대되고 있다(深澤·角谷, 2009; 久保, 2012). 다음에 계층 베이즈모형의 분석과정에 대해 간략하게 설명한다.

(1) 계층 베이즈모형에서의 추정

베이즈 정리(Bayes' theorem)의 확률은 파라미터가 대략 어떤 값을 취할지는 사전 정보가 있을 때, 데이터에 의해 그 정보를 업데이트하는 기법이다. 데이터 유래의 정보가 추가됨으로써 업데이트되어 '사후(事後)분포'를 얻을 수 있다.

$$\text{사후분포} = \frac{\text{우도} \times \text{사전분포}}{\text{데이터를 얻을 수 있는 확률}} \propto \text{관측데이터로부터 얻어진 우도} \times \text{사전분포}$$

일반화선형모형은 데이터에 대한 적용의 장점을 최대화하는 특정 값을 파라미터로 추정(최우법)하는 반면, 베이즈 추정은 사전정보를 관측데이터(의 우도)에 의해 업데이트하는 것으로 파라미터의 확률분포(사후분포)를 추정한다.

(2) 사전분포(事前分布)의 계층화

사전분포는 무정보(無情報) 사전분포라는 파라미터의 완만한 변화 패턴을 나타내는 분포에 의해 사전분포를 추정한다. 사후분포의 추정은 마르코프 연쇄 몬테카를로법(Monte Carle method: MCMC)이 이용된다. MCMC법은 파라미터에 임의의 초기값을 주고, 고정하는 파라미터를 바꾸어 샘플링을 반복함으로써 복잡하게 사후분포를 추정한다.

계층 베이즈모형에 대해 더 깊게 배우고 싶은 독자는 McCarthy(2009)나 Gelman (2013) 등을 참조하기 바란다.

4.6 구조방정식모형

식물군집의 다양성에 영향을 미치는 환경요인으로는 식물이 생육하는 장소의 수분량, 영양염과 그 불균질성, 인위적 교란(관리 빈도, 강도) 등 다수의 파라미터를 들 수 있다. 식물군집의 다양성 창출에 기여하는 환경요인의 상대적 중요성, 그리고 요인의 직간접적인 영향에 대한 분리는 생물군집의 형성요인과 생물다양성 평가에서 중요하다.

식물군집의 다양성에 영향을 미치는 환경요인을 대상으로 가설 모형을 시각화한 '경로도'를 구축하고, 각각의 독립(설명)요인이 각각의 목적 요인에 어느 정도 기여하고 있는지를 밝히는 효과적인 수단이 구조방정식 모형(SEM)이다. 이 방법은 현재도 발전하고 있으며, 다양한 접근이 존재한다. 기본적으로는 인과관계를 상정하는 회귀분석과 상관분석의 집합체로 해석할 수 있다. 여기에서는 SEM 중에 관측데이터를 이용해서 경로 분석한 것에 대한 개요를 설명한다.

이곳에서는 식물의 종다양성을 지역적인 환경변수로 평가한다. 각각의 조사지에서 조사시의 기온, 토양함수량(%), 토양pH를 종다양성(종다양성지수 H')에 영향을 미칠 수 있는 파라미터로 수집한다. 현지조사는 해발 10m지점에서 정상의 700m지점까지 분포하는 산림식물군집에 실시하고, 저지대에서 고지대까지의 15개 조사지에서 종다양성과 환경요인 데이터를 수집했다(표 4.8). 기온, 토양함수량(%), 토양pH의 3개 환경요인이 해발고도 기울기에 따라 변한다면, 고도에서 간접적으로 종다양성을 설명할 수 있다. 반대로, 이런 요인이 해발고도 혹은 종다양성과 상관하지 않는다면, 해발고도에 따라 변화하는 다른 요인이 종다양성에 영향을 미치는 것이 예상된다. 현지조사를 실시한 산지에서는 해발고도 기울기(지형 요인)에 따라 종다양성에 기울기가 존재하고, 저지대에서 고도가 높을수록 종다양도지수(H')가 낮아지는 경향이 확인되었다. '낮은 고도에서 H'의 값이 높다'라는 패턴이 감지되었지만, 이 결과만으로는 생태학적인 해석이 부족하다. 거기서, 저지대일수록 H'가 높은 이유로서 'H'는 토양함수량과 토양영양염이 많은 장소에서 높다. 또 기온이 낮은 환경에 내성이 있는 식물종이 적기 때문에 고지

[표 4.8] 조사지 종다양성지수(H')와 환경변수

조사지 ID	해발고도(m)	기온(℃)	토양함수량(%)	토양pH	종다양성지수(H')
1	10	27	35	5.5	3.0
2	50	27	30	5.6	2.5
3	100	27	25	5.7	2.6
4	150	26	25	6.1	2.5
5	200	26	30	6.7	3.3
6	250	26	20	4.5	2.0
7	300	25	20	4.5	1.9
8	350	25	15	6.7	1.9
9	400	24	15	4.3	2.0
10	450	24	15	4.8	1.8
11	500	23	15	5.2	1.5
12	550	23	10	4.9	1.1
13	600	23	10	7.1	1.2
14	650	22	10	4.4	1.1
15	700	22	10	5.3	1.1

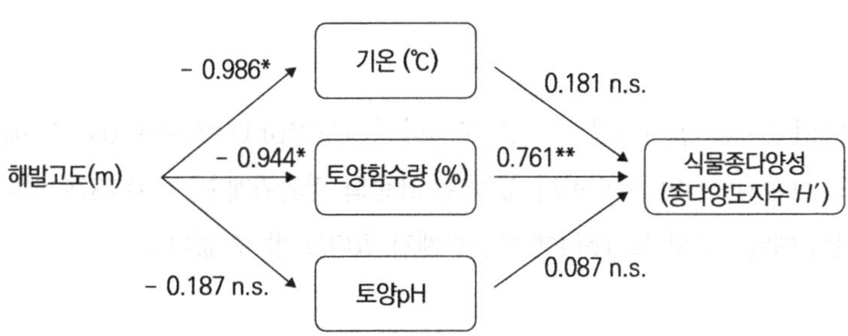

[그림 4.14] 식물다양성과 환경변수의 경로분석 결과

* $P < 0.05$, ** $P < 0.01$, n.s. 유의하지 않음

대, 즉 저온에서는 H'는 낮아지는 것은 아닌가'라는 가설을 세웠다. 경로 분석에서는 먼저 인과관계가 있는 요인간의 관계에 대한 경로도(그림 4.14)를 작성하고, 가설을 구성하는 각각의 경로에 대해 계수를 산출한다. 각각의 계수는 요인이 다른 요인에 영향을 미치는 기여율을 나타내고, 각각의 인과관계에서의 유의수준을 회귀분석으로 평가한다(大垣, 2007). 각각의 환경요인에 대해 산지 해발고도와의 관계를 분명히 하기 위해 단순회귀분석을 실시한다.

여기서 α를 절편(切片), β를 독립변수의 회귀계수로 한다.

- 1단계

(기온) = $\alpha+\beta_1{}^*$(해발고도)를 분석하면, (기온)= $27.463-0.008^*$(해발고도)로 유의한 결과가 되었다. 경로분석에서는 해발고도에 대한 기온의 상대적인 기여율을 나타내는 값은 표준화 편회귀계수(4.3.2항)를 이용한다. 이 값은 −0.986이었다. 해발고도가 높을수록 기온이 낮은 것이 밝혀졌다.

- 2단계

(토양수분)=$\alpha+\beta_1{}^*$(해발고도)를 분석하면, (토양수분)=$31.315-0.035^*$(해발고도)에서 유의한 결과가 되었다. 단순상관계수가 표준화 편회귀계수가 되어 −0.944 였다. 해발고도가 높아짐에 따라 토양함수량이 감소하는 것이 밝혀졌다.

- 3단계

(토양pH)= $\alpha+\beta_1{}^*$(해발고도)를 분석하면, (토양pH)=$5.685-0.001^*$(해발고도)라고 산출되었지만, 유의하지 않았다. 표준화 편회귀계수는 −0.187이었다. 이 결과에서 해발고도와 토양pH에 상관관계가 있다고 할 수 없다.

이어서 종다양성지수(H')와 수집된 환경요인(기온, 토양함수량, 토양pH)의 관계에 대해 분석을 실시했다. H'를 설명하는 3 변수에 대해 다중회귀분석을 실시해, 표준화 편회귀계수는 다중회귀식으로 구했다. (종다양성지수 H')=$\alpha+\beta_1{}^*$(기온)+β_2^*(토양함수량)+β_3^*(토양pH)를 해석하면, $(H')=-1.372+0.071^*$(기온)+0.065^*(토양함수량)+0.068^*(토양pH)이 되었다. 이 결과에서 토양함수량만이 H'에 유의적인 상관관계에 있고, 기온과 토양pH가 영향을 미친다고 할 수 없음이 밝혀졌다. 각 환경요인의 식물다양성 H'에 대한 표준화 편회귀계수를 산출하면, 각각 0.181, 0.761, 0.087이 된다. 얻어진 모든 결과를 표시하면, 그림 4.14와 같다. 모든 결과를 종합적으로 해석하면, 산지의 해발고도가 낮을수록 토양수분이 많아지는 경향이 있고, 수분 조건이 많은 환경에서 식물다양성(H')이 높아짐이 분명해졌다. 이로써 산지의 해발고도와 식물다양성(H')의 관계에서 수분량이 간접적으로 관여함을 시사한다. 본 해석에서는 경로마다의 유의성을 확인하는 방법을 썼지만, 모형 전체의 적합도에 따라 판단하는 방법도 많이 이용된다(涌井, 2011).

여기에서 실제 연구사례를 소개한다. 밭둑 초지에서는 식물다양성이 매우 풍부하다는 것이 밝혀지고 있으며, 생물다양성 보전의 관점에서 주목을 받고 있다. 반자연 초지에서 식물다양성 형성에 대한 메커니즘을 이해하기 위해선, 풍부한 종다양성을 형성시키는 인위적 요인과 그에 따른 영향을 받는 환경요인과의 관계, 종다양성과 그 요인과의 인과관계에 대해 지식이 필요하지만, 복잡한 인과관계를 밝힌 연구사례는 적다. 이하의 관측데이터에서 계단식 밭에서 식물다양성의 형성 메커니즘을 경로분석을 이용한 인과관계 분석을 통해 밝힌 Uematsu and Ushimaru(2013)의 사례를 소개한다.

우선 가설을 바탕으로 얻은 모든 관측데이터를 이용하여, 가정되는 경로모형을 작성한다(그림 4.15). 이 연구에서는 계단식 밭에서 지형적 특징이 여러 자원의 기울기를 만들어 내, 각각의 자원량 기울기가 식물다양성(여기에서는 종수)에 영향을 미친다는 가상 경로모형을 구축했다. 구체적으로는 계단식 밭의 구조와 시비· 물순환 관리의 특징에 있어 계단식 밭에서의 조사구 위치(저수지로부터의 거리)와 밭둑에서의 조사구 위치(상·하부)가, 영양염(질소)량과 토양함수량에 영향을 미친다는 가설을 세웠다. 또한, 식물에 자원이 되는 이 두 변수(질소농도, 토양수분)가 직접적으로 식물다양성에 영향을 미치는 경로와 지상부 생체량의 변화

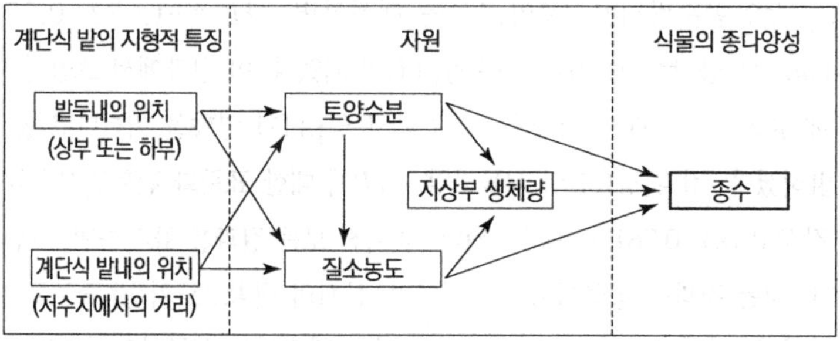

[그림 4.15] 식물다양성에 영향을 미치는 자원과 그 인과관계가 예측되는 지형적 요인에 대해 가설을 바탕으로 구축한 경로도
Uematsu Y and Ushimaru A(2013)를 일부 수정.

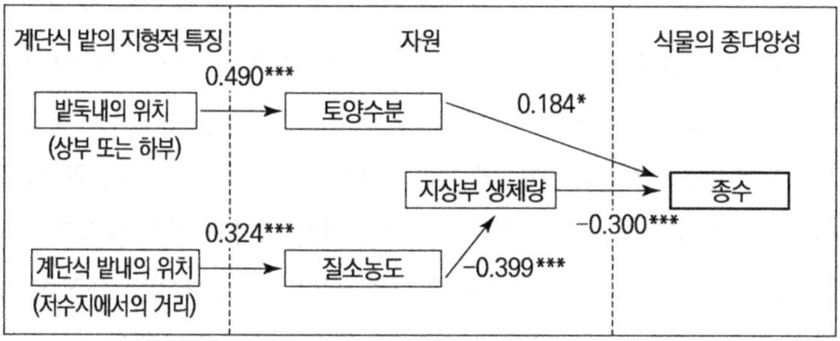

[그림 4.16] 식물다양성-환경요인간의 인과관계를 분석한 결과
* $P < 0.05$, *** $P < 0.001$, Uematsu Y and Ushimaru A(2013)를 일부 수정.

를 통해 간접적으로 식물다양성에 영향을 미치는 경로가 존재한다는 가설을 세웠다. 이 때, 가상 경로모형은 데이터에 대한 설명력이 낮은 혹은 설명력을 저하시키는 경로도 포함될 수 있기 때문에 더 설명력이 높고 간단한 경로모형을 구하는 방법이 흔히 이용된다. 이 연구에서는 모든 유의하지 않은 경로를 제외하여, 카이제곱값에 따라 모형 전체의 적합도를 확인한 후, BIC(Bayesian information criterion)를 기준으로 모형 선택(4.4.4항)을 실시하고, 최적모형을 선택했다(그림 4.16). 덧붙여 경로분석에서 모형 선택은 카이제곱값이나 BIC뿐만이 아니라,

GFI(Goodfit index), AIC(Akaike information criterion)를 기준으로 하는 경우도 있다.

그 결과 밭둑의 하부일수록 토양함수량이 많아져 직접적으로 식물다양성을 증가시켰다. 또 계단식밭 단위로는 저수지에서 먼 밭둑일수록 영양염량이 많은 것이 밝혀졌다. 또, 부영양화 환경에서는 지상부 생체량이 많다는 일반적인 가설(Kleijn *et al.*, 2009)과 달리, 부영양인 장소일수록 지상부 생체량이 감소하는 것이 밝혀졌다. 이는 영양염량이 많은 장소일수록 식물의 생장량이 커져, 농가의 풀베기 빈도가 늘어났기 때문이라고 생각된다.

그리고 부영양 또는 지상부 생체량이 적은 장소일수록 식물의 종다양성은 높은 것으로 밝혀졌다. 이상의 결과에서 계단식밭의 지형적 특징은 자원에 관련된 다른 변수에 영향을 미치고, 각각의 변수가 직접적 혹은 간접적으로 식물다양성에 영향을 미치는 것이 명확해졌다.

이상과 같이 관측된 데이터에서 각 변수간의 인과관계에 관한 가설을 바탕으로 경로모형을 만들고 해석하는 것으로 각 변수간의 관계를 밝힐 수 있다. SEM의 틀은 현재도 발전하고 있으며, 비선형(2차식, 3차식 등)의 경로를 분석에 포함시키거나, 무작위 효과(random effect), 미관측 가상인자를 포함한 분석 등 더욱 복잡한 분석이 가능해지고 있다. 경로분석과 관련된 통계기법과 더 발전적인 내용은 涌井(2011)나 James B. Grace의 홈페이지(http://www.jbgrace.com)를 참조하기 바란다.

* 인용문헌

Agresti A 著, 渡邉裕之·菅波秀規·吉田光宏 他訳(1996) カテゴリカルデータ解析入門, サイエン ティスト社

Akaike H(1973) Information theory and an extension of the maximum likelihood principle. In : Petrov BN, Csâki F(eds), 2nd International Symposium on Information Theory. Akadé mia Kiado

Akasaka M, Takamura N(2011) The relative importance of dispersal and the local environment for species richness in two aquatic plant growth forms. *Oikos*, 120 : 38–46

Amano T, Smithers RJ, Sparks TH, Sutherland WJ(2010) A 250–year index of first flowering dates and its response to temperature changes. Proceedings of the Royal Society B : *Biological Sciences*, 277 : 2451–2457

Austin M(2007) Species distribution models and ecological theory : a critical assessment and some possible new approaches. *Ecological Modelling*, 200 : 1–19

Banks–Leite C, Pardini R, Tambosi LR, *et al.*(2014) Using ecological thresholds to evaluate the costs and benefits of set–asides in a biodiversity hotspot. *Science*, 345 : 1041–1045

Bolker BM, Brooks ME, Clark CJ, *et al.*(2009) Generalized linear mixed models : a practical guide for ecology and evolution. *Trends in Ecology & Evolution*, 24 : 127–135

Bruun HH, Jon M, Virtanen R, *et al.*(2006) Effects of altitude and topography on species richness of vascular plants, bryophytes and lichens in alpine communities. *Journal of Vegetation Science*, 17 : 37–46

Burnham KP, Anderson DR(2002) Model selection and multimodel inference. Springer

Cardinale BJ, Duffy JE, Gonzalez A, *et al.*(2012) Biodiversity loss and its impact on humanity. *Nature*, 486 : 59–67

Castillo JP, Verdú M, Valiente–Banuet A(2010) Neighborhood phylodiversity affects plant performance. *Ecology*, 91 : 3656–3663

Crawley JM 著, 野間口謙太郎·菊池泰樹 訳(2008) 統計学 : R を用いた入門書, 共立出版

Dobson AJ, Barnett AG 著, 田中豊·森川敏彦·山中竹春·富田誠 訳(2008) 一般化線形モデル入門原著第 2 版, 共立出版

Everitt BS, Hothorn T 著, 大門貴志·吉川俊博·手良向聡 訳(2010) R による統計解析ハンドブック, メディカルパブリケーションズ

深澤圭太·角谷拓(2009) 始めよう!ベイズ推定によるデータ解析, 日本生態学会誌, 59 : 167–170

藤井良宜 著, 金明哲 編(2010) R で学ぶデータサイエンス 1 : カテゴリカルデータ解析, 共立出版

Gelman A, Carlin JB, Stern HS, *et al.*(2013) Bayesian data analysis, third edition. CRC Press

Gough L, Grace JB, Taylor KL(1994) The relationship between species richness and community biomass : the importance of environmental variables. *Oikos*, 70 : 271–279

Graham MH(2003) Confronting multicollinearity in ecological multiple regression. *Ecology*, 84 : 2809–2815

Guisan A, Edwards Jr TC, Hastie T(2002) Generalized linear and generalized additive models in studies of species distributions : setting the scene. *Ecological Modelling*, 157 : 89–100

Guisan A, Theurillat JP, Kienast F(1998) Predicting the potential distribution of plant species in an alpine environment. *Journal of Vegetation Science*, 9 : 65–74

Guisan A, Zimmermann NE(2000) Predictive habitat distribution models in ecology. *Ecological Modelling*, 135 : 147–186

Hoffmann JP(2003) Generalized linear models : an applied approach. Pearson Allyn & Bacon

市原清志(1990)バイオサイエンスの統計学：正しく活用するための実践理論, 南江堂

Isbell FI, Polley HW, Wilsey BJ(2009) Biodiversity, productivity and the temporal stability of productivity : patterns and processes. *Ecology Letters*, 12 : 443–451

Jongman RHG, Ter Braak CJF, van Tongeren OFR(1995) *Data analysis in community and landscape ecology*. Cambridge University Press

粕谷英一(1998) 生物学を学ぶ人のための統計のはなしーきみにも出せる有意差ー, 文一総合出版

粕谷英一 著, 金明哲 編(2012) R で学ぶデータサイエンス 10：一般化線形モデル, 共立出版

加藤和弘(1995) 生物群集分析のための序列化手法の比較研究, 環境科学会誌, 8：339–352

Kempel A, Chrobock T, Fischer M, *et al.*(2013) Determinants of plant establishment success in a multispecies introduction experiment with native and alien species. *Proceedings of the National Academy of Sciences*, 110 : 12727–12732

金明哲(2007) Rによるデータサイエンス：データ解析の基礎から最新手法まで, 森北出版

Kleijn D, Kohler F, Báldi A, *et al.*(2009) On the relationship between farmland biodiversity and land- use intensity in Europe. *Proceedings of the Royal Society Biological Sciences*, 276：903-909

久保拓弥(2007) 階層モデルで「個性」をとらえる－特集：統計科学のすすめ(その2), 数学セミナー, 46：16-22

久保拓弥(2012) データ解析のための統計モデリング入門：一般化線形モデル·階層ベイズモデル·MCMC, 岩波書店

久保拓弥·粕谷英一(2006)「個体差」の統計モデリング, 日本生態学会誌, 56(2)：181-190

Löbel S, Dengler J, Hobohm C(2006) Species richness of vascular plants, bryophytes and lichens in dry grasslands：the effects of environment, landscape structure and competition. *Folia Geobotanica*, 41：377-393

Loreau M, Naeem S, Inchausti P(2002) Biodiversity and ecosystem functioning. *Synthesis and Perspectives*. Oxford University Press

Maestre FT, Quero JL, Gotelli NJ, *et al.*(2012) Plant species richness and ecosystem multifunctionali- ty in global drylands. *Science*, 335：214-218

McCarthy MA 著, 野間口謙太郎 訳(2009) 生態学のためのベイズ法, 共立出版

McGill BJ, Enquist BJ, Weiher E, Westoby M(2006)Rebuilding community ecology from functional traits. *Trends in Ecology & Evolution*, 21：178-185

McIntyre S, Lavorel S, Landsberg J, Forbes TDA(1999) Disturbance response in vegetation：towards a global perspective on functional traits. *Journal of Vegetation Science*, 10：621-630

Mellert KH, Fensterer V, Küchenhoff H, *et al.*,(2011) Hypothesis-driven species distribution models for tree species in the Bavarian Alps. *Journal of Vegetation Science*, 22：635-646

Meyer CK, Whiles MR, Baer SG(2010) Plant community recovery following restoration in temporally variable riparian wetlands. *Restoration Ecology*, 18：52-64

蓑谷千凰彦(2009) これからはじめる統計学, 東京図書

Montgomery DC, Peck EA(1992) *Introduction to Linear Regression Analysis*. Wiley

大垣俊一(2007) 重回帰, 偏相関, パス解析, *Argonauta*, 13：3-23

Qian SS 著, 大森浩二·井上幹生·旗啓生 訳(2011) 環境科学と生態学のための R 統計, 共立出版

Sasaki T, Okayasu T, Jamsran U, Takeuchi K(2008) Threshold changes in vegetation along a grazing gradient in Mongolian rangelands. *Journal of Ecology*, 96：145–154

Snedecor GW·Cochran WG 著, 畑村又好·奥野忠一·津村善郎 訳(1972) 統計的方法 原著第 6 版, 岩波書店

Sokal RR, Rohlf FJ(1995) *Biometry：the principles and practice of statistics in biological research*. W. H. Freeman; 3rd edition

Soliveres S, Maestre FT, Eldridge DJ, *et al.*(2014) Plant diversity and ecosystem multifunctionality peak at intermediate levels of woody cover in global drylands. *Global Ecology and Biogeography*, 23：1408–1416

Tilman D(1996) Biodiversity：population versus ecosystem stability. *Ecology*, 77：350–363

Tilman D, Reich PB, Knops JMH(2006) Biodiversity and ecosystem stability in a decade–long grassland experiment. *Nature*, 441：629–632

Tilman D, Wedin D(1991) Plant traits and resource reduction for five grasses growing on a nitrogen gradient. *Ecology* 72：685–700

Uematsu Y, Ushimaru A(2013) Topography– and management–mediated resource gradients maintain rare and common plant diversity around paddy terraces. *Ecological Applications*, 23：1357–1366

涌井良幸·涌井貞美(2011) 多変量解析がわかる, 技術評論社

Warton DI, Hui FKC(2011) The arcsine is asinine：the analysis of proportions in ecology. *Ecology*, 92：3–10

Wildi O(2013) *Data analysis in vegetation ecology, Second edition*. Wiley–Black Well

Zeileis A, Kleiber C, Jackman S(2008) Regression models for count data in R. *Journal of Statistical Software*, 27：1–25

Zuur AF, Ieno EN, Walker NJ, *et al.*(2009) *Mixed effects models and extensions in ecology with R*. Springer

Sasaki T, Okayasu T, Jamsran U, Takeuchi K (2008) Threshold changes in vegetation along a grazing gradient in Mongolian rangelands. Journal of Ecology 96: 145–154

[illegible]

Sokal RR, Rohlf FJ (1995) Biometry: the principles and practice of statistics in biological research. W.H. Freeman, 3rd edition.

Soliveres S, Maestre FT, Eldridge DJ et al. (2014) Plant diversity and ecosystem multifunctionality peak at intermediate levels of woody cover in global drylands. Global Ecology and Biogeography 23: 1408–1416

Tilman D (1996) Biodiversity: population versus ecosystem stability. Ecology 77: 350–363

Tilman D, Reich PB, Knops JMH (2006) Biodiversity and ecosystem stability in a decade-long grassland experiment. Nature 441: 629–632

Tilman D, Wedin D (1991) Plant traits and resource reduction for five grasses growing on a nitrogen gradient. Ecology 72: 685–700

Uematsu Y, Ushimaru A (2013) Topography- and management-mediated resource gradients maintain rare and common plant diversity around paddy terraces. Ecological Applications 23: 1357–1366

[illegible]

Warton DI, Hui FKC (2011) The arcsine is asinine: the analysis of proportions in ecology. Ecology 92: 3–10

[illegible] (2010) Data analysis in community and landscape ecology. Wiley-Blackwell

Zeileis A, Kleiber C, Jackman S (2008) Regression models for count data in R. Journal of Statistical Software 27: 1–25

Zuur AF, Ieno EN, Walker NJ et al. (2009) Mixed effects models and extensions in ecology with R. Springer

제5장 식물군집 해석에 관한 응용사례

생태학 야외조사법 시리즈 3

5.1 서론

이 장에서는 지금까지 저자가 해온 연구 중 제2~4장에서 설명한 방법을 응용한 몇 사례를 소개한다. 모든 연구는 식물군집의 구조 및 다양성 변화와 종간 상호작용을 다루며, 생태계 관리·복원에서 생물다양성 보전에 대한 시사점까지 담고 있다. 다음에서는 생태학적 역치[21] 연구(5.2절), 식물-식물간 상호작용의 연구(5.3절), 식물군집에서의 초식성(草食性) 곤충의 다양성 유지 메커니즘 연구(5.4절), 멸종부채(extinction debt)에 관한 연구(5.5절)에 대하여 설명한다.

5.2 생태학적 역치 연구

기후변화와 인간활동 증대에 따른 다양한 교란의 생태계 반응은 불확실성이 더욱 커지고 있다. 이 생태계 반응은 예측하기 힘든 비선형으로 때로는 불가역적으로 변해 생태계의 기능과 서비스가 현저하게 저하될 수 있다(Millennium Ecosystem Assessment, 2005). 대부분의 생태계는 환경 변화에 대해 천천히 반응한다. 그러나 돌발적인 교란이나 자연이 상정할 수 없는 규모의 교란을 생태

21) 역주) 생태학적 역치(ecological threshold) : 외부의 자극이나 교란이 생태계를 급격하게 변화시키는 임계치를 말한다. 이 생태학적 역치를 넘기면 생태계는 고유의 복원력을 통해 원래 상태로 되돌아 가지 못하고 급변한다.

계에 주면, 생태계는 임계치를 넘어 급격하게 변하게 된다. 생태계의 비선형인 변화가 일어나면, 원래 상태로 되돌리는 것이 곤란해지거나(많은 비용과 시간이 소요) 불가능해진다. 그러므로 생태계를 효과적으로 관리하기 위해서는 교란에 대한 생태계 변화가 선형인지 비선형인지를 아는 것이 필요하다. 생태계가 교란에 반응해 비선형으로 변하고, 그 변화에 임계치가 있다면, 그 값을 넘는 변화를 회피하는 조건과 지표를 찾음으로써 생태계 관리에 응용할 수 있다. 이 임계치를 생태학적 역치(ecological threshold)라고 하며, 교란에 의해 특정 생태계 상태가 다른 상태에 급격하게 바뀌는 점이나 영역이라고 말할 수 있다(Groffman *et al.*, 2006).

건조·반건조지 초원에서 양·염소·소 등 가축을 지나치게 방목하여, 다년생 벼과식물 초원에서 1년생 활엽초본 초원이나 나지로 바뀌는 것은 잘 알려져 있다(Fernandez-Gimenez and Allen-Diaz, 2001; McIntyre and Lavorel, 2001; Diaz *et al.*, 2007; Sasaki *et al.*, 2008). 가축이 선호하는 식물 기호성은 다년생 벼과초본이 높은 반면 1년생의 활엽초본은 낮아, 지나친 방목은 초원의 사료자원 가치를 현저하게 낮춘다(Sasaki *et al.*, 2012).

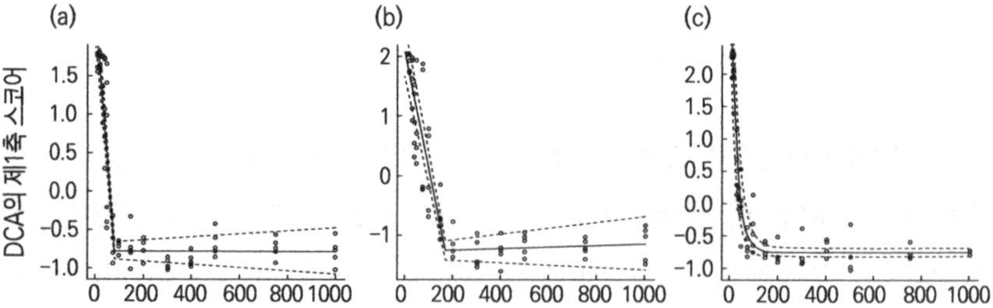

[그림 5. 1] 몽골초원에서 방목기울기에 따른 식물종 조성의 비선형 변화

방목강도는 방목거점에 가까울수록 높고, 멀수록 낮아진다. DCA의 제1축 스코어와 방목거점에서의 거리의 관계를 선형모형과 비선형모형에 적용했다. (a) 및 (b)는 꺾인선 회귀모형이 적용된 조사 방형구, (c)는 지수모형이 적용된 조사 방형구. Sasaki *et al.*(2008)에서 결과를 일부 발췌 및 수정.

Sasaki *et al.*,(2008)는 몽골초원에서 방목 기울기(강도)에 따른 식물군집 조성의 변화를 분석하고, 그 변화가 급격하게 일어날 수 있는지를 확인했다. 몽골 기후와 지형 조건이 다른 10개 조사지에서 가축움막이나 물 마시는 곳 등의 방목거점별로 조사방형구를 설치해, 식물군집 데이터(출현종 및 피도의 데이터)를 수집했다. 방목강도는 방목거점에서 가까울수록 높고 멀수록 낮아져, 방목거점에서의 거리를 방목강도 지표로 이용했다(Fernandez-Gimenez and Allen-Diaz, 2001; Landsberg *et al.*, 2003; Todd, 2006). 다차원 데이터인 종조성 데이터를 단순화하기 위해 각 조사지의 방목기울기에 따른 종조성 데이터를 DCA(detrended correspondence analysis : 2.3절)를 써서 서열화했다. 이 방법은 데이터 정보가 손실될 수 있으므로(4.2절), 환경기울기에 따라 종조성 변화가 서열화에 의해 명확하게 파악되었는지를 확인해야 한다. 이 연구의 경우 DCA의 제1축에 따른 방형구 배열이 방목거점에서의 거리와 상관관계가 있었다. 때문에 제1축에 따라 방형구의 서열화 스코어를 종조성의 상대적인 변화를 나타내는 지표로 이용했다. 특히, 특정 1개의 환경요인이 종조성에 강하게 영향을 미치는 경우 DCA가 종조성 데이터 단순화에 유효하다고 한다(Kenkel and Orloci, 1986; Ejrnaes, 2000).

이어 방형구의 방목거점에서의 거리(독립변수)와 DCA의 제1축 스코어(종속변수)의 관계를 선형모형(선형 혹은 대수선형모형) 및 비선형모형(꺾인선회귀, 역수, 지수모형)을 적용하여 아카이케(赤池) 정보량 기준(Akaike's Information Criterion : AIC)을 써서 모형 선택을 했다. 선형모형, 역수 및 지수모형, 꺾인선 회귀모형의 순으로 비선형성이 강한 패턴을 보였다. 특히, 꺾인선 회귀모형은 역치를 특정할 수 있고, 모형 기울기의 변환점(즉, 역치)을 D로 해, 방목거점에서의 거리(dist)가 D 이하일 때 식 5.1이 되고, 거리가 D 보다 클 때 식 5.2가 된다.

$$\text{DCA의 1축 스코어} = a + b \times dist \tag{5.1}$$

$$\text{DCA의 1축 스코어} = a + b \times dist + c \times (dist - D) \tag{5.2}$$

회귀직선이 변환점 *D*에서 꺾이는 형태가 되어 꺾인선 회귀모형이라고 한다.

모든 조사지에서 비선형모형이 선형모형보다 더 적합하고, 방목기울기에 따른 종조성 변화가 비선형인 것으로 밝혀졌다(그림 5.1 : 결과는 일부 발췌). 즉, 이 결과는 어느 일정한 방목강도까지는 종조성이 거의 변화가 없지만, 그 강도를 넘으면 급격히 변한다는 것을 보여준다. 기후와 지형 조건이 다른 10개의 조사지에서 비슷한 결과를 얻을 수 있었기 때문에 방목에 대한 생태계 반응은 대체로 생태학적 역치가 존재한다는 것을 시사한다. 게다가 방목기울기에 따른 기능군(벼과 다년생 초본, 벼과 활엽초본, 1년생 활엽초본 등)의 변화를 해석하면, 이 역치에 접근할수록 특정 기능군의 피도가 급격하게 줄어들기 시작함을 알 수 있었다(Sasaki *et al.*, 2011). 가축방목 현장에서 식생상태를 계속적으로 모니터링하는 것으로써 특정 기능군의 피도 감소를 즉시 알아차리고, 방목에 따른 생태계의 비선형인 변화를 미리 막을 수 있다.

교란으로 인한 생태계의 급격한 변화에 관한 연구 상당수는 자연과 인간사회가 복잡하게 상호작용하는 이른바 인간사회와 자연의 복합 시스템(social ecological system)에 주목하고 있다(Berkes *et al.*, 2003; Briske *et al.*, 2010). 인간활동의 지속성, 즉 생태계의 지속적인 이용을 전제한다면 생태계의 비선형인 변화를 예측하고 미연에 방지하는 것은 필수적이다. 앞서 소개한 건조·반건조 초원의 가축방목 사례처럼 어느 정도까지 방목이 허용되고, 생태계의 비선형 변화를 미리 막을 수 있는지를 파악해 생태계 관리현장에 적용하는 것이 중요하다.

또, 인위적 교란은 자연이 상정할 수 없는 막대한 영향을 생태계에 미치고, 한번 생태계가 황폐화되면 인위적인 개입 없이는 회복하지 않는 경우도 적지 않다. 교란에 따른 생태계의 비선형인 변화 메커니즘에 대한 이해력을 높여 바람직한 생태계 복원방법을 확립시켜 나아가야 한다.

5.3 식물-식물간 상호작용의 연구

야외 식물군집은 종종 여러 종이 동소적(同所的 : 어떤 생물종이 차지하는 생태적 지위가 장소에 있어 동일할 경우)으로 자라면서 서로 영향을 주고 있다. 생물간 상호작용(biotic interaction)은 환경요인뿐만 아니라 군집 구조를 규정하는데 중요한 역할을 한다. 동소적으로 자라는 식물 사이에서는 빛, 물, 영양염과 공간 등의 자원을 둘러싼 부정적 작용인 '경쟁(competition)' 이외에 서로 종간의 생활사(예를 들어, 발아, 생존, 성장, 번식)를 촉진하는 긍정적 작용인 '촉진효과(facilitation)'가 작동할 수 있다(重定·露崎, 2008). 1990년대 이후 이 분야의 연구가 축적되면서 특히 황폐지처럼 열악한 환경조건 하에서 촉진효과가 군집 형성과 종다양성에 기여한다는 점이 밝혀졌다(Callaway, 2007). 식물-식물간에 일어나는 촉진효과는 혹독한 환경조건 하에 환경 내성을 가진 종이 정착해 환경 스트레스(예를 들어, 강한 빛, 건조, 강풍)가 완화된 미세환경이 형성되어, 후속종의 정착과 생존·성장이 촉진됨으로써 생긴다. 예를 들어, 지중해성 건조지에서는 콩과 관목식물(*Retama sphaerocarpa*)이 피음(被陰)과 영양염 공급의 역할을 맡아 관목수관 아래에서 벼과초본의 성장이 촉진된다(Pugnaire *et al.*, 1996). 아고산대에서는 미나리과 완충식물(*Laretia acaulis, Azorella monantha*)이라는 매트형태의 식물이 저온과 건조를 완화시켜, 그 위에서 초본종의 여름철 생존률을 높인다(Cavieres *et al.*, 2007). 동소적으로 자라는 식물종간에는 이런 긍정적(+), 부정적(-)인 작용이 동시에 일어나고, 환경스트레스의 질이나 강도, 식물종의 형질이나 기능군에 따라 긍정·부정적 작용의 균형이 변한다.

식물-식물간 상호작용을 검증하는데 문제는 종간에 일어나는 긍정·부정적 작용을 직접적으로 측정하기 어렵다는 점이다. 많은 야외연구에서 식물군집은 다른 식물종의 동소적인 공간 분포로 촉진효과가 발견되었다. 또한, 실험적인 방법으로 주변 식생(혹은 특정종) 제거실험을 통해 주변 식생 존재 여부에 따라 대상종의 생육상태를 비교함으로써 주변 식생이 대상종에게 미치는 영향을 확인한다.

여기서는 전자 방법을 이용하여 몽골초원에 우점하는 관목군집을 대상으로 관목이 초본 군집구조에 미치는 영향을 회귀분석을 통해 검증한 연구사례(Koyama *et al.*, 2015)를 소개한다. 건조지역 생태계에서는 관목군집이 광범위하게 분포하는데 개별 관목주위에 미세환경이 형성된다. 몽골초원 모래 구릉지에 우점하는 콩과 관목식물(*Caragana microphylla*) 수관에서는 풍식작용(風蝕作用)이 완화됨으로써 모래가 퇴적되어 마운드가 형성된다(그림 5.2). 관목 마운드는 주위 초본식물 정착에 대해 모래 퇴적에 부정적 작용과 함께 피음으로 인한 건조완화나 종자트랩 등의 긍정적 작용이 존재할 것이다. 한편, 개별 관목에 의한 풍식완화작용은 경관수준에서 볼 때 관목의 분포밀도(혹은 피도)에 따라 달라진다(Breshears *et al.*, 2003). 높은 피도의 관목군집은 개별 관목수관 아래뿐만이 아니라 관목과 관목 사이까지 풍식완화작용이 확대될 것이다. 여기서 개별 관목이 초본 군집구조에 미치는 영향이 관목피도에 의해 어떻게 변하는지를 확인했다. 조사방법으로서 관목이 저피도(低被度)·고피도(高被度)로 분포하는 인접한 방형구(크기 20m×20m)를 13쌍으로 설치해, 각 쌍방형구에서 관목을 5개체씩 선발했다. 관목 마운드가 초본식물의 분포에 미치는 영향을 조사하기 위해 각 관목 마운드 중심에서 밖을 향해, 길이 3m의 트란섹트 라인을 방사상 형태로 8개 설치했다. 각 라인상에 자라는 초본 개체수를 기능군(1년생 활엽초본/다년생 활엽초본/

[그림 5.2] 몽골초원의 구릉지대에서 다양한 피도로 광역적으로 분포하는 콩과식물(*Caragana microphylla*) 관목군집

관목 수관 아래에 모래가 퇴적되어 마운드(모래언덕)가 발달해 있다.

다년생 벼과식물)별로 15㎝간격으로 세었다. 이런 데이터를 이용하여 관목 마운드 위와 마운드 외 각각에 대해 다음의 일반화선형혼합모형(GLMM; 4.5참조)을 구축했다.

$$\log(y) = \beta_0+\beta_1\text{관목피도}+\beta_2\text{거리}+\beta_3\text{관목피도}\times\text{거리}+\gamma_i$$

종속변수 y는 기능별 초본 개체수(15㎝$^{-1}$)이며, 종속변수는 관목피도, 관목 중심에서의 거리 및 이들의 상호작용이 적용되었다. 입지조건 차이를 고려하기 위해 쌍방형구의 아이디(ID)를 무작위효과 γ_i로 집어넣었다. 기능군별 초본 개체수 데이터는 제로(0)를 많이 포함한 제로과잉 데이터이기 때문에 오차구조로 제로과잉의 부(負)의 이항(zero-inflated negative binomial)분포, 연결함수로 대수연결함수를 적용하였다. 상기의 모형에선 AIC(Akaike Information Criterion)로 모형을 선택하였다.

그 결과, 마운드 위에서 모든 기능군의 초본 개체밀도는 저피도 관목조사지보다 고피도의 조사지에서 낮았다(표 5.1 및 그림 5.3a, b, c). 한편, 마운드 외에서 기능군의 초본 개체밀도는 관목피도 및 관목에서의 거리에서 다른 반응을 보였음을 알 수 있다(표 5.1 및 그림 5.3d, e, f). 자세하게 보면, 1년생 활엽초본의 개체밀도는 저피도 조사지보다 고피도에서 높고, 또 관목 마운드에서 멀어질수록 낮아졌다. 한편, 다년생 활엽초본·벼과식물의 개체밀도는 관목 마운드에서 멀어질수록 높아져, 이런 거리에 대한 반응은 고피도 조사지에서 현저하게 보여졌다.

이처럼 개별 관목 마운드가 초본식물에게 미치는 영향은 관목피도에 따라 초본 기능군이 특이하게 변하는 것이 분명해졌다. 다양한 피도 형태로 분포하는 관목군집의 개별 관목이 미세환경을 형성하는데 큰 영향을 주고, 경관수준에서 보더라도 초본군집 종다양성에 기여하는 점이 이 연구에서 시사하는 바이다.

[표 5.1] 일반화선형혼합모형에 근거한 모형선택의 결과

모형선택에 의해 선택된 변수만을 나타내고 있다.

	절편항	관목피도 (고피도)*	관목에서의 거리	관목피도×거리
(a) 마운드 위				
1년생 활엽초본	−1.98	−1.34	0.14	0.34
다년생 활엽초본	−8.75	−1.15	1.26	
다년생 벼과식물	−7.97	−1.05	1.17	
(b) 마운드 외				
1년생 활엽초본	−0.75	0.39	−0.12	
다년생 활엽초본	−3.76	−2.92	0.24	0.35
다년생 벼과식물	−2.34	−1.52	0.04	0.24

* 관목피도(고피도)의 계수는 관목 저피도의 계수를 제로(0)로 한 더미변수로 다루고 있다.

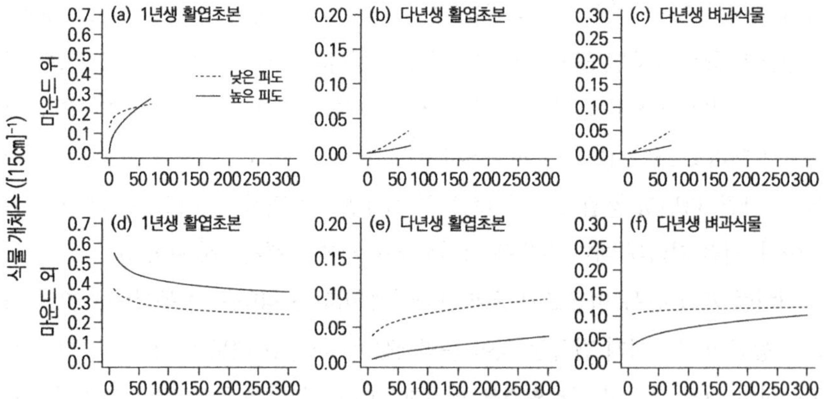

[그림 5.3] 관목 중심에서의 거리에 따르는 초본 기능군별 개체밀도 변화

관목피도에 따라 초본군집 반응이 변한다. 회귀식은 표 5.1을 참조.

최근 식물-식물간 상호작용에 관한 지식을 식생 회복과 생태계 관리에 응용할 수 있을 거라 기대된다(Padilla and Pugnaire, 2006; Gómez-Aparicio, 2009). 몽골초원뿐만 아니라 건조지 초원은 과방목과 기후변화로 토지 황폐화가 심해져 생물다양성과 생태계 기능의 저하가 우려된다. 본 연구의 결과는 건조지 초원에서 관목-초본식물간에 작동하는 상호작용을 초원 관리기술로서 응용 가능성이 높다. 한편, 식물간 상호작용은 기상조건의 연간변동, 스케일이나 종의 차이에 따라 긍정적 또는 부정적으로 작용하며 그 강도도 달라진다. 생태지식을 생태계 관리기술로 응용할 때 우리가 관찰하는 현상이 생물·비생물 요인이 복잡하게 얽혀있다는 점을 잊어서는 안 된다.

5.4 식물군집에서의 초식성 곤충의 다양성 유지 메커니즘 연구

종의 절멸속도는 지구 역사로 볼 때 근래에 100~1000배 빠르게 진행되고 있다(Pimm *et al.*, 1995). 그런 가운데 1992년에 193개 국가에서 생물다양성에 관한 조약(Convention on Biological Diversity)을 체결하여, 생물다양성 보전에 대한 관심이 세계적으로 높아졌다. 인간은 자연환경을 이용하고, 또 다시 인간이 쓰기 쉽게 환경을 계속 변화시켜 이용해 왔다. 농업생태계로 대표되는 이런 환경을 반자연생태계(semi-natural ecosystem)라고 한다. 예를 들어, 유럽의 농업생태계는 생물다양성이 높고, 생물의 도피지로서 그 중요성이 크다는 연구가 많이 보고되었다(Kleijn *et al.*, 2011). 그렇지만 최근 반자연생태계는 에너지 혁명, 사회구조의 변화 등의 이유로 토지이용 형태가 바뀌어 이에 영향을 크게 받고 있다. 즉, 이용을 포기하는 것(underuse), 다른 하나는 생산성을 중시하여 집약적으로 과도하게 쓰는 것(overuse)이다. 이 변화가 생물다양성이 감소하는 중요한 원인이라는 점을 인식하기 시작했다(Sala *et al.*, 2000).

일본의 초지(반자연초원) 면적이 1900년에 대략 500만 ha이었는데 현재는 43만 ha(국토 면적 약 1%)까지 감소하는 추세다(小椋, 2006). 논 주변에 약 14만 ha

의 논둑 초지가 있었다고 여겨지는데(松村 등, 2014) 이젠 그 면적이 급격히 줄어들었다. 최근 논둑이라는 반자연초지는 초원성 생물의 다양성이 높은 환경이라는 인식이 높아지고 있다(丑丸, 2012; Koyanagi *et al.*, 2014; 松村 등, 2014; Uchida and Ushimaru, 2014a). 한편 논 생태계에서도 토지이용 형태가 급격하게 변하고 있다.

토지이용별 또는 지역별 생물다양성에 대한 비교 연구는 일찍 시작되었지만, 어떤 환경이 변함에 따라 생물다양성이 저하되는지, 환경변화를 일으키는 인간활동이 무엇인지 등에 대한 연구는 아직 미흡한 상태이다.

Uchida and Ushimaru(2014a)는 계단식 밭둑에 형성된 반자연 초지를 대상으로(그림 5.4, Uchida and Ushimaru, 2014b), 식물 종다양성의 감소 패턴을 밝혔고, 식물 종다양성 저하로 거기에 의존하는 나비와 직시류(直翅類, 메뚜기 등의 초식성 곤충류)가 어떤 영향을 받는지에 대해서 고찰했다.

이 연구는 인간활동의 변화를 대표하는 요인으로 논둑 교란(풀베기 횟수)과 논 주변 경관구조(이차림, 논의 토지이용 형태, 인공지) 변화에 주목해, 이 요인이 식물과 초식성 곤충의 다양성에 영향을 미친다는 가설을 세웠다.

[그림 5.4] 논둑 및 저수지 제방에 형성된 반자연초원

이곳에는 식물을 포함하여 많은 생물종이 살고 있다. 다카라즈카시(宝塚市) 니시타니(西谷)에서 촬영.

효고현(兵庫県) 남동부 시군 5곳(약 20㎞×30㎞)에서 31개 조사지(조사지 1개당 4 방형구씩 총 124 방형구)를 2년(2011, 2012년)에 걸쳐 현지조사를 실시했다. 방형구 크기는 5m×50m(250㎡)이며, 방형구마다 현지조사를 실시했다.

조사 및 해석 방법은 다음과 같다.

- **식물조사** : 출현하는 모든 유관속 식물종을 2011년 9~10월에 걸쳐 기록했다. 또한, 나비(성충)의 먹이자원인 충매식물(虫媒植物)의 개화량을 4월말~9월말(연 6회)까지 조사했다. 식물종 생활형별로 초식성 곤충에게 미치는 영향이 다른 것으로 예상해 1년생, 다년생, 목본으로 나눠 고찰을 했다.

- **초식성 곤충조사** : 나비는 15분간 육안관찰로 종명과 개체수를 기록했다(4월말~9월말까지 연 6회). 직시류 곤충은 1회 조사당 200회 스위핑(sweeping) 채집법(포충망을 식생 표면에서 좌우로 흔들어 직시류 등을 채집하는 법)으로 정량화했다(8월 중순과 9월 하순 연 2회).

- **인위적 활동** : 서식처에 영향을 미칠 수 있는 풀베기 횟수(교란 유/무)를 4월말~10월 상순까지 2주에 1회씩 현지에서 확인했다.

- **주변환경 조사** : ArcGIS 9.3을 이용해 조사지에서 반경 1㎞이내의 이차림(소나무림·졸참나무림), 논의 토지이용 형태(묵논, 전통적, 집약적 이용), 인공지(주거지, 댐, 도로)의 면적을 계산하고, 생물다양성에 기여하는 경관의 변수로 이용했다. 이런 경관변수는 변수간 상관관계에 있을 가능성과 함께 모든 변수를 독립변수로 사용하면 번잡한 결과가 도출될 수 있다. 때문에 주성분분석(PCA : 제2장 참조)으로 서열화하고, 제1축(Pca 1 : 이차림 면적과 정(+)의 관계) 및 제2축(Pca 2 : 인공지 및 집약적 이용의 면적과 정(+)의 관계)의 스코어를 독립변수로 하여 분석했다.

- **분석방법** : 토지이용 형태(묵논, 전통적, 집약적 농지)별 종수의 차이에 대해서는 일반화선형혼합모형(GLMM, 포아송분포, 대수연결함수 : 4.5절 참조)으로 분석한 후에 워드(Wald)검정으로 유의적 차이를 검증했다. 식물·초식성 곤충에 미치는 환경요인 분석은 각각의 변수를 GLMM(포아송분포, 대수연결함수)으로 분석한 후에 AIC를 기준으로 모형 선택을 실시했다. 아래에 모형의 상세를 기술했다.

$$\text{식물} : \log(\lambda_i) = \beta_1+\beta_2 X_1+\beta_3 X_2+r_1$$
$$\text{나비} : \log(\gamma_i) = \beta_1+\beta_2 Y_1+\beta_3 Y_2+\beta_4 Y_3+\beta_5 Y_4+r_1$$
$$\text{직시류} : \log(\varepsilon_i) = \beta_1+\beta_2 Z_1+\beta_3 Z_2+\beta_4 Z_3+r_1$$

여기서, 종속변수인 λ_i는 식물의 기능군별 종수(1년생, 다년생, 목본), γ_i는 나비

[표 5.2] 식물 종수와 각각 환경변수와의 관계

진한 글씨는 편회귀계수가 신뢰구간 95%에 0을 포함하지 않는 값을 나타낸다.

		풀베기 횟수		경관변수			AIC 값	
식물	연도	일차항	이차항	주연부	Pca 1	Pca 2	최적모형	풀 모형
모든 종	2011	**0.121**	**-0.032**	**0.003**	**0.118**		264.7	266.0
	2012	**0.108**	**-0.032**	**0.003**	**0.104**		250.9	252.5
1년생	2011	**0.371**	**-0.057**			**0.122**	198.6	201.4
	2012	**0.386**	**-0.063**			**0.120**	181.3	184.8
다년생	2011	**0.143**	**-0.038**	0.002	**0.149**		213.4	215.4
	2012	**0.106**	**-0.031**	0.002	**0.143**		209.0	210.9
목본	2011	**-0.315**		**0.014**	**0.215**		257.4	261.1
	2012	**-0.005**	**-0.086**	**0.011**	0.157		233.0	234.2

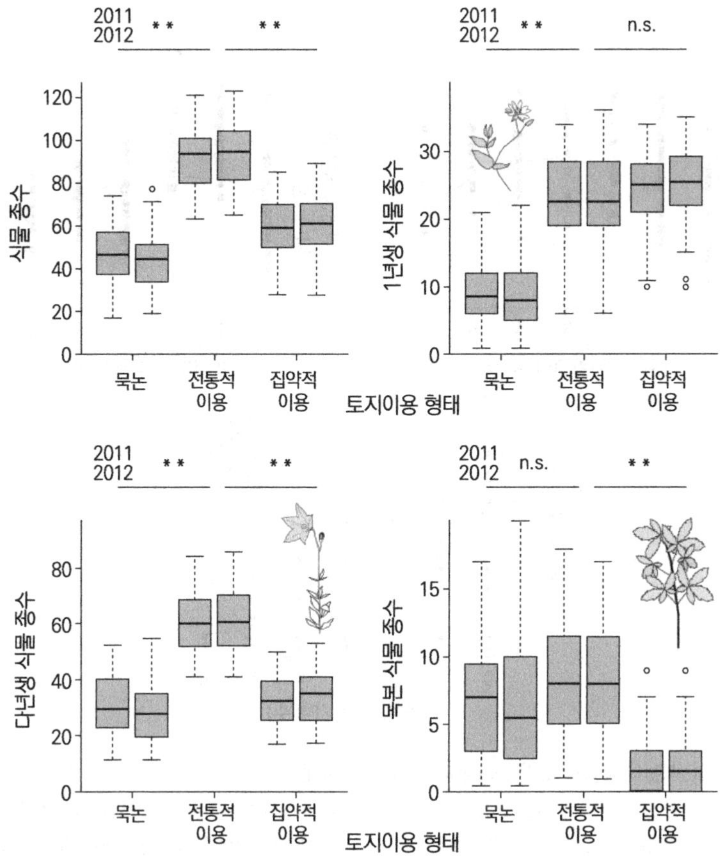

[그림 5.5] 토지이용 형태별 식물 종수

$^{**}P$ 〈 0.01, n.s. 유의적 차이 없음. 그래프 안에 왼쪽 박스가 2011년, 오른쪽 박스가 2012년.

종수, ε_i는 직시류 종수이다. β_i는 각각 독립변수의 절편, X_i, Y_i, Z_i는 각각 모형의 독립변수이다. X_1은 풀베기 횟수, X_2는 경관 변수(Pca 1, 2)이다. Y_1은 꽃의 다양성(심슨 1/D), Y_2는 나비가 섭식한 종수, Y_3는 풀베기 횟수, Y_4는 경관변수이다. Z_1은 식물종수, Z_2는 풀베기 횟수, Z_3는 경관변수이다. r_1은 각각 모형의 무작위 효과로 조사지를 정의했다(한 조사지에서 4개의 방형구를 조사했기 때문에 유사

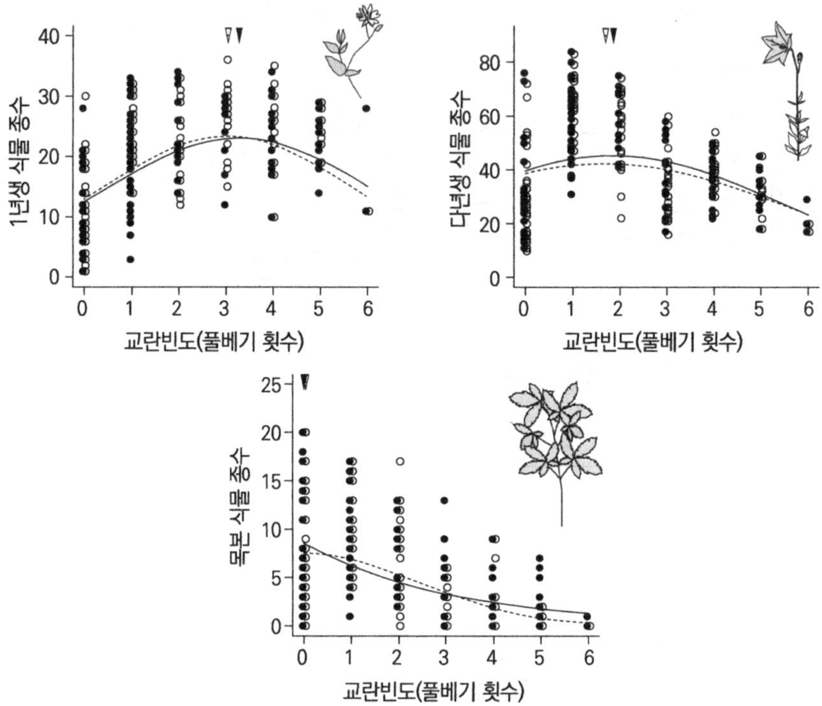

[그림 5.6] 식물다양성과 교란빈도(풀베기 횟수)의 관계

실선은 2011년, 점선은 2012년의 결과를 나타낸다. 흰색 동그라미는 2011년, 검은색 동그라미는 2012년의 데이터를 나타낸다. 검은색 및 흰색 역삼각형은 종수가 최대가 된다고 추정된 풀베기 횟수를 나타낸다. GLMM의 결과 표 5.2에 근거해 도시했다.

반복[22]의 효과를 제외할 필요가 있다). 식물 종수와 각 환경변수간 분석결과를 표 5.2에 나타냈다.

그 결과, 식물종수는 묵논과 집약적 토지이용에서 현저하게 낮았다(그림 5.5). 식물종수 감소는 다년생 식물의 종수 감소에 기인하는 것이 분명해졌다(그림 5.5;

22) 역주) 유사반복(pseudoreplicate) : 동일 실험구에서 여러 개의 표본을 추출하는 것으로 무의미한 표본이 늘어나게 된다.

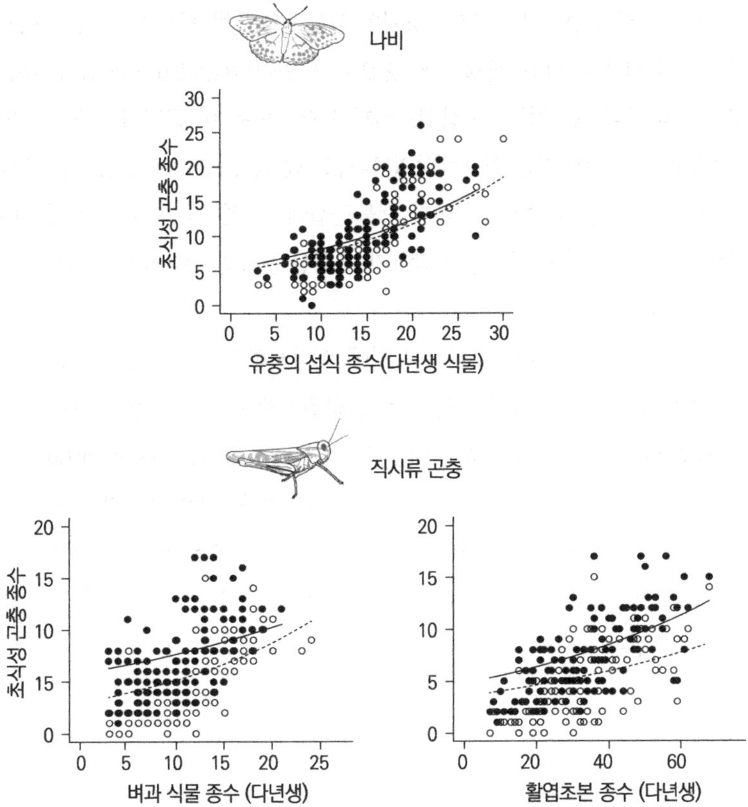

[그림 5.7] 초식성 곤충의 다양성과 다년생 식물의 관계
실선은 2011년, 점선은 2012년의 결과를 나타낸다. 흰색 동그라미는 2011년, 검은색 동그라미는 2012년 데이터를 나타낸다. GLMM의 결과

다년생 식물종수와 모든 식물종수의 상관계수 R=0.97). 다년생 식물종수가 감소하는 요인은 인위적 교란(풀베기 횟수)이 묵논에서 줄어들었기 때문이다. 또 집약적 이용이 늘어나고(표 5.2, 그림 5.6), 주변의 이차림 면적감소(Pca 1의 값이 감소)가 그 요인이었다(표 5.2). 4월말~10월 상순 사이 1~2회 풀베기가 다년생 식물의 종수를 최대한 늘렸다. 즉, 식물종수를 최대화하는 요인은 인위적 관리라는 것이 분명해졌다(그림 5.6).

농지 가장자리에 형성되는 반자연초원의 식물군집은 꽃가루 매개자(pollinator)나 이것을 자원으로 하는 생물에게 중요한 자원이다(Öckinger and Smith, 2007). 또 나비나 메뚜기류 등 상위소비자가 서식하는 이 군집이 서식처 기반으로서 중요하다는 것이 최근 연구에서 밝혀지고 있다(Kleijn *et al.*, 2011). 식물다양성 감소는 이것을 이용하는 소비자 생물군집에 큰 영향을 미치는데 위 연구결과에서도(그림 5.7) 식물 종다양성 감소가 초식성 곤충의 종다양성 저하로 이어지는 것이 명확해졌다.

묵논의 초지 유지는 1차 소비자 보전에 이바지하고, 더 높은 고차군집의 유지로 이어질 것이다. 식물다양성이 소비자 군집에게 미치는 영향에 관한 연구는 세계적으로 늘어나는 추세에 있고(예를 들어, Joern, 2005; Tscharntke *et al.*, 2005; Poyry *et al.*, 2009; Kleijn *et al.*, 2011), 일본 반자연초원에 관한 새로운 연구가 추진되길 바란다. 반자연생태계를 대상으로 한 생물다양성 보전연구가 확산됨으로써 관심 있는 연구자들에게 흥미를 유발하고, 1종이라도 많은 종이 보전될 수 있는 환경이 유지되길 기대하는 바이다.

5.5 멸종부채에 관한 연구

생물의 종다양성은 서식처의 면적과 연결성 등 경관구조의 특징에 따라 좌우되며 서식처 면적이 클수록 종다양성은 높아진다고 생각된다(그림 5.8a). 인간 활동에 따른 서식처 소실로 인해 다양한 생태계 종다양성이 심각하게 저하되고 있다. 일본의 마을숲(사토야마, 里山) 경관 중 특히 그 영향이 현저한 곳이 예부터 인위적 관리(풀베기 및 들불놓기)로 유지되어 온 초원생태계이다. 마을숲의 반자연초원(인위적 교란 조건하에서 유지되는 초원이라는 의미로 2차초원이라고 한다)은 일찌기 퇴비나 목초(소 등의 사료) 등 다양한 자원을 공급원으로 활용되었다. 그러나 산업화로 바뀐 생활방식과 생산활동은 반자연초원의 이용가치를 떨어뜨리고, 밭·주택지로 전환된 한편, 그대로 방치하여 수림화 된 장소가 적지 않다(그림

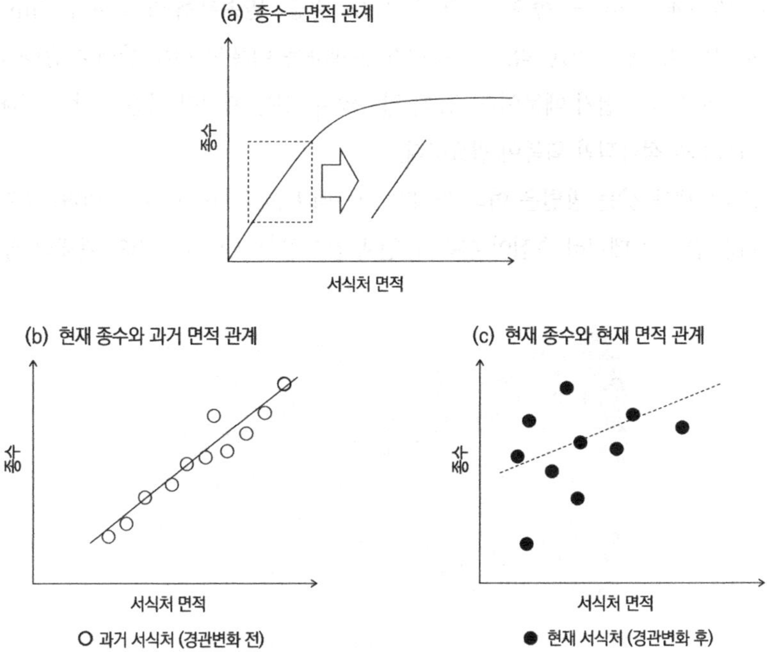

[그림 5.8] 종수-면적 관계 (a)에 근거하는 멸종부채의 검출 방법(b, c)
종다양성은 현재가 아닌 과거의 서식처 면적과 더 강한 정(+)의 관계를 나타내면 멸종부채가 존재한다고 볼 수 있다.

5.9). 결과적으로 이곳에서 예전에 '흔히' 보이던 식물(도라지, 마타리 등)들 뿐만 아니라 수많은 초원성 동식물이 지역적 멸종위기에 직면해 있다.

반자연초원의 소실은 장래 초원성 식물의 종다양성에 어느 정도 영향을 미칠 수 있는가? 초원성 멸종위기식물이 자랄 것 같은 제한된 서식처를 모두 보전하면 이 식물의 종다양성 유지가 가능한가? 적극적으로 서식처 회복을 실시할 필요가 있는가? 이 의문에 답하는데 중요한 개념이 '멸종부채(滅種負債 : extinction debt)'이다(Kuussaari *et al.*, 2009). 해외 연구사례에서 초원성 식물의 서식처 면적이 줄어들고 나서 실제 종다양성 저하까지 긴 시차(time lag)가 존재하는 것이 밝혀졌다(예를 들어, Lindborg and Eriksson, 2004). 과거 서식처 소실에 따라 미래에 일어나는 종수와 개체수의 감소량을 '멸종부채'라고 한다(Tilman *et al.*, 1994;그림 5.10). 즉, 멸종부채가 존재하는 이유는 현재 상태로 종다양성을 유지하기가 어렵기 때문이다. 장래 일어날 수 있는 지역적 멸종을 막기 위해서는 서식처의 적극적인 회복이 필요하다.

멸종부채를 찾는 방법은 여러 가지가 있는데(Kuussaari *et al.*, 2009) 대부분의 기존 연구는 데이터 수집이 쉬워서, 현재 종다양성 패턴을 과거와 현재의 경관

[그림 5.9] 한 때 풀베기작업으로 유지된 초원이지만 관리 포기로 형성된 이차림(이바라키현 츠쿠바시) 도로주변 풀베기로 숲가장자리만 초원 환경을 유지한다.

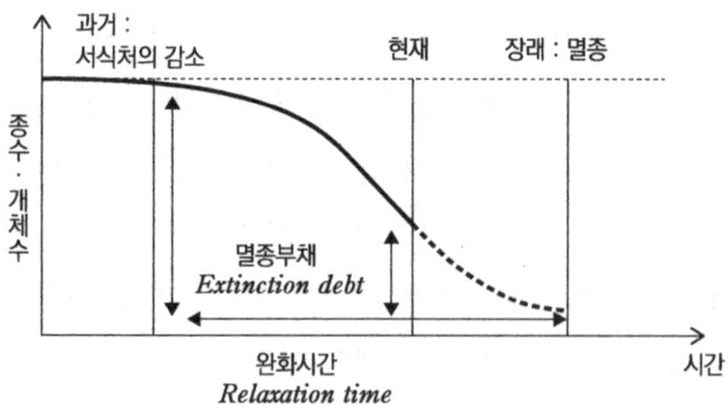

[그림 5.10] 멸종부채의 개념
과거 경관변화에 의해 장래에 없어질 수 있는 종수나 개체수의 감소량을 멸종부채라고 한다.

구조(서식처 면적 등) 중에 무엇이 더 잘 설명할 수 있는가를 찾는 방법을 주로 이용한다(그림 5.8b, c). 현재의 종다양성이 과거의 서식처 면적과 강하게 상관관계가 있다면, 과거의 경관구조로 형성된 종다양성 패턴이 아직도 남아있다는 것을 의미한다. 즉, 멸종부채가 존재하는 것이다. 여기서는 이 방법을 써서 마을숲에 자생하는 초원성 식물을 대상으로 한 멸종부채 유무를 검증한 사례(Koyanagi *et al.*, 2009)를 소개한다. 대상지역은 이바라키현(茨城県) 츠쿠바(筑波)이며, 메이지시대부터 가축 사료나 건초생산을 목적으로 한 채초지(採草地)를 조성해서 반자연초원이 펼쳐져 있던 곳이다(スプレイグ 등, 2000). 이곳의 대부분은 2차세계대전 이후에 밭이 되었고, 1980년대 이후 츠쿠바(筑波) 연구학원 도시조성을 목적으로 건물 용지로 바뀌었다. 일부는 관리 포기로 수림으로 식생이 발달했지만, 도로변 숲가장자리는 도로관리 목적으로 정기적인 풀베기를 실시되어 초원환경(밝은 빛환경)이 유지되었다(그림 5.11). 이런 도로변 초원성 식물군집을 대상으로 멸종부채 유무를 검증하기 위해 초원성 식물의 종수를 종속변수로, 과거부터 현재까지의 주변 서식처 면적비율을 독립변수로 해서 일반화선형모형으로 모형선택을 실시했다.

서식처 분석을 위해 1950년대 이후 3번의 시대별 지형도를 기반으로 '들판'과 '숲'의 유형으로 잠재서식처를 추출했다. '들판'은 '무입목지(無立木地)'라고 정의했는데 마을숲으로 유지·관리해 온 채초지 등이 이곳에 해당된다(地理調査所地図部編, 1955). '숲' 유형은 일찌기 신탄림(薪炭林)으로 활용해서 소나무림과 상수리나무-졸참나무림의 임상에도 다양한 초원성 식물이 자라므로 잠재서식처로 보았다(山本·糸賀, 1988; 그림 5.11).

모형선택에 이용한 식은 아래와 같다.

$$\log(p_i) = \alpha+\beta_1 X_{1880}+\beta_2 X_{1950}+\beta_3 X_{1970}+\beta_4 X_{1990}$$

종속변수 p_i는 조사지(숲가장자리)에서 초원성 식물의 종수이며, 독립변수

[그림 5.11] 정기적인 관리를 하고 있는 소나무림 임상(이바라키현 츠쿠바시)
밝은 빛환경이 유지되기 때문에 임상에는 다양한 초원성 식물이 자란다.

X_{1880}, X_{1950}, X_{1970}, X_{1990}은 시대별(1880년, 1950년, 1970년, 1990년) 주변 500m의 서식처 면적비율이다. α는 절편, β_1, β_2, β_3, β_4는 각 독립변수의 기울기(계수)를 나타낸다. 종속변수가 종수(이산값)이기 때문에 포아송분포를 가정한 대수연결함수를 이용했다.

모형선택의 결과, 현재 초원성 식물의 다양성은 현재보다 과거의 주변 서식처 면적비율과 더 강한 정(+)의 상관관계를 나타냈다(표 5.3). AIC기반 모형선택의 결과, 설명력이 높다고 보이는 $\Delta AIC < 2$의 모형은 모두 1950년대의 주변 서식처 면적비율이 독립변수로 포함되어, 현재 초원성 식물의 다양성과 정(+)의 관계성을 나타냈다. 최적모형($\Delta AIC = 0$)은 1950년대뿐만 아니라 1970년대, 1990년대의 주변 서식처 면적비율이 독립변수로 포함되어 각각 정(+)과 부(-)의 관계를 나타냈다.

이상의 결과로 대상지역의 초원성 식물군집에 멸종부채가 존재한다는 것이 예측된다. 과거(특히 1950년대)에 형성된 종다양성 패턴이, 서식처 면적의 소실이 진행되는 현재의 경관에서 여전히 남아있을 가능성이 높은 것으로 나타났다. 최근의 서식처 면적비율과 부(-)의 관계를 보였는데 이는 최근 지형도에서 추출되는

[표 5.3] 일반화선형모형에 근거하는 모형 선택의 결과

현재 숲가장자리에서 초원성 식물의 종수를 종속변수, 시대별 주변의 서식처 면적비율을 독립변수로 했다. 오차구조로서 포아송분포를 가정해 대수연결함수를 사용했다. 또, AIC에 근거한 모형 선택을 실시했다.

	Estimate						
Model No.	Intercept	1880s	1950s	1970s	1990s	AIC	ΔAIC
1	0.1828	—	**1.2419**	**1.800**	**-1.4426**	263.97	0.00
2	0.4258	—	**1.3963**	—	—	265.65	1.68
3	0.0526	0.1879	**1.2054**	**1.7546**	**-1.3967**	265.83	1.86
4	0.3282	—	**1.2313**	0.4135	—	266.57	2.60
5	0.1264	0.4012	**1.3178**	—	—	267.01	3.04
6	0.4387	—	**1.4306**	—	-0.0915	267.58	3.61

'들판'이나 '숲'이 초원성 식물의 생육적지로 적합하지 않을 가능성이 있기 때문이다. 다시 말해, 전통적인 마을숲 시스템이 붕괴한 고도 경제성장기 이후(이곳은 츠쿠바연구학원 도시개발이 활발해진 1980년대 이후)에 채초지라는 반자연초원이 사라지고, 대신 토지 개발로 빈터 등의 황무지가 만들어져 초원성 식물의 다양성이 저하되었다. 이처럼 '숲'에서도 한 때 신탄림(薪炭林)으로 활용해 유입광량이 많아 임상이 밝은 소나무림과 상수리나무-졸참나무림도 더 이상 관리하지 않아 식생구조가 바뀌거나 삼나무조림지로 변했다. 결과적으로 최근의 경관구조에서 '들판'과 '숲'의 면적비율과 초원성 식물의 다양성이 부(+)의 관계를 나타냈을 것이다.

이처럼 현재 초원성 식물의 다양성 패턴은 현재가 아닌 1950년대와 1970년대의 경관구조로 설명할 수 있음이 밝혀졌다. 시대별 서식처 비율을 독립변수로, 지점별 현재의 초원성 식물의 종수를 종속변수로 하는 단순한 일반화 선형회귀모형을 써서 멸종부채가 존재할 가능성을 밝혔다. 위 대상지역처럼 산업화 이후 현저

하게 도시화가 진행된 마을숲에서 일부 남은 서식처를 보전해 나갈 뿐만 아니라, 초원환경을 적극적으로 회복하는 것이 중요하다고 생각된다.

* 인용문헌

Berkes F, Colding J, Folke C(2003) Navigating social-ecological systems. *Building resilience for complexity and change*. Cambridge University Press

Breshears DD, Whicker JJ, Johansen MP, Pinder JE(2003) Wind and water erosion and transport in semi-arid shrubland, grassland and forest ecosystems : quantifying dominance of horizontal wind- driven transport. *Earth Surface Processes and Landforms*, 28 : 1189-1209

Briske DD, Washington-Allen RA, Johnson C, *et al.*(2010) Catastrophic thresholds : a synthesis of concepts, perspectives, and applications. *Ecology and Society*, 15 : 37

Callaway RM(2007) Positive interactions and interdependence in plant communities. Springer

Cavieres LA, Badano EI, Sierra-Almeida A, Molina-Montenegro MA(2007) Microclimatic modifications of cushion plants and their consequences for seedling survival of native and non- native herbaceous species in the high Andes of central Chile. *Arctic, Antarctic, and Alpine Research*, 39 : 229-236

Diaz S, Lavorel S, McIntyre S, *et al.*(2007) Plant trait responses to grazing - a global synthesis. *Global Change Biology*, 13 : 313-341

Ejrnaes R(2000) Can we trust gradients extracted by Detrended Correspondence Analysis? Journal of Vegetation Science, 11 : 565-572

Fernandez-Gimenez ME, Allen-Diaz B(2001) Vegetation change along gradients from water sources in three grazed Mongolian ecosystems. *Plant Ecology*, 157 : 101-118

Gómez-Aparicio L(2009) The role of plant interactions in the restoration of degraded ecosystems : a meta-analysis across life-forms and ecosystems. *Journal of Ecology*, 97 : 1202-1214

Groffman P, Baron J, Blett T, *et al.*(2006) Ecological thresholds : the key to successful environmental management or an important concept with no practical application? *Ecosystems*, 9 : 1–13

Joern A.(2005) Disturbance by fire frequency and bison grazing modulate grasshopper assemblages in tallgrass prairie. *Ecology*, 86 : 861–873

Kenkel NC, Orloci L(1986) Applying metric and nonmetric multidimensional scaling to ecological studies, some new results. *Ecology*, 67 : 919–928

Kleijn D, Rundlöf M, Scheper J, *et al.*(2011) Does conservation on farmland contribute to halting the biodiversity decline? *Trends in Ecology and Evolution*, 26 : 474–481

Koyama A, Sasaki T, Jamsran U, Okuro T(2015) Shrub cover regulates population dynamics of herbaceous plants at individual shrub scale on the Mongolian steppe. *Journal of Vegetation Science*, 26 : 441–451

Koyanagi, FT, Yamada S, Yonezawa K, *et al.*(2014) Plant species richness and composition under different disturbance regimes in marginal grasslands of a Japanese terraced paddy field landscape. *Applied Vegetation Science*, 17 : 636–644

Koyanagi T, Kusumoto Y, Yamamoto S, *et al.*(2009) Historical impacts on linear habitats : the present distribution of grassland species in forest-edge vegetation. *Biological Conservation*, 142 : 1674–1684

Kuussaari M, Bommarco R, Heikkinen RK, *et al.*(2009) Extinction debt : a challenge for biodiversity conservation. *Trends in Ecology & Evolution*, 24 : 564–571

Landsberg J, James CD, Morton SR, *et al.*(2003) Abundance and composition of plant species along grazing gradients in Australian rangelands. *Journal of Applied Ecology*, 40 : 1008–1024

Lindborg R, Eriksson O(2004) Historical landscape connectivity affects present plant species diversity. *Ecology*, 85 : 1840–1845

松村俊和·内田圭·澤田佳宏(2014) 水田畦畔に成立する半自然草原植生の生物多様性の現状と保全, 植生学会誌, 31 : 193–218

McIntyre S, Lavorel S(2001) Livestock grazing in subtropical pastures : steps in the analysis of attribute response and plant functional types. *Journal of Ecology*, 89 : 209–226

Millennium Ecosystem Assessment(2005) *Ecosystems and human Well-being : current state and trends : findings of the condition and trends working group*, Island Press

Öckinger E and Smith, HG(2007) Semi–natural grasslands as population sources for pollinating insects in agricultural landscapes. *Journal of Applied Ecology*, 44：50–59

小椋純一(2006) 日本の草地面積の変遷. 京都精華大学紀要, 30：159–172

Padilla FM, Pugnaire FI(2006) The role of nurse plants in the restoration of degraded environments. *Frontiers in Ecology and the Environment*, 4：196–202

Pimm S, Russell GJ, Gittleman J, Brroks TM(1995) The future of biodiversity. *Science*, 269：347–350

Pöyry J, Paukkunen J, Heliölä J, Kuussaari M(2009) Relative contributions of local and regional factors to species richness and total density of butterflies and moths in semi–natural grasslands. *Oecologia*, 160：577–587

Pugnaire FI, Haase P, Puigdefábregas J(1996) Facilitation between higher plant species in a semiarid environment. *Ecology*, 77：1420–1426

Sasaki T, Ohkuro T, Jamsran U, Takeuchi K(2012) Changes in the herbage nutritive value and yield associated with threshold responses of vegetation to grazing in Mongolian rangelands. *Grass and Forage Science*, 67：446–455

Sasaki T, Okayasu T, Jamsran U, Takeuchi K(2008) Threshold changes in vegetation along a grazing gradient in *Mongolian rangelands*. *Journal of Ecology*, 96：145–154

Sasaki T, Okubo S, Okayasu T, Jamsran U, *et al.*(2011) Indicator species and functional groups as predictors of proximity to ecological thresholds in Mongolian rangelands. *Plant Ecology*, 212：327–342

Sala OE, Stuart CF, Armesto JJ, *et al.*(2000) Global biodiversity scenarios for the year 2100. *Science*, 287：1770–1774

重定南奈子·露崎史朗 編著(2008) 撹乱と遷移の自然史：「空き地」の植物生態学, 北海道大学出版会

スプレイグ DS·後藤厳寛·守山弘(2000) 迅速測図の GIS 解析による明治初期の農村土地利用の分 析, ランドスケープ研究, 63：771–774

Tilman D, May RM, Lehman CL, Nowak MA(1994) Habitat Destruction and the Extinction Debt, *Nature*, 371：65–66

地理調査所地図部 編(1955) 日本の土地利用, 古今書院

Todd SW(2006) Gradients in vegetation cover, structure and species richness of Nama–Karoo shrublands in relation to distance from watering points. *Journal of Applied Ecology*, 43：293–304

Tscharntke T, Klein AM, Kruess A, *et al.*(2005) Landscape perspectives on agricultural intensification and biodiversity–ecosystem service management. *Ecology Letters*, 8 : 857–874

Uchida K, Ushimaru A(2014a) Biodiversity declines due to abandonment and intensification of agricultural lands : patterns and mechanisms. *Ecological Monographs*, 84 : 637–658

Uchida K, Ushimaru A(2014b) Biodiversity has been maintained with intermediate disturbance in traditional agricultural lands. *Bulletin of the Ecological Society of America*, 95 : 439–443

丑丸敦史(2012) 畦の上の草原－里草地『草地と日本人 日本列島草原一万年の旅』(須賀丈·岡本 透·丑丸敦史 編)161–214. 築地書館

山本勝利·糸賀黎(1988) 茨城県南西部におけるアカマツ平地林の森林型とその分布, 造園雑誌, 51 : 150–155

[부록] R로 식물군집 데이터 분석을 실행하기 위한 주요 패키지와 분석법

생태학 야외조사법 시리즈 3

제2~4장에서 소개한 식물군집 분석법 중에 통계프로그램 R로 분석 가능한 패키지를 소개한다. 여기서 소개한 패키지 버전은 2015년 3월 기준이다.

제2장 식물군집의 서열 및 분류분석

vegan (version 2.2-11; Oksanen *et al.*, 2015)

군집분석을 위해 개발된 패키지로 다양한 분석법을 망라하고 있다.

- **군집의 유사성 : 2.2절**

  vegdist라는 명령어를 써서 군집간 상이도지수를 계산할 수 있다. 상이도지수로는 소렌센(Sørensen), 자카드(Jaccard), 유클리드 거리, 브레이-커티스(Bray-Curtis), 고어(Gower) 등 다양한 지수가 들어있다.

- **군집의 서열분석 : 2.3절**

  간접기울기분석 중 제왜대응분석(DCA)과 비계량 다차원척도법(NMDS)은 각각 decorana과 metaMDS 함수를 써서 분석할 수 있다. 또한 직접기울기분석인 정준대응분석(CCA)과 중복분석(RDA)도 각각 cca 및 rda 함수를 써서 분석할 수 있다.

stats (version 2.15.3; R Core Team, 2013)

광범위한 분석법을 포함한 패키지로 R 프로그램 인스톨과 함께 설치되는 패키지이므로 추가적으로 도입할 필요는 없다.

- **서열분석 : 2.3절**

  일부 간접기울기 분석법을 다루고 있다. 예를 들어, 주성분분석(PCA)에 대해 princomp과 prcomp 함수를 사용하여 분석할 수 있다. 또한 주좌표분석(PCoA)은 cmdscale라는 함수로 분석할 수 있다.

- **분류분석 : 2.4절**

  계층적 클러스터 분석을 수행하기 위한 함수로 hclust가 있다. 분류분석에 이용하는(비)유사성 행렬과 클러스터링 기법을 여럿 중에서 선택할 수 있다.

MASS (version 7.3-37; Venables and Ripley, 2002)

- **서열분석 : 2.3절**

  반복평균법(CA)은 패키지 MASS로 분석할 수 있는데 corresp라는 함수를 쓴다. 비계량 다차원척도법(NMDS)은 isoMDS라는 함수로 실행할 수 있다.

labdsv (version 1.6-1; Roberts, 2013)

- **분류분석 : 2.4절**

  군집을 특징짓는 종(indicator species)을 추출하는 방법으로 지표종 분석을 수행할 수 있는데 indval이라는 함수를 쓴다.

tree (version 1.0-35; Ripley, 2014)

- **군집분류 : 2.4절**

  분류나무(classification tree)와 회귀나무(regression tree)분석에 특화된 패키지며, 함수 tree를 비롯한 다양한 함수를 써서 도식화가 가능하다.

vegan (version 2.2-11; Oksanen *et al.*, 2015)

- **종다양성 계산 : 3.2절**

  군집 데이터의 종수는 specnumber를 이용한다.

샤논과 심슨의 다양도지수는 diversity 함수를 이용하고, 샤논 및 심슨의 균재도지수는 specnumber와 diversity를 결합하여 계산할 수 있다.

- **기능적 다양성(FR_d) 계산 : 3.3.1절**

  FR_d(functional dendrogram)는 패키지의 treedive 함수를 써서 계산할 수 있다. 그러나 treedive을 산출하기 전에 계층적 클러스터링(패키지 stats의 hclust를 사용)할 필요가 있다.

- **Rarefaction : Box 3.4**

  sample-based rarefaction은 specaccum 함수를 이용하여, individual-based rarefaction은 rarefy라는 함수를 사용한다. 그러나 원래(Colwell *et al.*, 2004; Coleman *et al.*, 1982)는 계산법이 약간 다르므로 원본 사용을 원한다면 스스로 R에 계산식을 작성하길 추천한다.

- **다양성 덧셈분할 : 3.5.1항**

  패키지의 adipart 함수를 이용하여 다양성의 덧셈분할을 할 수 있다.

- **다양성의 공간패턴 정량화 : 3.5.3항**

  다양성의 공간패턴(중첩구조, 서양장기판 등)의 정량화는 패키지의 nestedchecker(서양장기판 구조분석), nestednodf(중첩 분석) 등을 이용할 수 있다. 또한 귀무모형에 의한 분석은 oecosimu 함수를 함께 사용해 실행할 수 있다.

FD (version 1.0-12; Laliberté *et al.*, 2014)

기능적 다양성의 정량화 및 분석에 관련된 많은 함수를 포함한 패키지며, 기능적 다양성 연구에서 널리 이용되고 있다. 원래 문헌은 Laliberté and Legendre(2010)이다.

- **기능적 다양성(FR_v, FE_{ve}, FD_{Rao}, FD_{is}) 산출 : 3.3절**

  3.3절에서 소개한 기능적 다양성의 대부분은 패키지 FD를 써서 계산 가능하다. 패키지의 dbFD 함수를 이용하여 FR_v(convex hull), FE_{ve}(functional evenness index), FD_{Rao}(Rao's quadratic entropy), FD_{is}(functional dispersion index)를 한꺼번에 계산할 수 있다.

- **고어(Gower)의 거리 계산 : 3.3.1항**

  종의 형질에 기반하여 종간 고어(Gower) 거리를 계산하려면 패키지의 gowdis라는 함수를 이용한다.

picante (version 1.6-2; Kembel *et al.*, 2014)

체계적인 다양성의 정량화 및 분석에 관련된 많은 함수를 수록한 패키지이다. 또한 체계적인 다양성 계산에서는 종간 체계적 거리의 정보가 필요하다. 원래 문헌은 Kembel *et al.*(2010)이다.

- **계통적 다양성(Faith's PD) 산출 : 3.4.1항**

  패키지의 pd라는 함수를 써서 계산할 수 있다.

- **계통적 다양성(MPD) 산출 : 3.4.1항**

  MPD(mean phylogenetic diversity)는 패키지의 raoD 함수를 이용하여 계산할 수 있다.

- **계통적 다양성(MNND) 산출 : 3.4.1항**

  MNND(mean nearest neighbor distance)는 패키지의 comdistnt라는 함수를 써서 계산할 수 있다.

제4장 식물군집 데이터를 이용한 회귀분석

stats (version 2.15.3; R Core Team, 2013)

- **확률 분포** : 4.2.1항의 정규분포, 포아송분포, 이항분포, 감마분포는 각각 dnorm, dpois, dbin, dgamma 함수를 사용하여 그릴 수 있다.
- **선형회귀(LM)** : 4.3절

  LM(linear regression model)은 lm이라는 함수를 이용하여 수행할 수 있다.
- **일반화선형모형(GLM)** : 4.4절

  GLM(generalized linear model)은 glm함수를 이용하여 실행할 수 있다.
- **최대가능성의 최대 대수우도 산출** : Box 4.2

  최대 가능성의 최대 대수우도는 logLik이라는 함수로 계산할 수 있다.

MASS (version 7.3-37; Venables and Ripley, 2002)

- **AIC모형 선택** : 4.4.3항

  AIC(Akaike Information Criterion)기반 모형선택은 stepAIC라는 함수로 실행할 수 있다.

glmmML (version 1.0; Broström and Holmberg, 2011)

- **GLMM** : 4.5절

  포아송분포 또는 이항분포를 이용한 GLMM(Generalized linear mixed model)은 glmmML 함수를 써서 실행할 수 있다.

lme4 (version 1.1-7; Bates *et al.*, 2014)

- **일반화선형혼합모형(GLMM)** : 4.5절

  정규분포와 감마분포를 이용한 GLMM은 glmer 함수를 이용하여 실행할 수 있다.

car (version 2.0-25; Fox *et al.*, 2015)

- **다중공선성 : 4.3.2항**

  변수간의 다중공선성을 평가하기 위한 분산확대계수(VIF)는 vif라는 함수로 계산할 수 있다.

MuMIn (version 1.13.4; Bartón 2015)

- **모형선택 : 4.4.3절**

  AIC를 포함한 다양한 기준에 따른 모형선택은 dredge라는 함수로 실행할 수 있다.

gam (version 1.09.1; Hastie *et al.*, 2014)

- **일반화가법모형(GAM) : Box 4.3**

  GAM은 gam함수를 이용하여 실행할 수 있다.

R2WinBUGS (version 2.1-19; Sturtz and Ligges, 2013)

- **베이즈모형의 사후분포 추정 : Box 4. 4**

  write. model이라는 함수를 이용하는 것으로 베이즈 통계모형의 파라미터(매개변수) 추정을 실행하는 소프트웨어웨어 WinBUGS를 R에서 수행할 수 있다.

sem (version 3.1-5; Fox *et al.*, 2014)

- **SEM(structural equation modelling : 구조방정식모형) : 4.6절**

  SEM은 패키지 sem내의 sem 함수를 써서 실행할 수 있다. 원래 문헌은 Fox(2006)이다.

* 인용문헌

Bartoń K(2015) MuMIn : Multi-Model Inference. R package version 1.13.4. http://CRAN.R-project. org/package=MuMIn

Bates D, Maechler M, Bolker B, *et al.*(2014) lme4 : Linear mixed-effects models using Eigen and S4. R package version 1.1-7. http://CRAN.R-project.org/package=lme4

Broström G, Holmberg H(2011) Generalized linear models with clustered data : fixed and random effects models. *Computational Statistics and Data Analysis*, 55 : 3123-3134

Coleman BD, Mares MA, Willig MR, Hsieh YH(1982) Randomness, area, and species richness. *Ecology*, 63 : 1121-1133

Colwell RK, Mao CX, Chang J(2004) Interpolating, extrapolating, and comparing incidence-based species accumulation curves. *Ecology*, 85 : 2717-2727

Fox J(2006) Structural equation modeling with the sem package in R. *Structural Equation Modeling*, 13 : 465-486

Fox J, Weisberg S, Adler D, *et al.* (2015) car : Companion to Applied Regression. R package version 2.0-25. http://CRAN.R-project.org/package=car

Hastie T(2014) gam : Generalized Additive Models. R package version 1.09.1. http://CRAN.R-project.org/package=gam

Kembel SW, Cowan PD, Helmus MR, *et al.*(2010) Picante : R tools for integrating phylogenies and ecology. *Bioinformatics*, 26 : 1463-1464

Kembel SW, Ackerly DD, Blomberg SP, *et al.*(2014) picante. R package version 1.6-2. http://cran.r-project.org/web/packages/picante/picante.pdf

Laliberté E, Legendre P(2010) A distance-based framework for measuring functional diversity from multiple traits. Ecology, 91 : 299-305

Laliberté E, Legendre P, Shipley B(2014) FD. R package version 1.0-12. http://cran.r-project.org/web/packages/FD/FD.pdf

Oksanen J, Blanchet FG, Kindt R, *et al.*(2015) vegan : Community ecology package. R package version 2.2-1. http://CRAN.R-project.org/package=vegan

R Core Team(2013) R : A language and environment for statistical computing. R Foundation for Statistical Computing, Vienna, Austria. http://www.R-project.org/

[부록] R로 식물군집 데이터 분석을 위한 주요한 패키지

장·절	분석법	패키지(함수)	본문 해당쪽수
2. 2	(비)유사도지수		
	소렌센, 자카드, 유클리드 거리, 퍼센티지유사도, Bray-Curtis 등	vegan(vegdist)	p. 44, 45, 46
2. 3	서열분석		
	PCA	stats(princomp 또는 prcomp)	p. 49
	CA	MASS(corresp)	p. 54
	DCA	vegan(decorana)	p. 56
	PCoA	stats(cmdscale)	p. 60
	NMDS	vegan(metaMDS), labdsv(nmds), MASS(isoMDS)	p. 62
	CCA	vegan(cca)	p. 67
	RDA	vegan(rda)	p. 68
2. 4	분류분석		
	계층적 클러스터 분류	stats(hclust)	p. 71
	TWINSPAN	※1	p. 75
	INSPAN	labdsy(indval)	p. 81
	분류나무·회귀나무	tree(tree 등)	p. 85
3. 2	종다양성		
	종수	vegan(specnumber)	p. 97
	샤논 및 심슨의 다양도지수, 균재도지수	vegan(diversity)	p. 98, 99, 100, 101
3. 3	기능적 다양성		
	FR_d	vegan(treedive)	p. 114
	FR_v, FE_{ve}, FD_{Rao}, FD_{is}	FD(dbFD)	p. 111, 118, 119, 120
3. 4	계통적 다양성		
	Faith's PD	picante(pd)	p. 129
	MPD	picante(raoD)	p. 130
	MNND	picante(comdistnt)	p. 131
Box 3. 4	Rarefaction	vegan(specaccum 혹은 rarefy)	p. 143
3. 5	다양성 덧셈분할	vegan(adipart)	p. 138
	다양성 공간패턴 정량화	vegan(nestedchecker), vegan(nestednodf), vegan(oecosimu) 등	p. 145
4. 2	확률분포	stats(dnorm, dpois, dbin, dgamma)	p. 163
4. 3	LM	stats(lm)	p. 173
	다중공선성	car(vif)	p. 178
4. 4	GLM	stats(glm)	p. 183
	모형 선택	MASS(stepAIC), MuMIn(dredg)	p. 191
Box 4. 2	최대 대수우도	stats(logLik)	p. 187
4. 5	GLMM	glmmML(glmmML), lme4(glmer)	p. 195
Box 4. 3	GAM	gam(gam)	p. 202
Box 4. 4	계층 베이즈모형	R2WinBUGS(write. model)	p. 202
4. 6	SEM	sem(sem)	p. 204

※1 R로 실행하는 패키지 및 함수는 존재하지 않는다. 유료 소프트웨어웨어 PC-ORD(ver. 6, 2014년 11월 12일 현재 http://home.centurytel.net/~mjm/pcordwin.htm) 또는 그 후에 만들어진 소프트웨어 WinTWINS (ver. 2.3 2015년 1월 29일 현재 http://www.canodraw.com/wintwins.htm)를 사용할 필요가 있다.

Ripley B(2014) tree : Classification and regression trees. R package version 1.0-35. http://CRAN.R-project.org/package=tree

Roberts DW(2013) labdsv : Ordination and multivariate analysis for ecology. R package version 1.6-1. http://CRAN.R-project.org/package=labdsv

Sturtz S, Ligges U(2013) R2WinBUGS : Running WinBUGS and OpenBUGS from R / S-PLUS. R package version 2.1-19. http://CRAN.R-project.org/package=R2WinBUGS

Venables WN, Ripley BD(2002) Modern applied statistics with S. *4th Edition*. Springer

INDEX

영어

한글·숫자

ㄴ

ㅅ

ㅇ

ㅈ

ㅊ

ㅋ

ㅌ

ㅍ

옮긴이 소개

박석곤

국립순천대학교 산림자원·조경학부 교수

규슈대학교 대학원 지구사회통합과학부(이학박사)

최송현

부산대학교 조경학과 교수

서울시립대학교 대학원 조경학과(공학박사)

생태학 야외조사법 시리즈 3

식물군집의 구조와 다양성의 해석

Data Analysis of Plant Community Structure and Diversity

1판 1쇄 인쇄 2020년 1월 15일
1판 1쇄 발행 2020년 1월 15일

저자 사사키 타케히로, 고야마 아스카, 고야나기 토모요, 후루카와 타쿠야, 우치다 케이
옮긴이 박석곤, 최송현

발행인 조동길
편집디자인 김보라

발행처 넥서스환경디자인연구원(주)
출판신고 2007년 2월 21일 (신고번호 제22-3086호)
주소 (우)16006 경기도 의왕시 이미로 40 인덕원 IT밸리 B902, B903, B904

전화 031-424-2930 | 팩스 031-421-2931
홈페이지 www.nexusdesign.co.kr
이메일 nexus@nexusdesign.co.kr
값 28,000원

ISBN 979-11-87571-07-0

SHOKUBUTSU GUNSHU NO KOZO TO TAYOSEI NO KAISEKI